実況！Rで学ぶ
医療・製薬系 データサイエンスセミナー

佐藤 健一・杉本 知之・寺口 俊介・江崎 剛史［著］

学術図書出版社

本書のサポートサイト

https://www.gakujutsu.co.jp/text/isbn978-4-7806-1103-8/

本書のサポート情報や正誤情報を掲載します.

■ 本書に登場するソフトウェアのバージョンや URL などの情報は変更されている可能性があります．あらかじめご了承ください.

まえがき

本書は医療・製薬系の企業向けに開催したR言語のハンズオンセミナーの内容を実況をイメージして書籍化したものです．以下に，本書の読者対象，ねらい，特徴などを説明します．

〇本書の想定する読者

業務や同僚との会話の中でプログラミングや統計学についての断片的な知識を得る人は多くいます．また，インターネットで検索すれば，わかりやすい解説も多く，手短に知識が得られます．しかし，実際にデータを目の前にすると，聞いたことがある，見たことはある，ということでは何をしてよいかわかりません．本書では，**一度は大学初年次レベルの統計学を習ったことがある人**，あるいは，すでにExcelなどを使って重回帰分析などの簡単なデータ解析を始めている人が，これから本格的にデータ解析を始めたりスキルアップを目指したりすることを想定しています．プログラミング経験の有無は問いませんが，経験があれば習得は早いです．本書に沿ってデータ解析を疑似体験することで，これまでの断片的な知識の隙間を埋めるようにデータ解析の流れや解析手法間の関係が習得できます．また，読者に求める数学の知識は，高校数学の指数および対数の計算くらいまでの範囲です．なるべく数式は用いずに説明するよう配慮し，必要に応じて記述の深度を変えながら説明しました．また，数学が苦手な方でもR言語で算出される数値や図を確かめることで理解の助けになると考えています．

〇本書のねらい

データサイエンス，AI (人工知能)， DX (デジタルトランスフォーメーション) が流行している昨今ですが，プログラミングを学んでも，あるいは統計学を学んでも，なかなかデータ解析ができるようにならないという声を聞きます．結局，データ解析ができるようになるためには知識だけでなく，ある程度の経験が必要なのだと感じます．一方で，データ解析の現場では即戦力を求められ，経験を重ねるだけの時間はありません．そこで，データ解析を行うスキルを獲得する近道として，データ解析の典型的な流れに沿って一連の作業を疑似体験する，という学習方法が考えられます．本書ではR言語を最大限に活用することで，**どのようなデータに，どのような手法を使うと，どのように結果が出て，それをどう解釈できるか**，に重点を置いて解説することで，データ解析のスキルアップを目指します．これらを理解することで，**自信をもってデータ解析の結果を説明できるようになる**でしょう．

○本書の特徴

各章において，易しい内容から徐々に難度を上げて紹介している点が本書の特徴です．具体的には，**素朴な図表の作成から始まり，関連する解析手法を適用しながら徐々に高度な解析手法を適用**しています．これは，実際のデータ解析の進め方であり，読者に疑似体験をしてほしいプロセスです．本書で紹介するデータを手持ちのデータに置き換えながら，データ解析の流れを追っていけばかなりのことができます．徐々に高度な解析手法に移行するという手順を踏むことには 2 つの利点があります．1 つ目は同じデータに素朴な解析を適用しても，高度な解析手法を適用しても，大きく結果が変わることはほとんどないため，結果が誤っていないことを確認しながら解析を進めることができます．2 つ目は，高度な解析手法が相手に理解されない場合であっても，相手が理解しやすい解析手法を選んで説明できることです．**高度な解析手法を使うことが解析の目的ではなく，解析結果の解釈が相手に伝わること**が重要です．

○本書の構成

本書は本編全 8 回と付録のプレセミナー全 4 回で構成されています．本編第 1 回から第 5 回ではデータ解析の基本的な内容を紹介します．そして，第 6 回から第 8 回はその発展的な内容です．発展的な内容に関心があれば関連部分だけを学習することもできます．第 6 回のテキスト解析と第 7 回の教師なし学習の基本的な内容は第 4 回にあります．また，第 8 回の教師あり学習については，目的変数が連続の場合は第 1 回および第 3 回，離散の場合は第 2 回と第 5 回が基礎的な内容に対応しています．

プレセミナーでは，本編の予備知識として R 言語の基本について解説します．**プログラミング経験のない方や，R 初心者の方はこちらのプレセミナーから始めてみてください．**

また，本書で利用するデータファイル，R のスクリプトやカラー図版集はサポートサイト[1]からダウンロード可能です．

○書籍化までの経緯

本書は滋賀大学データサイエンス学部が主体となって 2019 年から 2022 年に開催した R 言語のハンズオンセミナー「医薬品・医療機器メーカー向け滋賀大学データサイエンス人材育成プログラム」の内容をもとに書籍化したものです．セミナー受講者は 120 名を超え，実験から営業まで幅広い領域から参加頂いています．セミナーの内容もこれに合わせる形で，医療・製薬系に寄せつつ，どの領域でも幅広く使えることを念頭に構成しています．セミナー開催や本書の執筆にあたり，様々な方のご協力を頂きましたことを，この場を借りてお礼申し上げます．

本書の 1 回分は 3 時間のセミナーで紹介された内容に相当します．毎回受講者にアンケートを行い，多くの受講者から**難度は高いが満足度も高い**という感想を頂いています．私たちは日本初のデータサイエンス学部として多くの企業連携をしています．私たちのデータ解析の経験が，これからデータ解析を学ぶ皆さんのお役に立てば幸いです．

2023 年 4 月

著者を代表して　佐藤 健一

[1] https://www.gakujutsu.co.jp/text/isbn978-4-7806-1103-8/

目　次

第1回
数値予測をしよう
—— 多次元データによる回帰分析と結果の可視化およびその解釈

講師　佐藤 健一

達成目標

- ❏ 重回帰を中心にt検定やパス解析とのつながり，相関係数や適合度の考え方を理解する．
- ❏ 連続的な観測値を関連する情報を利用して予測できるようになる．

キーワード 箱ひげ図，t検定，直線回帰，相関係数，標準化，重回帰分析，決定係数，交差検証法，交互作用項，パス解析

パッケージ MASS[1]，lavaan，semPlot

はじめに

ここでは回帰分析について学びます．興味がある連続変数と関連する2値データ，あるいは連続変数との関係を統計解析的手法によって定量的に要約します．各回で取り上げる内容は，実際のデータ解析の手順に沿っています．最初のほうは素朴な視覚化ですが，いろいろなことがわかっていくと高度な解析手法に移行します．どういうデータに対して，どのような手法を使うと，どのように結果が解釈できるかに注目してください．

1.1　データの準備

それでは，連続変数としてここでは出生体重のデータを取り上げ，それに関連しそうな母の喫煙や体重などとの関係を定量化してみようと思います．まず，データの準備のために，MASSライブラリを使用します．これはインストール不要ですが，このライブラリを使うための宣言は必要です．次のコマンドを打ち込んでみましょう．

```
> library(MASS)
```

```
警告メッセージ:
パッケージ‘MASS’はバージョン 4.0.4 の R の下で造られました
```

[1] 標準でインストール済み．

続いて，?birthwt とすると，R のヘルプが表示されます (適当に整形しています).

```
> ?birthwt
```

```
Risk Factors Associated with Low Infant Birth Weight
Description
  The birthwt data frame has 189 rows and 10 columns. The data
  were collected at Baystate Medical Center, Springfield, Mass during 1986.
Usage
  birthwt
Format
  This data frame contains the following columns:
  low    indicator of birth weight less than 2.5 kg.
  age    mother's age in years.
  lwt    mother's weight in pounds at last menstrual period.
  race   mother's race (1 = white, 2 = black, 3 = other).
  smoke  smoking status during pregnancy.
  ptl    number of previous premature labours.
  ht     history of hypertension.
  ui     presence of uterine irritability.
  ftv    number of physician visits during the first trimester.
  bwt    birth weight in grams.
```

1 行目から低出生体重に関わるリスク因子のデータであることがわかります．Description を読むと，このデータは 189 行と 10 列のデータフレームです．つまり，サンプルサイズは 189 で，単に，これをデータ数とよぶこともあります．1986 年にマサチューセッツ州の医療センターで取得されています．また，データ列の説明もあり，たとえば，出生体重は bwt で与えられています．

毎回，birthwt と書くのは大変なので d とおきなおします．また，1, 4, 7, 8, 9 列は使わないので，除外して d に代入します．

```
> d <- birthwt
> d <- d[,-c(1,4,7:9)]
```

head(d) によって，データの上から 6 行目までが表示されます．

```
> head(d)
```

```
   age lwt smoke ptl  bwt
85  19 182     0   0 2523
86  33 155     0   0 2551
87  20 105     1   0 2557
88  21 108     1   0 2594
89  18 107     1   0 2600
91  21 124     0   0 2622
```

元のデータ列は 10 列ありましたが，1 と 4 および 7 から 9 の合計 5 列を除外したので残り 5 列のデータになりました．左から，age と lwt はそれぞれ母の年齢と妊娠前の体重です．ただし体重の単位はポンドです．smoke は喫煙の有無です．妊娠中に喫煙をしていたら 1，そうでなければ 0 をとる**ダミー変数**です．ptl は早産の経験回数，bwt が子の出生体重になります．出生体重は 2500 g 未満だと低出生体重児とよばれます．各行の左側に 85, 86 のように数値がありますが，これは行の名前，行名になります．

ここでは，出生体重はどの変数の影響をどのくらい受けているか調べます．出生体重に関係ありそうなのは母の体格で，使えるデータの中では妊娠前の体重が関係しそうです．それから，本来なら妊娠週数は必ず出生体重に関係していますが，このデータには含まれていません．標準的な妊娠期間は 40 週ほどで，37 週未満だと早産になり，子は育ちきらずに生まれるので体重は少なくなります．また，喫煙が早産のリスク因子であることも知られています．

さて，解析しようと思ったときに，2 列目の母の体重は単位がポンドになっているので，0.453592 を掛けて単位を kg に変換したものをあらためて `d$lwt` とします．

```
> d$lwt <- 0.453592*d$lwt
```

`table` 関数を使えば度数分布を調べることができます．早産の回数に適用すると，0 回がほとんどで，1 回早産したことがある人が 24 人，2 回が 5 人，3 回が 1 人であることがわかります．

```
> table(d$ptl)
```

```
  0   1   2   3
159  24   5   1
```

`d$ptl` を，1 以上だったら 1，そうでなければ 0 という 2 値の値をとるダミー変数に置き換えます．

```
> d$ptl <- ifelse(d$ptl>=1,1,0)
```

最後に，データの要約値を `summary` 関数を使ってみてみましょう．

```
> summary(d)
```

```
      age             lwt              smoke             ptl               bwt
 Min.   :14.00   Min.   : 36.29   Min.   :0.0000   Min.   :0.0000   Min.   : 709
 1st Qu.:19.00   1st Qu.: 49.90   1st Qu.:0.0000   1st Qu.:0.0000   1st Qu.:2414
 Median :23.00   Median : 54.88   Median :0.0000   Median :0.0000   Median :2977
 Mean   :23.24   Mean   : 58.88   Mean   :0.3915   Mean   :0.1587   Mean   :2945
 3rd Qu.:26.00   3rd Qu.: 63.50   3rd Qu.:1.0000   3rd Qu.:0.0000   3rd Qu.:3487
 Max.   :45.00   Max.   :113.40   Max.   :1.0000   Max.   :1.0000   Max.   :4990
```

まずは左側から `age` です．母の年齢は，最小値が 14 歳，最大値 45 歳です．日本だと 35 歳以上の初産婦は，高齢初産とされるようです．また，母の年齢の平均は 23.24 歳です．母の体重 `lwt` の最小値は 36.29 kg，平均が 58.88 kg，最大値は 113.40 kg ですね．また，順序に関する統計量 (**順序統計量**) もいくつか表示されますが，たとえば，`1st Qu.` というのは小さいほうから数えて 1/4 つまり，25%点を示し，49.90 kg です．いくつかの順序統計量は箱ひげ図として視覚化できるので，次節であらためて紹介します．喫煙 `smoke` は最小値が 0 で最大値が 1，平均が 0.3915 です．0 または 1 の 2 値データの平均は，全部のデータを足してその人数で割ったものなので，要するに 1 の割合です，つまり，喫煙率が 39.15%となります．早産の回数は，平均が 0.1587 です．最後が出生体重ですが，最小値が 709 g，かなり小さいですね．妊娠週数のデータがないのでわかりませんが，かなり早く生まれたのではないかと想像されます．平均は 2945 g となります．

1.2　等分散性を仮定した t 検定

まず，喫煙の有無が出生体重にどの程度影響しているか調べてみましょう．出生体重の箱ひげ図からみていきたいと思います．箱ひげ図を描くには boxplot 関数を用います．

```
> boxplot(d$bwt)
```

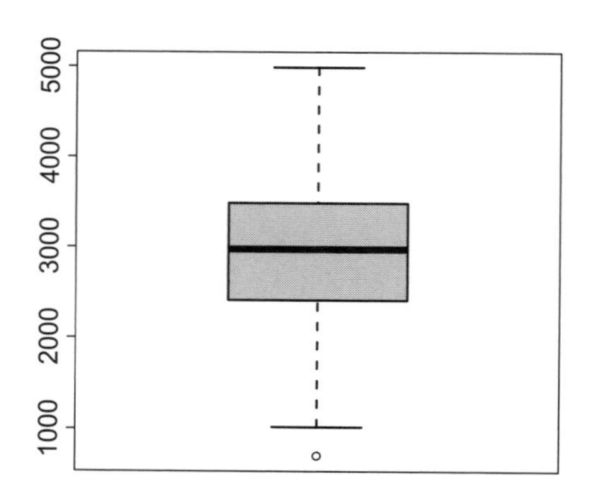

図 1.1　出生体重の箱ひげ図

さきほど summary(d) の bwt で表示された値が**箱ひげ図**として図 1.1 に示されます．つまり，小さい値から対応をみると最小値 Min. が 709 で，箱ひげ図では丸印になっています．1st Qu. は小さいほうから数えて 1/4，つまり，25%点です．これが，箱の底辺に対応します．Median は小さいほうからから数えて 1/2，つまり，50%点で，中央値とよばれ，箱の中の太い横線に対応します．データ数は 189 なので，小さいほうから $(189+1)/2=95$ 番目のデータが中央値 2977 になります．3rd Qu は小さいほうから数えて 3/4，75%点，3487 でこれが箱の上辺に対応します．最大値は 4990 です．

下から数えて，1/4, 1/2, 3/4 の点を，それぞれ，第 1 **四分位数**，第 2 四分位数，第 3 四分位数とよび，最小値と最大値を合わせて**五数要約**とよびます．また，箱の幅に該当する**四分位範囲**は，第 3 四分位数から第 1 四分位数を引くことで求まります．そして，箱の上辺と底辺から上下に伸びるひげの長さは，四分位範囲の 1.5 倍が基準となります．箱から伸ばした後で，データがあるところまで縮めます．標準正規分布に従うデータならひげの内側の区間 $(-2.7, 2.7)$ にデータのおよそ 99.3% が含まれます．ひげからはみ出るデータがあれば，図 1.1 のように丸印で示し，外れ値の目安とします．箱ひげ図の箱の幅やひげの長さの定義にはいくつかの種類がありますが，図 1.1 はいわゆる Tukey 法による箱ひげ図になります．

次に，喫煙の有無でデータを分けて箱ひげ図を描きます．boxplot 関数の引数の bwt~smoke は，出生体重を喫煙で説明する，という意味です．このように変数の関係を与える式は多くの関数の引数となっています．図 1.2 では喫煙の値 $\{0, 1\}$ ごとに，出生体重の箱ひげ図が描かれています．

```
> boxplot(bwt~smoke,d,notch=T)
```

オプション notch=T によって，箱ひげ図にくびれがつきます．ここで，T は TRUE の省略表記になります．くびれている部分が中央値の 95%信頼区間を示しています．95%**信頼区間**について少し説

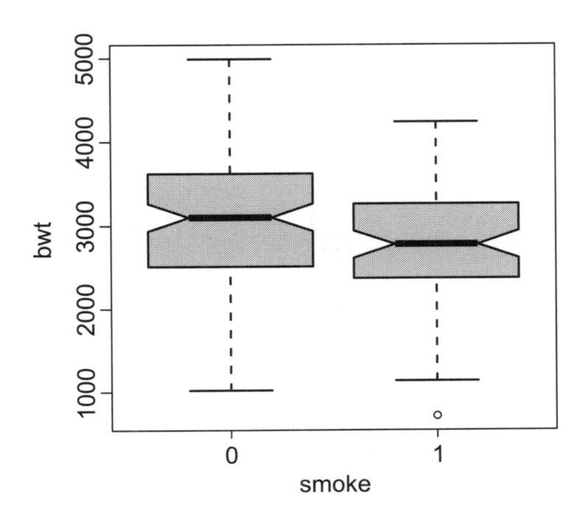

図 1.2　喫煙群別の出生体重の箱ひげ図

明します．もし同じサンプルサイズのデータを何度も取得することができるとしたら，データを取るたびに計算される中央値は変わりますが，その中央値のばらつきを考慮しても，真の中央値がこの区間に入る割合 (確率) が 95%はある，というのが中央値の 95%信頼区間になります．このように，統計学では今のデータを記述するだけでなく，データの再現性を考慮することがしばしばあります．

サンプルサイズが大きくなると真の中央値の居場所がだんだん確からしくなり，結果的に信頼区間は狭くなります．これに関連して，2 群の中央値の信頼区間が重ならないのであれば，帰無仮説「2 群の中央値は等しい」は有意水準 5%で棄却されます[2)]．つまり，差があると判断されます．一般的には中央値よりも平均の差に関心がありますが，その場合も，まず箱ひげ図を描いてみるとよいです．実際，図 1.2 をみると喫煙群の箱ひげ図は非喫煙群と比べて全体的に低くなっています．また，箱ひげ図のくびれもサンプルサイズが大きくなるにつれて狭くなります．したがって，くびれの程度はサンプルサイズの大きさを知る目安になります．また，箱ひげ図はデータの多い箇所がひと山しかない単峰性を仮定した図になります．男性と女性の身長のようにふた山あるようなデータに対して適用すると誤った解釈をする可能性もあるので注意が必要です．

次に，2 群の平均に差があるかをスチューデントの t 検定によって調べます．用いる関数は **t.test** になります．

```
> res <- t.test(bwt~smoke,d,var.equal=T)
> print(res)
```

```
	Two Sample t-test

data:  bwt by smoke
t = 2.6529, df = 187, p-value = 0.008667
alternative hypothesis: true difference in means is not equal to 0
95 percent confidence interval:
  72.75612 494.79735
sample estimates:
mean in group 0 mean in group 1
       3055.696        2771.919
```

2) 信頼区間が多少重なっていても帰無仮説が棄却されることがあります．

ここでは，後で直線回帰との関係を示すために，2群の分散が等しいことを仮定するオプション var.equal=T を用いました．オプションを指定しない場合の既定値は var.equal=F となり，2群の分散が等しいことを仮定しない Welch の t 検定に対応します．

t 検定における帰無仮説は「2群の平均が等しい」，あるいは「2群の平均に差がない」となっています．帰無仮説が正しいときに誤って棄却することを**第1種の過誤**とよび，通常はその確率を5%に設定して，**有意水準**5%の検定とよびます．非喫煙群と喫煙群の平均は，それぞれ，3055.696と2771.919です．また，p 値は0.008667なので，0.05つまり，5%よりも小さいので，有意水準5%で帰無仮説は棄却され，「2群の平均が等しい」とはいえないとなります．要するに，差があるということですね．箱ひげ図のくびれを比べることで予想がついていましたが，統計的にも喫煙群の出生体重の平均は非喫煙群よりも小さくなりそうです．

t 検定の結果として取り出せる情報のリストは names(res) によって表示できます．

```
> names(res)
```

```
 [1] "statistic"   "parameter"   "p.value"
 [4] "conf.int"    "estimate"    "null.value"
 [7] "stderr"      "alternative" "method"
[10] "data.name"
```

たとえば，p 値は res$p.value です．解析手法の結果を res に代入しましたが，まれに，names(res) と name(summary(res)) が異なることもあります．

res$estimate とすると，2群の平均が取り出せます．代入するときに括弧で括るとその内容が表示されます．

```
> (b <- res$estimate)
```

```
mean in group 0 mean in group 1
       3055.696        2771.919
```

2群の平均の差は -283.7767 g となることがわかります．

```
> b[2]-b[1]
```

```
mean in group 1
      -283.7767
```

1.3　ダミー変数による回帰

ここまで，箱ひげ図あるいは t 検定で，いずれも bwt~smoke と記述してきました．同じ作法で，散布図を描き，回帰分析をしたいと思います．散布図は plot 関数を使います．

```
> plot(bwt~smoke,d)
```

図1.3は横軸 (x 軸) を smoke，縦軸 (y 軸) を bwt とする散布図です[3]．このように関連があり

[3] 散布図は1組の連続変数に描くことが多いですが，ここでは，直線回帰と t 検定の関係を示すために横軸に2値変数を用いています．

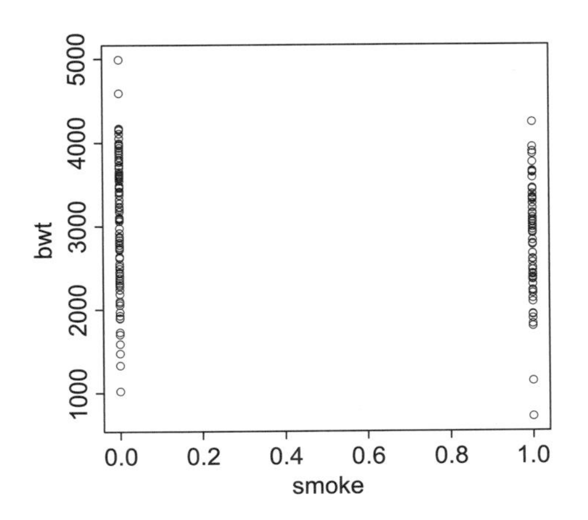

図 1.3 喫煙群別と出生体重の散布図

そうな変数の散布図を描く場合には，縦軸に興味ある変数や因果関係のうち結果になりそうなものを，横軸に原因や要因と思われる変数を用います．ひっくり返しても図としては成り立ちそうではありますが，散布図を描くときにはどの変数をどちらの軸とするか，意識する必要があります．`plot(bwt~smoke,d)` の代わりに `plot(d$smoke, d$bwt)` としても同じ図が描けます．この場合は，横軸，縦軸の順に指定します．続いて，散布図を要約する直線を引きましょう．直線を引くときには，`lm` 関数の結果を `abline` 関数に渡します．

```
> res <- lm(bwt~smoke,d)
> abline(res,col="red")
```

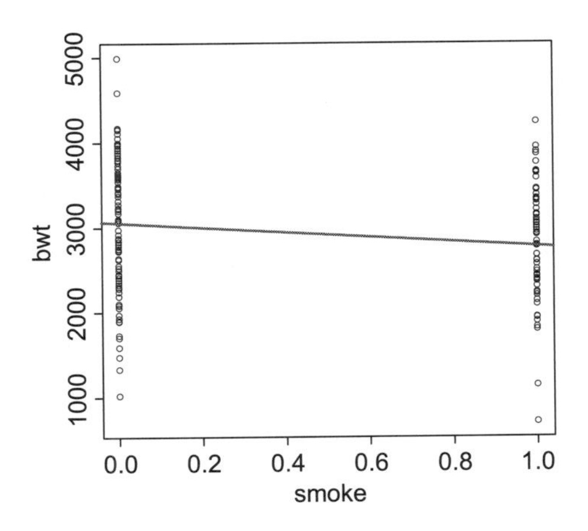

図 1.4 喫煙群別と出生体重の散布図に対する回帰直線

図 1.4 の散布図に引かれた赤色[4]の直線を回帰直線とよびます．また，直線を引く**回帰分析**[5]のことを，単に**直線回帰**ともいいます．縦軸に使われる興味ある変数や結果に関わる変数を**目的変数**，横軸の要因や原因に関わる変数を，目的変数の増減を説明する変数という意味で，**説明変数**とよびま

4) 紙面上では灰色ですが，R が出力するグラフでは指定の色が付いています．これ以降のグラフについても同様です．本書の実際の色が付いた図は，サポートサイトにカラー図版集としてまとめています．
5) 医療系の回帰分析については文献 [17]，数理的な解説は文献 [7] を参照してください．

す．また，説明変数の効果の大きさを示す直線の傾きのことを**回帰係数**とよびます．その他の回帰直線に関する情報は summary(res) によって出力されます．

```
> summary(res)
```

```
Call:
lm(formula = bwt ~ smoke, data = d)

Residuals:
    Min      1Q  Median      3Q     Max
-2062.9  -475.9    34.3   545.1  1934.3

Coefficients:
            Estimate Std. Error t value Pr(>|t|)
(Intercept)  3055.70      66.93  45.653  < 2e-16 ***
smoke        -283.78     106.97  -2.653  0.00867 **
---
Signif. codes:  0 ‘***’ 0.001 ‘**’ 0.01 ‘*’ 0.05 ‘.’ 0.1 ‘ ’ 1

Residual standard error: 717.8 on 187 degrees of freedom
Multiple R-squared:  0.03627,Adjusted R-squared:  0.03112
F-statistic: 7.038 on 1 and 187 DF,  p-value: 0.008667
```

中段の Coefficients に，直線の切片は (Intercept) 行の Estimate 列に 3055.70，傾きは smoke 行の Estimate 列に −283.78 と出力されています．したがって，回帰直線は，

$$\mathtt{bwt} = 3055.70 - 283.78 \times \mathtt{smoke}$$

となります．smoke は2値なので，非喫煙群 ($\mathtt{smoke} = 0$) では $\mathtt{bwt} = 3055.70$，喫煙群 ($\mathtt{smoke} = 1$) では $\mathtt{bwt} = 3055.70 - 283.78 = 2771.92$ の値をとります．この値は，t 検定の結果に表示された2群の平均と一致します．つまり，回帰直線とは説明変数が与えられたときの目的変数の平均の式と考えられます．また，傾きとは，x の値が1変化したときの y の値の変化量なので，傾きの −283.78 は喫煙群から非喫煙群の平均を引いた値と一致します．

さらに，帰無仮説「smoke の傾きは 0」に対する p 値は，smoke 行の Pr(>|t|) 列に 0.00867 と表示されており，t 検定の p 値と一致します[6]．これは，帰無仮説「傾きは 0」が t 検定における帰無仮説「2群の平均に差がない」の言い換えになっていることからも理解できます．したがって，帰無仮説「smoke の傾きは 0」は棄却され，smoke の傾きは 0 ではなく，smoke によって出生体重は変化する，となります．なお，帰無仮説「smoke の傾きは 0」が成り立つ場合には，回帰直線は x 軸に平行となり，smoke が変化しても出生体重が変化しないことを意味します．

回帰係数の検定や前節の t 検定をみてもわかるように，何かしらの検定の結果には p 値が表示されますが，その背景にある帰無仮説を意識する必要があります．また，t 検定のように2つの値を比べる検定がいくつかありますが，非喫煙群のように比較対象の際の基準になる群を**対照群**，あるいは，**コントロール群**といいます．統計モデルが複雑になると間違いやすくなりますが，何をコントロール群として扱っているかをいつも気にする必要があります．一般的に，コントロール群は興味ある変数においてリスクが低いほうに設定されます．そして，多くの場合には，コントロール群に

[6] 2群の分散が等しいことを仮定しない Welch の t 検定を適用した場合の p 値は 0.007003 となり，若干ずれが生じます．

は説明変数やダミー変数の 0 が対応します．

ここまで，箱ひげ図で 2 群の分布の違いをみて，t 検定で 2 群の平均の差を調べ，さらに回帰分析で smoke の効果を評価しました．素朴な作図から高度な統計手法に順番に適用したわけですが，結果は大きく変わりません．また，同じデータに対して類似の解析手法を適用することもありますが，類似する解析手法の結果も大きく変わることはありません．このように順を踏んで解析結果を確認していけば，大きな失敗を防ぐことができ，データ解析の結果を自信をもって説明できるようになります．

1.4　連続変数による回帰

次に，連続的な値をもつ母の体重と子の出生体重の関係を調べてみましょう．図 1.5 として，横軸に母の体重を縦軸に出生体重とする散布図を描き，回帰直線を引きます．

```
> plot(bwt~lwt,d)
> res <- lm(bwt~lwt,d)
> abline(res,col="red")
> summary(res)
```

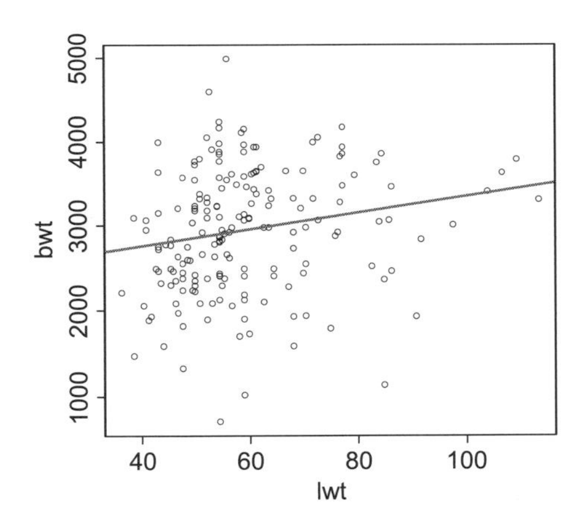

図 1.5　母の妊娠前の体重と出生体重の散布図に対する回帰直線

```
Call:
lm(formula = bwt ~ lwt, data = d)

Residuals:
     Min       1Q   Median       3Q      Max
-2192.12  -497.97    -3.84   508.32  2075.60

Coefficients:
            Estimate Std. Error t value Pr(>|t|)
(Intercept) 2369.624    228.493  10.371   <2e-16 ***
lwt            9.765      3.778   2.585   0.0105 *
---
Signif. codes:  0  '***'  0.001  '**'  0.01  '*'  0.05  '.'  0.1  ' '  1

Residual standard error: 718.4 on 187 degrees of freedom
Multiple R-squared:  0.0345,Adjusted R-squared:  0.02933
F-statistic: 6.681 on 1 and 187 DF,  p-value: 0.0105
```

回帰分析の要約から，求まった回帰直線は，切片が 2369.624，傾きが 9.765，つまり，

$$\texttt{bwt} = 2369.624 + 9.765 \times \texttt{lwt}$$

となります．また，帰無仮説「lwt の傾きが 0」に対する p 値は 0.0105 となり，有意水準 5%で帰無仮説は棄却されます．したがって，母の体重は出生体重に影響があるといえます．データを取りなおすたびに，この散布図も回帰直線も変わることが想像できますが，そのときの回帰係数の標準偏差が回帰係数の右に 3.778 と示されています．このようにデータから算出される統計量の標準偏差は，データの標準偏差との混乱を避けるために，特に**標準誤差** (Standard Error, SE) とよばれます．そして，SE を用いて，回帰係数 $\pm 1.96\times$ SE で回帰係数の 95%信頼区間をつくることができます．今の場合，$9.765 \pm 1.96 \times 3.778$ より，95%信頼区間は (2.36012, 17.16988) となります[7]．真の回帰係数がこの区間に入る確率は 95%あり，その区間に 0 が含まれないので，帰無仮説「lwt の傾きが 0」が有意水準 5%で棄却されます．

母の体重の影響の大きさをみると，lwt の傾きが 9.8 なので，母の体重が 1 kg 増えると子の体重は 9.8 g 増える傾向が読み取れます．同じことではありますが，効果がわかりやすくなるように適当に定数倍して，母の体重が 10 kg 増えると子の体重は 98 g 増えるということもできます．これと比較すれば，喫煙による影響は -283.78 だったので，母の体重がおよそ 30 kg 少ない場合の出生体重の減少量に相当しており，喫煙の影響がいかに大きかったかわかります．

補足になりますが，説明変数の目的変数に対する影響あるいは効果の大きさと，回帰係数の有意性には関係がありません．つまり，回帰係数が大きくても標準誤差が大きければ有意にならないこともあり，また，回帰係数が小さくても標準誤差がさらに小さければ有意になることもあります．

なお，回帰直線の性質として，回帰直線はそれぞれの変数の平均値を示す点を通ります．つまり，(母の体重の平均値, 子の体重の平均値) $=$ (58.88, 2945) を通ります．したがって，回帰式から，$2945 = 2369.624 + 9.765 \times 58.88$ が成り立ちます．

1.5　相関係数と標準化データの回帰

直線回帰を使って 2 つの変数の関係を直線で表しましたが，2 つの変数の間に直線的な関係がある場合に，相関係数が大きい，あるいは，強い相関があるといわれることがあります．相関係数と回帰直線の関係を説明します．母の体重を x，子の出生体重を y とおくと，母と子の体重の相関係数は cor 関数から 0.1857333 と算出できます．

```
> x <- d$lwt
> y <- d$bwt
> cor(x,y)
```

```
[1] 0.1857333
```

相関係数は $[-1, 1]$ の範囲の値をとり，絶対値が 0.8 以上なら強い相関がある，0 に近いと相関がないといわれます．ここでは，相関係数を理解するためにデータの標準化をしてみましょう．デー

[7] ここでは計算結果として小数第 5 位まで示しましたが，実際のデータ解析では要約値などの数値を解釈可能な桁数に丸めます．たとえば，後述するように，傾きは小数第 1 位まであれば解釈できるので，(2.4, 17.2) としてもよいでしょう．

タの標準化とは，1 つ 1 つのデータから平均を引いて標準偏差で割ることです．まず，母の体重を標準化します．

```
> zx <- (x-mean(x))/sd(x)
> head(cbind(x,zx))
```

```
            x         zx
[1,] 82.55374  1.7065482
[2,] 70.30676  0.8236002
[3,] 47.62716 -0.8114885
[4,] 48.98794 -0.7133832
[5,] 48.53434 -0.7460849
[6,] 56.24541 -0.1901548
```

このように，データを標準化すると，たとえば，一番目の母の体重は 82.55374 でしたが，標準化後は 1.7065482 になります．標準化したデータの平均と標準偏差を確認しましょう．

```
> mean(zx)
```

```
[1] 7.710722e-18
```

```
> sd(zx)
```

```
[1] 1
```

標準化後のデータの平均は 0[8]，標準偏差は 1 になります．つまり，**標準化**とは，平均 0，標準偏差 1 になるようにデータを変換することということもできます．同様に，出生体重も標準化して，散布図を描きます．

```
> zy <- (y-mean(y))/sd(y)
> plot(zx,zy)
```

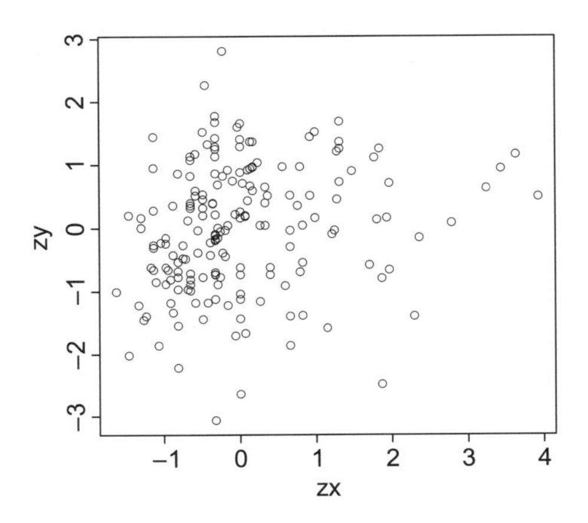

図 1.6　母の体重と出生体重の標準化データによる散布図

8) R の結果をみると平均は 7.710722e-18 です．これは 7.710722×10^{-18} を意味します．数値計算による丸め誤差のためにちょうど 0 にはなりませんが，元の桁数と比較すれば実質 0 と考えて構いません．

母の体重 (x) と出生体重 (y) を標準化したデータ (zx,zy) による散布図を図 1.6 に示します．横軸の範囲は $(-2, 4)$ 程度，縦軸の範囲は $(-3, 3)$ 程度となっています．データが平均 0, 標準偏差 1 の標準正規分布に従う場合には $(-3, 3)$ に 99.7%のデータが入りますが，正規分布に従っていない場合でも，チェビシェフの不等式 (たとえば，文献 [11] を参照のこと) から少なくとも 88.9%のデータが入ることがわかります．一方で，軸の値は変わりましたが，元のデータを使った散布図と比べても，マークの相対的な位置に変化はありません，このようにデータの標準化によって軸の目盛は変わりますが，データの相対的な分布に変化はありません．

続いて，両軸を標準化した図 1.6 の散布図に対して回帰直線を求め，図 1.7 として示します．

```
> res <- lm(zy~zx)
> abline(res,col="red")
```

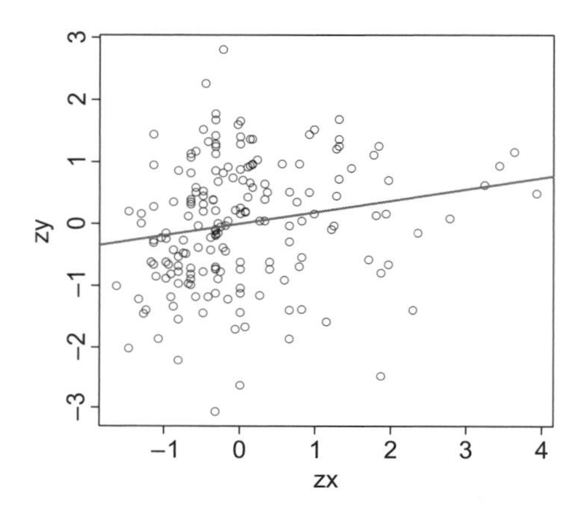

図 1.7　標準化データに対する回帰直線．回帰直線の傾きは標準化する前の元データに対する相関係数 0.186 に等しい．

```
> round(summary(res)$coefficients,3)
```

```
            Estimate Std. Error t value Pr(>|t|)
(Intercept)    0.000      0.072   0.000    1.000
zx             0.186      0.072   2.585    0.011
```

切片は 0.000，傾きは 0.186 となります．切片が 0 なので，この回帰直線は原点を通ります．これは回帰直線が各変数の平均を通ることからもわかります．また，この傾きは cor 関数で求められた相関係数に一致しています．これは偶然ではなく，2 つの変数の**相関係数**は，標準化データに対する回帰直線の傾きに一致します．

標準化されたデータに対して，すべての散布図の点が 1 つの直線上にあれば，傾き 1 (あるいは -1) の回帰直線となり，相関係数も 1 (あるいは -1) になります．また，このときの p 値は帰無仮説「相関係数は 0」に対応しており，相関係数の検定としても知られています．

標準化することの利点の 1 つに単位がなくなることが挙げられます．母の体重は kg でしたが，平均を引いて標準偏差で割ると，分子分母の kg が上下でキャンセルして単位がなくなり，無次元量となります．したがって，異なる単位をもつ変数が混在する場合でも，標準化することで扱いやすくなります．標準化は単純な操作ですが，いろいろな統計解析手法に登場する基本的かつ重要な手順になります．

1.6 重回帰モデル

1 つの目的変数に対して，1 つの説明変数を用いる直線回帰は**単回帰**とよばれます．これまで，出生体重に対して，喫煙の有無あるいは母の体重による単回帰を行いました．ここでは，これら 2 つの変数に，母の年齢と早産の経験を加えて，複数の説明変数の影響を同時に評価する回帰分析，**重回帰分析**を行います．

重回帰分析に使う関数は同じく `lm` になります．式の書き方は，`bwt~lwt+age+ptl+smoke` のように同時に影響を評価したい説明変数を加えるように追記します．

```
> res <- lm(bwt~lwt+age+ptl+smoke,d)
> summary(res)
```

```
Call:
lm(formula = bwt ~ lwt + age + ptl + smoke, data = d)

Residuals:
     Min       1Q   Median       3Q      Max
-2127.29  -407.97     6.44   500.14  1699.39

Coefficients:
            Estimate Std. Error t value Pr(>|t|)
(Intercept) 2398.429    296.794   8.081 8.27e-14 ***
lwt            7.600      3.771   2.015   0.0453 *
age           10.403      9.870   1.054   0.2932
ptl         -361.190    143.652  -2.514   0.0128 *
smoke       -219.098    106.201  -2.063   0.0405 *
---
Signif. codes:  0 ‘***’ 0.001 ‘**’ 0.01 ‘*’ 0.05 ‘.’ 0.1 ‘ ’ 1

Residual standard error: 698.8 on 184 degrees of freedom
Multiple R-squared:  0.1013,Adjusted R-squared:  0.08173
F-statistic: 5.183 on 4 and 184 DF,  p-value: 0.0005593
```

切片は明示しなくても追加され，使いたくないときは，`bwt~0+lwt+age+ptl+smoke` のように 0 を書きます．また，使っていることを明示したいときには，`bwt~1+lwt+age+ptl+smoke` と書いてもよいです．データに含まれる目的変数以外の変数をすべて説明変数として使う場合には，`bwt~.` とピリオド 1 つで済ますこともでき，説明変数が多い場合には重宝します．

結果の `Coefficients` の表から，出生体重は次の回帰式によって予測できることがわかります．

$$\texttt{bwt} = 2398.429 + 7.600 \times \texttt{lwt} + 10.403 \times \texttt{age} - 361.190 \times \texttt{ptl} - 219.098 \times \texttt{smoke}$$

また，各説明変数の回帰係数に対する帰無仮説「回帰係数は 0」の p 値をみると，`age` の回帰係数の p 値は 0.2932 となり，有意水準 5%では棄却されません．少し表の補足をします．`Estimate` は回帰係数の推定値，`Std. Error` が標準誤差，`t value` は回帰係数をその標準誤差で割った値で t 値とよばれます．帰無仮説のもとでの回帰係数の標準化に該当し，t 検定と同じく帰無仮説のもとで自由度 $n-k$ の t 分布に従います．ただし，n はサンプルサイズ，k は切片を含めた説明変数の個数です．ここでは，$n-k=189-5=184$ となります．t 値から t 分布の外側確率を求める pt 関数を用いて p 値を算出することができます．たとえば，age の回帰係数の t 値は 1.054 なので，2*pt(1.054,184,lower.tail=F) から 0.2932 と p 値が算出できます．

回帰係数の p 値から，age の回帰係数は 0 の可能性があり，bwt に対する age の影響はなさそうにみえます．一方，回帰係数の値は 10.403 なので，10 歳違うと 104.03 g 増えるので，無視できるというほど小さくありません．しかし，回帰係数の標準誤差が 9.870 と大きく，結果的に回帰係数の 95%信頼区間に 0 が含まれてしまいます．このように，影響や効果が大きくても標準誤差が大きい場合には帰無仮説が棄却されないことがあります．このとき，回帰係数の有意性を理由に，age を説明変数から外すこともできます．このように，回帰分析において説明変数を選ぶことは重要な問題で，変数選択とよばれます．しかし，回帰分析の目的として age の効果がみたい場合や，あえて，効果がないことを示したい場合にはそのまま説明変数として使うこともあります．

最後に，重回帰モデルは**線形重回帰モデル**とよばれることがありますが，この「線形」の意味するところを少し補足したいと思います，回帰係数 β と説明変数の積 βx は，β の関数としても x の関数としても線形です．一方，βx^2 は x の関数としては非線形ですが，β の関数としては線形です．線形回帰モデルの「線形」は説明変数に関する線形性ではなく，後者の回帰係数に関する線形性を指しています．

1.7　モデルの適合度

データにあてはめた予測式 (あるいは回帰式) の良さの評価を考えます．回帰式による予測値は，names(res) の fitted.values として取り出せます．

```
> names(res)
```

```
 [1] "coefficients"  "residuals"     "effects"       "rank"
 [5] "fitted.values" "assign"        "qr"            "df.residual"
 [9] "xlevels"       "call"          "terms"         "model"
```

names(summary(res)) によって，異なる情報が引き出せることも合わせて覚えてください．

```
> names(summary(res))
```

```
 [1] "call"          "terms"         "residuals"     "coefficients"
 [5] "aliased"       "sigma"         "df"            "r.squared"
 [9] "adj.r.squared" "fstatistic"    "cov.unscaled"
```

予測値を fit に代入し，head(cbind(d,fit)) によって，データ列と合わせて表示してみましょう．

```
> fit <- res$fitted.values
> head(cbind(d,fit))
```

```
   age      lwt smoke ptl  bwt      fit
85  19 82.55374     0   0 2523 3223.514
86  33 70.30676     0   0 2551 3276.083
87  20 47.62716     1   0 2557 2749.373
88  21 48.98794     1   0 2594 2770.118
89  18 48.53434     1   0 2600 2735.461
91  21 56.24541     0   0 2622 3044.374
```

たとえば，1番目の `bwt` の観測値は2523ですが，以下のように予測式の説明変数にそれぞれの値を代入することで予測値は3223.514と計算できます．

$$2398.429 + 7.600 \times 82.55374 + 10.403 \times 19 - 361.190 \times 0 - 219.098 \times 0 = 3223.514$$

観測値と予測値の差を**残差**といい，1番目のデータなら，$2523 - 3223.514 = -700.514$ となります．予測式はあまりあてはまっていないようです．なお，すべての点における残差の平方の和を**残差平方和**とよび，実は残差平方和が小さくなるように回帰係数は求められます．

残差の絶対値の大きさはあてはまりの悪さを示しますが，残差の平均は0になることが知られていますので，その標準偏差があてはまりの良さを測る1つの指標になります．残差の標準偏差は次のように求めることができます．

```
> obs <- d$bwt
> (sum((obs-fit)^2)/(nrow(d)-5))^0.5
```

```
[1] 698.7813
```

上の $\texttt{nrow(d)} - 5 = 184$ の5は切片を含む説明変数の個数を示します．残差の標準偏差は誤差標準偏差，残差標準誤差，単には標準誤差とよばれることもあります．1.6節の回帰分析の結果では `Residual standard error` として表示されています．1組の説明変数を与えれば，予測式から予測値が求まりますが，その周りに実際の観測値がどの程度ばらついているかがわかります．標準偏差が $700\,\mathrm{g} = 0.7\,\mathrm{kg}$ ということは，予測値 $\pm 2 \times 0.7\,\mathrm{kg}$ の中に観測値がだいたい入るということです．かなりばらついています．予測式のあてはまりはあまり良くないといえそうです．

単回帰の場合と違って，重回帰ではあてはまった直線をみることができません．正確には，直線をあてはめたのではなく，回帰平面をあてはめたことになっているのですが，予測式に説明変数の値を適当に代入することで，調整済回帰直線として視覚化できます．たとえば，母の体重の調整済回帰直線は，ほかの説明変数をその平均値で置き換え，また，ダミー変数はコントロール群を示す値(たとえば，0)や平均値で置き換えます．ここでは，簡単に，$\texttt{ptl} = 0$ および $\texttt{smoke} = 0$ とします．

$$\begin{aligned}\texttt{bwt} &= 2398.429 + 7.600 \times \texttt{lwt} + 10.403 \times 23.24 - 361.190 \times 0 - 219.098 \times 0 \\ &= 2640.195 + 7.600 \times \texttt{lwt}\end{aligned}$$

このようにすれば，横軸を `lwt`，縦軸を `bwt` として描いた散布図に**調整済回帰直線**を重ねて描くことができます．

また，図1.8のように予測値と観測値の散布図を描いて，予測式のあてはまりを相関係数によって評価する方法もあります．

```
> myr <- range(c(fit,obs))
> plot(fit,obs,xlim=myr,ylim=myr)
> abline(a=0,b=1,col="red")
```

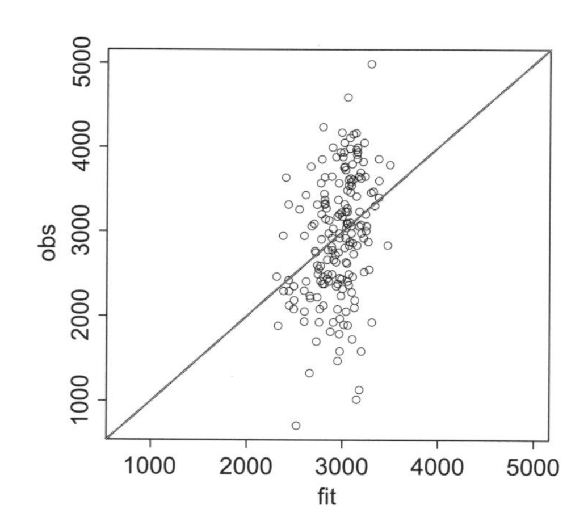

図 1.8　予測値と観測値の散布図と直線 $y = x$

横軸に予測値，縦軸に観測値の散布図を，それぞれの軸の範囲を等しくして描いています．また，赤い直線は原点を通る直線 $y = x$ で，予測値と観測値が等しい場合には，この直線上にすべての点がのることになります．今の場合，予測値に対して観測値が上下にばらつくことがわかります．縦のばらつきが，残差を示しています．残差の標準偏差は 700 g でした．たとえば，予測値が 3000 g ならおおよそ $3000 \pm 2 \times 700$ より，区間 $(1600, 4400)$ の範囲にデータがありそうです．散布図をみても，その位のばらつきがありますね．

重回帰モデルによる予測値と観測値の相関係数は，特に，**重相関係数**とよばれ，その 2 乗は**決定係数**とよばれます．

```
> cor(fit,obs)^2
```

```
[1] 0.101264
```

決定係数は区間 $[0, 1]$ の値をとります．観測値のばらつきのどのくらいが回帰式で説明できるかを示します．今の場合，決定係数は 0.101264 なので，およそ 10%が回帰式で説明できると解釈できます．1.6 節の回帰分析の結果には，`Multiple R-squared` として表示されています．決定係数は 0.8 を超えるとあてはまりが良いとされています．説明変数が増えるほど，残差標準偏差は小さく，決定係数は大きくなり，あてはまりは良くなります．一方で，どんな説明変数を加えても決定係数は必ず大きくなるので注意が必要です．これに対して，不要な説明変数を増やすと小さくなることがある**自由度調整済決定係数**，`Adjusted R-squared` も算出されています．

最後に回帰分析の結果にある `F-statistic` について触れておきます．これは回帰式の有意性を示していて，帰無仮説「切片以外の回帰係数はすべて 0」に対する検定の結果を示します．帰無仮説のもとで F 値は自由度 $(k-1, n-k) = (4, 184)$ の F 分布に従うことが知られていて，その上側確率が 0.0005593 と求められます．ただし，k は切片を含めた説明変数の個数，n はサンプルサイズです．

1.8　交差検証法による予測残差標準偏差

手持ちのデータから作られた予測式が，将来新しく得られるデータに対してどの程度あてはまるかは大きな関心事です．ここでは，疑似的に手持ちのデータを予測式の作成用と将来の予測用に分けてあてはまりの良さを評価する方法として，交差検証法を紹介します．まずは，次のスクリプトをみてください[9]．

```
> s <- 0
> for(i in 1:nrow(d)){
    res <- lm(bwt~lwt+age+ptl+smoke,d[-i,]) # i番目のデータを外して推定
    pre <- predict(res,d[i,]) # i番目のデータで予測
    s <- s+(obs[i]-pre)^2
  }
> s <- s/nrow(d)
> print(s^0.5)
```

```
710.0118
```

交差検証法では，まず，1 番目のデータをすべて除外して残りのデータで重回帰を行い，予測式を求めます．そして，その予測式を使って 1 番目のデータを新しいデータとみなしてあてはまりを調べます．つまり，1 番目の説明変数から 1 番目の予測値を計算し，1 番目の観測値との残差を求めます．次に，2, 3, 4, . . . 番目のデータに対しても同じ作業を行い，最後に残差平方和を `nrow(d)` で割ります．交差検証法は残差平方和のままで比較することも多いですが，今回は値が大きくなるのでサンプルサイズで割って残差分散を求め，さらにその平方根をとって残差標準偏差は 710.0118 と算出されます[10]．手持ちのデータだけから求められる残差標準偏差と区別して，交差検証法で求められた残差標準偏差を**予測残差標準偏差**とよぶことにしましょう．

回帰式として，`bwt~lwt+age+ptl+smoke` を用いた場合には，予測残差標準偏差は 710.0118 です．一方，`age` を除いて，`bwt~lwt+ptl+smoke` を用いると予測残差標準偏差は 706.0459 となり，予測の意味で改善されることがわかります．このように，交差検証法は変数選択の方法として使うことができます．

第 8 回で紹介する教師あり機械学習では，予測精度を評価するためにデータを 2 分割し，一方のデータを使って予測式の学習を行い，他方のデータを使ってその予測性能を評価することがあります．前者のデータは**訓練データ** (training data)，後者は検証データ (test data) とよばれます．その意味でここで紹介した**交差検証法** (Cross Validation, CV) は，1 つを除いて残りをすべて訓練データとして用い学習し，除いた 1 つのデータを検証データとして使う，という作業をすべてのデータで繰り返す方法といえるので，1 個抜き交差検証法 (Leave-One-Out Cross Validation, LOOCV) とよばれることがあります．

---

[9] 複数行のスクリプトを実行すると，R の出力では各行の先頭に+の記号が表示されますが，ここでは紛らわしいので省略しました．以降も同様に省略します．

[10] R の出力では，710.0118 の上に 85 も表示されますが，これはデータ d の 1 番目の行名に該当します．以後も行名が紛らわしい場合は同様に省略します．

1.9 交互作用項

重回帰モデルで回帰式は説明変数と回帰係数の積の和として書けます．その意味で，各説明変数はそれぞれが独立して加わることで予測値に影響を与えます．一方で，2 つの変数の相乗効果を考えるのが妥当な場合もあるでしょう．相乗効果の大きさを評価する方法として，2 つの変数の積を考え，これを回帰式に入れることを考えます．回帰式における積の変数は，**交互作用項**とよばれます．ここでは，喫煙と早産の相乗効果を調べてみましょう．

```
> res <- lm(bwt~lwt+age+ptl+smoke+ptl:smoke,d)
> summary(res)
```

```
Call:
lm(formula = bwt ~ lwt + age + ptl + smoke + ptl:smoke, data = d)

Residuals:
    Min      1Q  Median      3Q     Max
-2128.7  -405.6     8.7   498.6  1698.3

Coefficients:
            Estimate Std. Error t value Pr(>|t|)
(Intercept) 2399.007    297.660   8.060 9.63e-14 ***
lwt            7.624      3.790   2.012   0.0457 *
age           10.385      9.898   1.049   0.2955
ptl         -376.092    214.370  -1.754   0.0810 .
smoke       -223.548    116.569  -1.918   0.0567 .
ptl:smoke     26.893    286.512   0.094   0.9253
---
Signif. codes:  0 '***' 0.001 '**' 0.01 '*' 0.05 '.' 0.1 ' ' 1

Residual standard error: 700.7 on 183 degrees of freedom
Multiple R-squared:  0.1013,Adjusted R-squared:  0.07675
F-statistic: 4.126 on 5 and 183 DF,  p-value: 0.001419
```

回帰式において喫煙と早産の積は `ptl:smoke` と記述します．あるいは，I 関数を用いて `I(ptl*smoke)` と書くことも可能です．`ptl` も `smoke` も 2 値のダミー変数なので，`ptl:smoke` = 1 になるのは，`ptl` = 1 かつ，`smoke` = 1 のときに限ります．その意味で対応する回帰係数はまさに相乗効果を示します．しかし，`ptl:smoke` の p 値は 0.9253 となっており，帰無仮説「`ptl:smoke` の回帰係数は 0」を有意水準 5%では棄却できません．つまり，0 かもしれないということです．したがって，`ptl` と `smoke` の相乗効果はないかもしれません．ここでは，ダミー変数どうしの積の効果を考えましたが，連続変数どうしの積なども考えることができます．

1.10 パス解析で重回帰モデル

パス解析では，目的変数を説明変数の回帰式で表すだけでなく，説明変数間にも回帰式を考えます．その意味で重回帰モデルを含みます．また，目的変数を説明変数で回帰し，さらに説明変数をほかの説明変数で回帰することから，階層的重回帰分析とよばれることがあります．パス解析は高度な解析手法になりますので，はじめはスキップしても構いません．紹介という形で簡単に触れたいと思います．

まず，lavaan パッケージを利用して[11]，パス解析の枠組で重回帰モデルを表してみます．重回帰モデルの場合と同じように回帰式は，`bwt~lwt+age+ptl+smoke` と記述できますが，重回帰モデルを実行する `lm` 関数ではなく，`sem` 関数を用いることに注意してください．

```
> library(lavaan)
```

```
This is lavaan 0.6-11
lavaan is BETA software! Please report any bugs.
```

```
> res <- sem("bwt~lwt+age+ptl+smoke",d)
> parameterEstimates(res,ci=F,remove.nonfree=T)
```

```
  lhs op   rhs        est        se      z pvalue
1 bwt  ~   lwt      7.600     3.721  2.043  0.041
2 bwt  ~   age     10.403     9.738  1.068  0.285
3 bwt  ~   ptl   -361.190   141.739 -2.548  0.011
4 bwt  ~ smoke   -219.098   104.787 -2.091  0.037
5 bwt ~~   bwt 475377.395 48901.550  9.721  0.000
```

パス解析での回帰係数の値に切片はありませんが，内部的な数値計算において目的変数および説明変数のそれぞれの平均値をあらかじめ引いているため，結果的に 1.6 節の重回帰モデルによる回帰係数の値と切片を除いて一致します．

$$\mathtt{bwt} = 7.600 \times \mathtt{lwt} + 10.403 \times \mathtt{age} - 361.190 \times \mathtt{ptl} - 219.098 \times \mathtt{smoke}$$

ここでは実行しませんが，`summary(res,rsquare=T)` とすれば多くの情報と共に決定係数も表示され，重回帰モデルと同じく 0.101 であることがわかります．

パス解析では，変数間の関連を視覚化する**パス図**も重要です．パス図は semPlot パッケージの `semPaths` 関数を使って描けます．

```
> library(semPlot)
> semPaths(res,"model","est",style="lisrel")
```

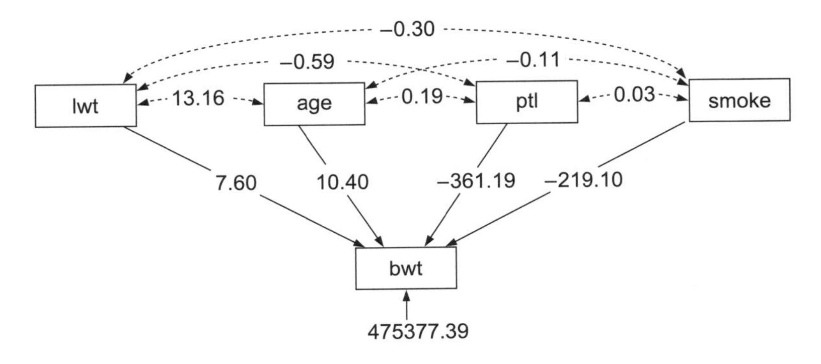

図 1.9　重回帰モデルのパス図による視覚化

11) パッケージを初めて使う場合には，プレセミナー P1.4 節に従ってインストールをしてください．

図 1.9 のパス図では，説明変数から目的変数に矢印が引かれています．矢印の上に回帰係数が示されますが，パス解析では矢印をパス，回帰係数を**パス係数**とよびます．また，説明変数間の共分散も両端に矢印をもつ点線として示されます．このように変数間の関係を示す図に矢印がある場合には有向グラフ，矢印がない場合には無向グラフとよびます．これらの図を描くためのフリーソフトとして，Graphviz[12]は非常に高機能で広く利用されています．

1.11　パス解析

本節では，説明変数間に回帰式を仮定します．ここでは，まず，目的変数に直接刺さる説明変数を `bwt~lwt+ptl+smoke` のように記述します，そして，次に，説明変数間に仮定される回帰構造を `ptl~smoke` のように記述します．つまり，`smoke` は `bwt` と `ptl` の両方の説明変数になっており，`ptl` も `bwt` の説明変数になっていることから，`smoke` の `bwt` への効果は，`ptl` を経由する間接効果と経由しない直接効果として評価することができます．

```
> model <- "
  bwt~lwt+ptl+smoke
  ptl~smoke"
> res <- sem(model,d)
```

```
警告メッセージ:
lav_data_full(data = data, group = group, cluster = cluster,  で:
 lavaan WARNING: some observed variances are (at least) a factor 1000 times
 larger than others; use varTable(fit) to investigate
```

ここで，警告メッセージが表示されますが，正しく計算はできています[13]．また，パス係数は次のように求められます．

```
> parameterEstimates(res,ci=F,remove.nonfree=T)
```

```
  lhs op   rhs        est        se      z pvalue
1 bwt  ~   lwt      8.366     3.640  2.298  0.022
2 bwt  ~   ptl   -341.362   140.089 -2.437  0.015
3 bwt  ~ smoke   -225.888   104.980 -2.152  0.031
4 ptl  ~ smoke      0.139     0.054  2.596  0.009
5 bwt ~~   bwt 478247.909 49196.836  9.721  0.000
6 ptl ~~   ptl      0.129     0.013  9.721  0.000
```

パス係数から次の 2 つの回帰式が求まります[14]．

$$\texttt{bwt} = 8.366 \times \texttt{lwt} - 341.362 \times \texttt{ptl} - 225.888 \times \texttt{smoke}, \qquad \texttt{ptl} = 0.139 \times \texttt{smoke}$$

回帰式だけをみていても，全体が掴みにくいのでパス図を使って視覚化しましょう．

---

[12] https://graphviz.org/

[13] 警告メッセージでは変数の分散を確認するようにいわれています．パス解析では変数間の標本分散共分散行列と仮定されたモデルのもとでの分散共分散行列を近づけるようにパス係数の最適化が行われます．その際に，分散の大きさが顕著に異なる変数があると最適化がうまく行われない可能性もあり，警告が出るようです．実際，出生体重の単位を g ではなく，1000 で割って kg にすればその分散も小さくなることから，この警告は表示されなくなります．

[14] それぞれの変数から平均値を引いた，平均 0 の変数を用いて回帰式を表しています．

```
> semPaths(res,"model","est",style="lisrel")
```

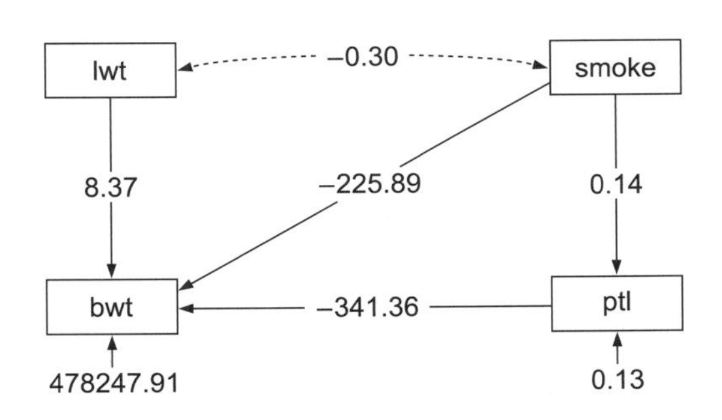

図 1.10 パス解析の視覚化

図 1.10 のパス図をみながらもう一度，smoke の bwt に対する直接効果と間接効果の説明をします．smoke に着目すれば，bwt へのパスと ptl へのパスをもちます．そして，ptl はさらに bwt へのパスをもつので，結果的に，smoke からみれば，bwt に直接影響を与えるパスと，ptl 経由で間接的に bwt に影響を与えるパスが存在します．これらにより smoke が bwt に与える効果を，それぞれ**直接効果**，**間接効果**とよびます．直接効果はパス係数から -225.888 とわかります．つまり，母の喫煙の直接効果によって出生体重は 225.888 g 減少します．

一方，間接効果については，まず，ptl へのパス係数が 0.139 です．つまり，smoke = 1 なら 0 に比べて ptl は 0.139 上がります．次に，ptl から bwt へのパス係数は -341.362 なので，早産の経験がある場合出生体重は 341 g 減少します．bwt の回帰式に ptl の回帰式を代入すれば，

$$\texttt{bwt} = 8.366 \times \texttt{lwt} - 341.362 \times 0.139 \times \texttt{smoke} - 225.888 \times \texttt{smoke}$$

となり，smoke の ptl 経由の間接効果は $-341.362 \times 0.139 = -47.44932$ として求まります．つまり，早産の経験を経由することで喫煙によって出生体重は 47 g 減少すると解釈できます．直接効果に比べて大きいとはいえませんが，smoke から ptl への回帰係数の p 値は 0.009，また，smoke から ptl への p 値も 0.015 であることからも，間接効果は統計的に無視できない程度に存在します．このようにパス解析の難しい点は，既知の情報を使いながら変数間の回帰式を与える必要があるところです．

ここで，パス解析による決定係数について若干の補足をしたいと思います．図 1.10 をみると bwt に対して{lwt, ptl, smoke}の 3 つの説明変数が使われています．このとき，summary(res,rsquare=T) を使って bwt の決定係数を求めると 0.090 であることがわかります．一方で，同じく 3 つの変数を用いて重回帰モデルを適用した場合には 0.096 となります．つまり，重回帰モデルの値と一致せず，若干パス解析のあてはまりが悪くなります．重回帰モデルと同じ決定係数を得ようとするなら，説明変数間の共分散を追加で仮定する必要があります．つまり，lwt と ptl，lwt と smoke の共分散が存在すると仮定し，モデルを記述する際に，ptl~smoke の部分を ptl~smoke;lwt~~ptl;lwt~~smoke に置き換えることで，lwt の決定係数は重回帰の決定係数 0.096 と一致します．このようにパス解析では，説明変数間の共分散も意識する必要があり，意図したモデルを作成するには注意が必要です．

最後にパス解析を行える市販のソフトウェアについて補足します．パス解析では観測されるデータのみで回帰式を記述しますが，観測されない潜在変数も使える共分散構造分析あるいは構造方程

式 (Structural Equation Modeling, SEM) とよばれるモデルもあります[15]．IBM が提供する統計ソフトウェア SPSS の AMOS パッケージ[16] は数式を入力することなく視覚的に操作できるため人気があります．なお，観測されない潜在変数については，4.3 節の因子分析で触れたいと思います．

第1回のまとめ

✔ 等分散を仮定した t 検定はダミー変数を説明変数とする直線回帰によって実装できる．
✔ 相関係数は標準化されたデータに対する回帰直線の傾きに等しい．
✔ 決定係数は予測値と観測値の相関係数の 2 乗に等しい．
✔ 交差検証法を使えば新しいデータへのあてはまりを評価できる．
✔ 重回帰モデルはパス解析に含まれる．

1.12　課題

ToothGrowth データ[17]では，60 匹のギニアピッグ (モルモット) の象牙芽細胞 (歯の本体をつくる細胞) の長さが計測されており，各モルモットは，オレンジジュースまたはアスコルビン酸 (ビタミン C) の 2 つの与え方によって，ビタミン C を 3 つの用量レベル (0.5，1，2) mg/day のいずれかで摂取しています．そして，変数は，len: 象牙芽細胞の長さ (μm)，supp: 投与群 (OJ=オレンジジュース，VC=アスコルビン酸)，各投与群 30 匹，dose: 用量レベル (0.5，1，2) mg/day，投与群ごとに各用量 10 匹，と与えられています．まず，データの先頭部分を示しましょう．

```
> d <- ToothGrowth
> head(d,3)
```

```
   len supp dose
1  4.2   VC  0.5
2 11.5   VC  0.5
3  7.3   VC  0.5
```

投与群別用量レベル別の象牙芽細胞の長さの平均は aggregate 関数を用いて以下のように求めることができます．VC 群のほうが OJ 群よりも短い傾向がみられます．

```
> aggregate(len~dose+supp,d,mean)
```

```
  dose supp   len
1  0.5   OJ 13.23
2  1.0   OJ 22.70
3  2.0   OJ 26.06
4  0.5   VC  7.98
5  1.0   VC 16.77
6  2.0   VC 26.14
```

[15] 共分散構造分析については文献 [15] に詳しい説明があります．
[16] https://www.ibm.com/jp-ja/analytics/spss-statistics-software
[17] データについては原著論文 [27] を参照してください．

このとき，以下の 1)–4) に取り組みましょう．

1) 横軸に用量レベル，縦軸に象牙芽細胞の長さ，とする散布図を投与群別に色を変えて描く．
2) 象牙芽細胞の長さを目的変数，投与群と用量レベルを説明変数とする重回帰モデルを適用する．
3) 散布図に，投与群別に色を変えて回帰直線を重ね描きする．
4) 説明変数を工夫して，より良い重回帰モデルを検討する．

第 2 回
2分類の確率を予測をしよう
—— 2値データへの回帰分析と要因の組み合わせ

講師　杉本 知之

達成目標

- ❏ 2 値データと背景因子との関係をカイ 2 乗検定統計量やオッズ比で評価する.
- ❏ あるイベントが起きる確率を関連する情報を用いて予測できるようになる.

キーワード クロス集計表，カイ 2 乗検定，オッズ比，ロジスティック回帰，用量反応曲線，ED50，グループデータ

パッケージ MASS[1)]

データファイル lung50.csv, dosebinary.csv

はじめに

今回は，**2 値データ**の取り扱いや，2 値変数を目的変数とする回帰分析，いわゆるロジスティック回帰について学びます．2 値データとは，たとえば，発症の有無，治癒と非治癒，成功と失敗，異常と正常など，2 分類されたデータのことをいいます．興味がある目的変数がこのような 2 値データのとき，目的変数と関連する説明変数 (原因系の変数) との関係を，クロス集計表から得られる指標や，ロジスティック回帰によって定量的に要約することができます．ロジスティック回帰も第 1 回で説明した回帰分析の一種であり，この場合，目的変数は分析したい結果系の 2 値変数，説明変数は目的変数に対する原因系の変数のことです．まずは，クロス集計表の作り方やその要約の仕方について学んでいき，後半でロジスティック回帰とそのツールを扱います．このような 2 値データに対して，どういった手法があり，そこからどのように結果が解釈できるかに注目しましょう．

2.1　データの準備

喫煙と肺がんのデータ「lung50.csv」(サポートサイトで配布) を使って，クロス集計による要約の仕方を学びます．まずは，この CSV データを `read.csv` を使って，R に読み込ませましょう．

---

1) 標準でインストール済み.

```
> d <- read.csv("lung50.csv")
```

ここでは，読み込ませたデータを d というオブジェクト (データ型：データフレーム) に保存しました．どのようにデータが認識されたかを確認してみます．第1回と同様に head(d) のコマンドによって最初の6行目まで表示させます．

```
> head(d)
```

```
  smoke lung
1     1    1
2     0    0
3     0    1
4     1    0
5     0    0
6     1    0
```

このデータは，もともと50人からなります．lung は肺がんの有無を表すダミー変数で，肺がんなら1，肺がんでないなら0をとります．同様に，smoke も喫煙の有無を1, 0で表します．第1回で説明したように，この「あり」と「なし」のデータを，1と0で識別できるように作ったデータを**2値データ**といいます．カテゴリ分けが3つ以上になると**カテゴリカルデータ**といい，たとえば，0, 1, 2, . . . といった形でラベル付けたデータの変数を作りますが，このときのラベルの順番付けに意味がない場合もあります．こういった大小関係に意味をもたない変数のことを**分類変数**や**名義変数**とよびます．2値データの分析は，こういった分類変数を取り扱っていく最も簡単な例になっていて，その分析の基本として，クロス集計表が登場します．

2.2　クロス集計表 (分割表)

このサンプルデータ d に対して，クロス集計表を作ってみましょう[2)]．次のコマンドを打ち込んでください．

```
> o <- xtabs(~smoke+lung, data=d)
> o
```

```
     lung
smoke  0  1
    0 16  3
    1 16 15
```

この xtabs 関数は，xtabs(~分類変数1 + 分類変数2, data=X) という書式で，データ X の分類変数1と分類変数2についての**クロス集計**を行います．上記のコマンドでは，データ d 内の分類変数 smoke と lung によってクロス集計が行われました．その結果をオブジェクト o (オー) として保存しています．オブジェクト o を出力させると，クロス集計の結果として，各セルのデータ数 (度数) が表示されます．非喫煙者 (smoke=0) には，肺がんでない人 (lung=0) が16名，肺がんの人 (lung=1) が3名いて，喫煙者 (smoke=1) には，肺がんでない人が16名，肺がんの人が15

2) クロス集計表を Excel でつくる場合，フィルター機能やピボットテーブルを使うことができます．それでも手動では手間もかかり，Excel では大きなデータは使いにくいので，R などのプログラム言語で行うほうが効率的でしょう．

名いることがわかります．なお，今回は，名前付き引数といわれる形式の「data=」が省略でき，xtabs(~smoke+lung,d) として実行することも可能です．また，クロス集計表のことを，統計学の専門用語では「**分割表**」ともいい，特に，行が 2 つ，列が 2 つなので，2×2 分割表といいます．

続けて次のコマンドを打ち込みましょう．

```
> f <- addmargins(o)
> f
```

```
     lung
smoke  0  1 Sum
  0   16  3  19
  1   16 15  31
  Sum 32 18  50
```

ここでの addmargins(o) は，表形式のデータとなっている o に対して，縦と横の合計 (周辺和) を追加させる処理を行います．それぞれの行 (横方向) に対して，$16+3=19$，$16+15=31$，列 (縦方向) に対して，$16+16=32$，$3+15=18$，さらにすべてのセルの合計が 50 という情報が追加され，それを f として保存しました．通常，分割表では，このような**周辺和**が追加された f のような表形式で整理します．周辺和があれば，各セルの割合がイメージできるだけでなく，分割表の分析のための準備が整ったといえます．

2.3　期待度数と検定統計量

分割表 f を使って，分割表の分析として基本的なものを実施していきましょう．この 50 人のデータは，喫煙と肺がんの関係に興味があって集められたものです．ある施設で，肺がんにかかった 18 人と，その肺がん患者 18 人によく似た背景因子をもっているが肺がんでない人々を 32 人集めたうえで，喫煙しているかどうかを調べたというデータです．後述するように，データを分析する際，どのようにデータを集めたかに注意することは重要です．このようなデータに基づいて，喫煙が肺がんにどのような影響を及ぼしているのかを調べたいというのが分析の目的です．統計的な分析方法の**検定**では，背理法的に証明する論法をとりますので，まずは打ち消したい仮説，すなわち**帰無仮説**を仮定します．ここでは，喫煙が肺がんに影響を及ぼしているという仮説を検証したいので，そのために打ち消したい帰無仮説は「喫煙 (原因) は肺がん (結果) に影響を及ぼさない」です．喫煙が肺がんに影響を及ぼさないとは，喫煙しているか否かで肺がんの発生割合に差がないということです．

これを調べるために素直に思いつくものとして，喫煙している人々の中での肺がん割合，喫煙をしていない人々の中での肺がん割合の違いを考えてみます．そうすると，$3/19 \fallingdotseq 0.16$, $15/31 \fallingdotseq 0.48$ のように肺がんになっている割合を計算すればよいと思いますが，この考えは正しいでしょうか．実はこの場合，行方向に対して割合の計算すること自体が**間違い**です．なぜかというと今回のデータの集め方が，肺がんの 18 人，肺がんでない 32 人を先に選んでから喫煙の有無を調べているからです．肺がんでない人のほうが圧倒的に多いので，肺がんでない人は 32 名といわずに，もっとたくさん集めることもできたはずです．実際に，肺がんと新たに診断される人数は 1 年間に 10 万人あたり 88.7 人 (2015 年国立がん研究センター調べ) なので，非喫煙の 16%，喫煙者の 48%が肺がんという割合は高すぎます．肺がんでない人をもっと多く集めた場合，先ほどのクロス集計表の行方向の割合の値は変わってしまうので (後述の表 2.2 参照)，行方向に対する割合の計算は意味がないものとなります．このように結果 (肺がんの有無) に基づいてデータを集めて行う研究を手短に**後ろ向き研究**といいます (文献 [6] を参照)．後ろ向き研究のデータでは，列方向の割合，すなわち，肺がんでない人の喫煙割合 $16/32 = 0.50$，肺がんの人の喫煙割合 $15/18 \fallingdotseq 0.83$ のほうが，原因確率の正しい推定を導くため，統計的に正しい割合の計算をしています．ところが，この喫煙の割合は，統計的に正しいとしても結果から原因の割合を調べているので，たとえこの割合に差がないとしても「肺がん (結果) は喫煙 (原因) に影響を及ぼさない」という本来調べたかったものとは**逆向きの因果関係**についての議論となり，適切な指標とはいえません．

つまり帰無仮説「喫煙 (原因) は肺がん (結果) に影響を及ぼさない」を調べたいのですが，今回のデータでは，行方向での割合，列方向での割合を比べるといった単純なことだけでは対応できないことがわかります．このことから，後ろ向き研究のデータでは，今回の帰無仮説の検証に使えないとなるでしょうか．実はそうではありません．このような分割表データから帰無仮説を調べるには，**行の要因 (喫煙) と列の要因 (肺がん) の独立性が成り立つか否か**を調べればよいのです．喫煙と肺がんに関係がなければ，喫煙の有無 (行要因) と肺がんの有無 (列要因) の事象が独立して起こるとして帰無仮説を読み替えて，実際のデータに対する検定を行うことができます．

では次に，行要因と列要因の独立性を仮定すれば，分割表において，どのようなことが予想されるのかをみるために次を計算してみましょう．

```
> n <- f[3,3]
> e <- 0*o
> for(i in 1:2)for(j in 1:2) e[i,j] <- n*(f[i,3]/n)*(f[3,j]/n)
```

分割表のオブジェクト `f` は行列であり，`f[3,3]` とすれば，`f` の 3 行 3 列の要素をとるのでこれを `n` とおきます．つまり「`n <- f[3,3]`」とすることで，`n` に 50 が代入されます．次の「`e <- 0*o`」では，オブジェクト `e` は，すでにある 2 行 2 列の行列 `o` にゼロを掛けて作られているので，すべての要素がゼロの 2 行 2 列の行列になります．これは初期化とよばれる作業で，R では，**ベクトルや行列のオブジェクトを初めて** R Console **内で使うためには，そのオブジェクトがベクトルや行列なのかを宣言をする必要がある**ので，それを行っているだけです[3]．より重要なのは，次の for 文による繰り返し処理です[4]：

```
for(i in 1:2)for(j in 1:2) e[i,j] <- n*(f[i,3]/n)*(f[3,j]/n)        (2.1)
```

3) R における行列の初期化では「`e <- matrix(0,ncol=2,nrow=2)`」とするのが公式的ですが，「`e <- 0*o`」のように，すでにある 2 行 2 列の行列 `o` を利用することで，オブジェクト `e` の初期化の宣言と同じ効果が得られます．

4) 式 (2.1) で 1 行で書いた繰り返し文は，簡略バージョンであって，この正式な書き方としては`{}`を使って for 文による繰り返し範囲を明確にします．つまり

```
> for(i in 1:2){
    for(j in 1:2){
        e[i,j] <- n*(f[i,3]/n)*(f[3,j]/n)
    }
}
```

という風に各繰り返し文の範囲を明確にして書くほうが，プログラミング入門段階にある人々にとっての基本を学ぶためによいと思います．

これは繰り返し文が2重になっているので，まず外側の i=1 からスタートして，次に内側の j=1,2 について，**処理 I**「e[i,j] <- n*(f[i,3]/n)*(f[3,j]/n)」が実行されます．それが終わると，また外側の繰り返し文に戻り，次の i=2 に対して，同様に，内側の j=1,2 の処理が実行されます．各**処理 I** では，i,j に対して「f[i,3]/n」は，f の i 行3列の要素，つまり，f[1,3]=19，f[2,3]=31 を全体数 (サンプルサイズ) n=50 で割ることで得られる割合が計算されます．これは行に対する**周辺確率**とよばれるもので，つまり，肺がんの有無を無視して，このデータにおける喫煙している人の割合，喫煙していない人の割合を計算しています．同様に，「f[3,j]/n」は列に対する周辺確率であって，f の3行 j 列の要素，つまり，f[3,1]=32，f[3,2]=18 を全データ数 n=50 で割ることで，喫煙の有無を無視して，このデータにおける肺がんの人の割合，肺がんでない人の割合を計算しています．そうすると，これらの周辺確率を掛けたもの (f[i,3]/n)*(f[3,j]/n) は，喫煙の有無と肺がんの発生がそれぞれ無関係に起こる場合に期待される (i,j) 要素の発生確率になります．さらに，この期待確率 (f[i,3]/n)*(f[3,j]/n) を全体数 n 倍することで，(i,j) 要素の期待人数 (度数) になります．ということで「e[i,j] <- n*(f[i,3]/n)*(f[3,j]/n)」は，喫煙と肺がんが独立な場合に期待される人数を計算して，行列 e に保存している処理となります．これらの計算によって，喫煙と肺がんが独立な場合に期待される人数が

```
> e
```

```
     lung
smoke     0     1
    0 12.16  6.84
    1 19.84 11.16
```

となることがわかります．これは，帰無仮説「喫煙 (原因) は肺がん (結果) に影響を及ぼさない」のときの**期待度数**なので，この期待度数 e と実際のデータからの**観測度数** o を比べれば，実際のデータが帰無仮説からどの程度異なっているかを調べることができます．

では，計算の説明は後で行うとして，次のコマンドを実行してみましょう．

```
> (o-e)/sqrt(e)
```

```
     lung
smoke          0          1
    0  1.1011955 -1.4682607
    1 -0.8621054  1.1494739
```

```
> (o-e)^2/e
```

```
     lung
smoke         0         1
    0 1.2126316 2.1557895
    1 0.7432258 1.3212903
```

期待度数 e と観測度数 o のオブジェクトは行列なので，(o-e)^2/e と入力すると，行列の成分ごとに対応する計算を行うこと，つまり，次の計算を行うことを意味します．

```
(o[1,1]-e[1,1])^2/e[1,1];  (o[1,2]-e[1,2])^2/e[1,2]
(o[2,1]-e[2,1])^2/e[2,1];  (o[2,2]-e[2,2])^2/e[2,2]
```

この計算では，実際のデータが帰無仮説からどの程度異なっているかを調べています．異なる程度は，観測度数と期待度数の差の2乗「(o[i,j]-e[i,j])^2」を考えるのが素直ですが，これだけだと期待度数が大きいほど，外れる程度も大きくなるという問題があります．たとえば，期待度数と観測度数が，それぞれ，100と99の場合と，1と0の場合で外れ具合の程度が同じ量として評価される不公平性があります．そこで，期待度数で割ることで，観測度数と期待度数の外れ具合を統計的に揃えます．これは，第1回で登場した**標準化**とよばれる操作の1つになっています[5)]．

さて，(o-e)^2/e の計算では，成分ごとに外れ具合を計算しましたが，この外れ具合の総合得点を求めるために合計をとります．次のコマンドを実行してみましょう．

```
> chisq <- sum((o-e)^2/e)
> chisq
```

```
[1] 5.432937
```

上記の処理にある sum 関数は，sum(行列やベクトル) の使い方で，行列やベクトルのすべての要素の合計をとる処理を行います．上のコマンドでは「sum((o-e)^2/e)」の計算で4つの要素の合計をとり，chisq として保存しました (約5.4の値)．このように計算されたものは**ピアソンのカイ2乗統計量**とよばれるものになります：

$$ピアソンのカイ2乗統計量 = \sum_{i=1}^{2}\sum_{j=1}^{2}\frac{(o_{ij}-e_{ij})^2}{e_{ij}} \tag{2.2}$$

この大きさは，実際のデータが「喫煙 (原因) の有無と肺がん (結果) の有無は独立である」という帰無仮説からどのくらい外れているかを表す総合得点になります．なお，式 (2.2) の記号 o_{ij}, e_{ij} は，R のオブジェクトでいうと，o[i,j], e[i,j] のことです．

2.4 ピアソンのカイ2乗検定

実際のデータが帰無仮説から乖離していくほど，ピアソンのカイ2乗統計量は大きくなっていきます．ピアソンのカイ2乗統計量が大きくなりすぎると，どう思えるでしょうか．実際のデータが帰無仮説に合っていないと思うでしょう．これが統計的**検定**の考え方で，ある閾値を超えると，帰無仮説が間違っていたとして棄却します．あとは，どのくらい大きくなれば，帰無仮説を棄却するかの閾値を具体的に決めればよいとなります．この閾値の決め方には確率的な考え方を用いて，ピアソンのカイ2乗統計量の大きさが，帰無仮説を仮定したもとで**有意水準**，たとえば，0.05や0.01

5) なぜ期待度数 e で割るかをもう少し詳しく説明します．これは発案者のカール・ピアソンによるもので，非常に合理的で巧妙な計算になっていることがわかっています．各セルの度数分布に，ポアソン分布を仮定できる場合には，期待度数と分散が等しいという性質があります．分割表のセル度数分布には，ポアソン分布以外に，2項分布，多項分布，超幾何分布が想定できるのですが，各セル度数が大きくなれば，仮にポアソン分布でなく，これらの分布のいずれであっても，すべて同じ正規分布で近似できる性質もあります．これらの性質を統合し，さらに条件付き推測という考え方を組み合わせると，期待度数 e で割るのは，たとえポアソン分布でなくとも，各セル度数の分散で割っていることに実質的に等しく，合理的な一種の標準化になっています．

といった水準より小さい確率になるところを閾値に設定します．2×2 分割表の場合，ピアソンのカイ 2 乗統計量の分布は，帰無仮説のもとで自由度 1 のカイ 2 乗分布で近似できることがわかっていますので，これを利用します．自由度 1 のカイ 2 乗分布では，ピアソンのカイ 2 乗統計量の閾値は，有意水準が 0.05 であれば約 3.84 であり (これはカイ 2 乗分布と正規分布の関係より，正規分布の上側 2.5%点の 2 乗，$1.96^2 = 3.84$ から求めることもできます)，有意水準が 0.01 であれば約 6.63 です．ちなみに，この値は R に組み込まれたカイ 2 乗分布の分位点関数 `qchisq` (確率，`df`= 自由度) を使って，次のようにして確認できます (ここでは，`qchisq` の引数「確率」に 1 − 有意水準 を代入します)．

```
> qchisq(0.95,df=1)  # qchisq(0.05,df=1,lower.tail=F) と同じ
```

```
[1] 3.841459
```

```
> qchisq(0.99,df=1)
```

```
[1] 6.634897
```

有意水準をあらかじめ 0.05 に定めておき，今回のデータに検定を行うと，閾値 $= 3.841459 <$ ピアソンのカイ 2 乗統計量 $= 5.432937$ となるので，帰無仮説「喫煙の有無と肺がんの有無は独立である」を棄却します (図 2.1 参照)．その結果，この独立性の否定から喫煙 (原因) が肺がん (結果) に影響を及ぼすという主張が採用できます．このような結論を，しばしば，喫煙と肺がんには**有意差**があると手短にいう人も多いので，ぜひ覚えておいてください．これらが統計的検定の一連の流れであり，今回のような検定方法を，**ピアソンのカイ 2 乗検定**といいます．

今回は，ピアソンのカイ 2 乗統計量を自力で計算しましたが，この計算は，R に組み込まれた関数 `chisq.test`[6] に用意されていますので，実際には，それを使うほうが楽です．この関数を用いて，ピアソンのカイ 2 乗検定を再度実行してみましょう．

```
> chisq.test(o,correct=FALSE)
```

```
        Pearson's Chi-squared test
data:  o
X-squared = 5.4329, df = 1, p-value = 0.01976
```

この出力結果にある `X-squared=5.4329` がピアソンのカイ 2 乗統計量になっていて，自力で計算した `chisq` と同じ値になることがわかります．さらに，ピアソンのカイ 2 乗統計量の p 値が `p-value=0.01976` として表示されます．なお，これはカイ 2 乗分布の分布関数 `pchisq(値，df=自由度)` を使って

```
> 1-pchisq(5.4329,df=1)
```

[6] この関数を `chisq.test(分割表データ,correct=FALSE)` の形で用います．オプションを `correct=TRUE` にすると，イェーツの連続修正という補正が入るため，オリジナルのピアソンのカイ 2 乗統計量とはわずかに値が変わります．分割表データのデータ型は，基本，「行列」にする必要がありますが，`xtabs` 関数で分割表を作成すれば，その分割表のデータ型は自動的に「行列」になっています．

```
[1] 0.01976084
```

として求めることもできます．これは先ほど，ピアソンのカイ2乗統計量が有意水準に対応する閾値を超えたら，帰無仮説を棄却する話をしましたが，図2.1の x 座標 (横軸) の閾値を計算する代わりに，**p値** (図2.1のグレーで塗りつぶされている部分：自由度1のカイ2乗分布の密度関数の x 座標が5.4329を超える曲線下面積) を求めて，p値が有意水準より小さければ，帰無仮説を棄却するということと同じ意味になります．有意水準を0.05と定めておけば

$$\text{p値} = 0.01976 < \text{有意水準}\ 0.05$$

となるので，帰無仮説は棄却され，喫煙と肺がんには有意差があると結論づけられます．

検定についてかなり長々と説明をしましたが，統計学における様々な手法で出てくるので，ぜひ理解をしてもらいたい内容です．統計学では，あくまでもデータに基づいて判断しますので，このように興味ある帰無仮説を棄却することで推論を徐々に進めていくアプローチをとることが多いといえます．

さらに，ピアソンのカイ2乗統計量やその検定について，もう少し理解を深めましょう．今回のデータの例では，**分割表の行方向，列方向の割合が統計的にもしくは因果的に不適切である**ことを理由に，帰無仮説として「行の要因と列の要因の独立性が成り立つ」を採用することを説明しましたが，分割表からの割合が適切に計算できるときはどうするのかと疑問にもたれるでしょう．結論からいえば，分割表からの行方向もしくは列方向の割合が適切に計算できるときでもピアソンのカイ2乗統計量は利用できますし，むしろその利用が推奨されます．この理由は，分割表から求められた割合の差の検定，これは**2項比率の差の検定**というものですが，**実質的にピアソンのカイ2乗検定と同じになる** (共に同じp値になる) という結果が得られているからです．2行2列でなくもっと大きな行と列をもつ分割表の場合でも，ピアソンのカイ2乗統計量を2 × 2分割表と同様に計算できます．そのため，**ピアソンのカイ2乗検定**は，分割表の統計解析での基本ツールであり，非常に重要な考え方を多く含んでいるといえます．

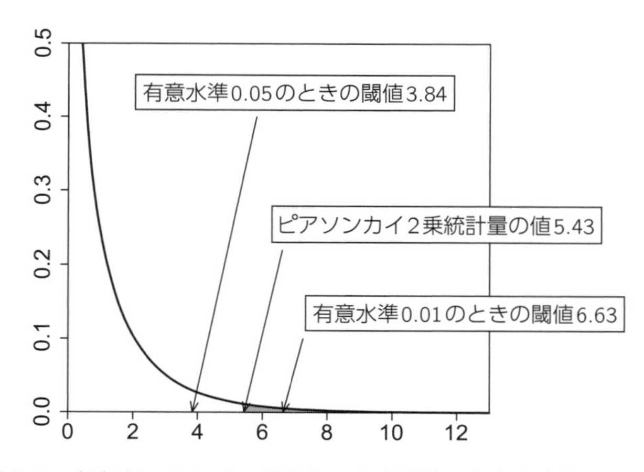

図2.1　自由度1のカイ2乗分布の密度関数，各有意水準での閾値

2.5　相関係数との関係

ここでは，ピアソンのカイ 2 乗統計量と**相関係数**との関係を調べてみましょう．**相関係数**は，対をなす連続データに対する関連性の指標ですが，分割表データの要約指標 (ファイ係数) として用いられる場合もあります．実は，ピアソンのカイ 2 乗統計量と相関係数には密接な関係があります．次のコマンドを打ち込んでみましょう．

```
> (r <- cor(d)[1,2])
```

```
[1] 0.3296343
```

```
> n*r^2
```

```
[1] 5.432937
```

最初のコマンド「r <- cor(d)[1,2]」では，始めに読み込ませた個人ごとのデータ d に対して，肺がん (有 = 1，無 = 0) と喫煙 (有 = 1，無 = 0) の相関係数を求めたものです．ここでは，データ d の相関行列[7)]を cor(d) で求め，その $(1,2)$ 成分の cor(d)[1,2] が肺がんと喫煙の相関係数に該当することを利用しています．相関係数の求め方の基本となる「cor(d$smoke,d$lung)」で求めてもよいです．続くコマンド「n*r^2」では，r として保存した相関係数に対し，r の 2 乗にデータ数 n=50 を乗じたものを求めており，これが今回のデータのカイ 2 乗統計量とまったく同じになっていることがわかります．今回たまたまではなく，このような関係

ピアソンのカイ 2 乗統計量 = データ数 × 相関係数の 2 乗

がいつでも成り立つことは数式で証明することもできます．解釈としては，肺がんと喫煙の相関が大きくなれば，ピアソンのカイ 2 乗統計量も大きくなる．肺がんと喫煙の相関が小さくても，データ数を多くすれば，ピアソンのカイ 2 乗統計量は大きくなるといえます．言い換えると，相関係数の絶対値が小さくてもデータ数を多くすれば，ピアソンのカイ 2 乗統計量は大きくなるので，検定によって有意差を見出しやすくなります (帰無仮説を棄却しやすくなる)．一方で，相関係数の絶対値が大きければ，少ないデータ数で有意差を見出しやすくなるといえることがわかります．これまでに聞いたことのある人もいると思いますが，小さな差でも**サンプルサイズ** (データ数のこと) を積み上げれば検定統計量が大きくなるので，p 値を小さくできるというのはこのことを指しています．ただ，2 グループ (ここでは喫煙ありとなしの群) の差が仮にゼロとしたら，つまりここでは，相関係数が完全にゼロだったら，サンプルサイズをいくら大きくしても検定統計量は 0 のままですから，いつまでたっても p 値は小さくならず，有意にならないといえますので，そういう意味で検定は本当に差のないものは見出さないという妥当性をもっています (実際には帰無仮説のもとでは相関係数は完全にゼロというわけではなくゼロの周りに分布します)．

なお，肺がんと喫煙の相関係数は 0.33 程度でしたが，これは連続データの観点で考えれば，相関がまったくないわけではないが，それほど大きな相関ともいえないです．ただし，2 値データにしている時点で，連続データからかなりの情報が落ちているので，2 値データどうしは関係性がそれなり

---

7) 相関行列は 4.3 節で説明します．

にあったとしても，相関係数自体はそれほど高くならないこともわかっています．そのため，2値データどうしの相関係数は，連続データどうしで想定される相関係数の大きさの感覚で考えないほうがよいです．

2.6　オッズ比

2×2 分割表での検定やカイ2乗統計量と相関係数との関係について説明してきましたが，カイ2乗統計量は，2グループ間の差の大きさを純粋に表しているのではなく，サンプルサイズにも影響することがわかりました．そのため，カイ2乗統計量は2グループ間の違いの大きさを表す指標としては不十分です．では，2グループ間の差の大きさを表す指標として，どのようなものが相応しいでしょうか．2値データでも相関係数が計算できるので，相関係数を用いればよいと思う人もいるでしょう．実際に，この相関係数は**ファイ係数**とよばれ，列の要因の関係性を調べる場合に使われます．ただし，今回は行の要因，すなわち，喫煙ありとなしの2グループに対する差の大きさを表したいので関連性とは異なる指標が好まれます．2×2 分割表で，実際によく用いられる，2グループ間の差の大きさを表す指標は3つあって，**リスク差**，**リスク比**，**オッズ比**です．これらの指標を説明するため，表2.1 (左) に 2×2 分割表の観測度数，表2.1 (右) に真の確率構造の記号表示を与えます．

表2.1　2×2 分割表 (左) と，2グループ比較における確率構造 (右)

観測度数		肺がん 無	肺がん 有	計
喫煙	無	a	c	$a+c$
	有	b	d	$b+d$
計		$a+b$	$c+d$	N

真の確率		肺がん 無	肺がん 有	計
喫煙	無	$1-P_0$	P_0	1
	有	$1-P_1$	P_1	1

表2.1 (右) の記号を使うと，リスク差，リスク比，オッズ比の指標は

$$\text{リスク差：} RD = P_1 - P_0, \quad \text{リスク比：} RR = \frac{P_1}{P_0}, \quad \text{オッズ比：} OR = \frac{P_1/(1-P_1)}{P_0/(1-P_0)}$$

となります．ここで，P_0，P_1 は，それぞれ，喫煙なしの人，喫煙ありの人が肺がんになる真の確率です．リスク差とリスク比は，肺がんになる真の確率 P_1, P_0 の差と比なので比較的わかりやすいです．ところが，リスク差やリスク比の指標はいつでも使えるわけではないのです．P_0, P_1 は真の確率なので，実際には未知であってデータから推定する必要があります．これらの推定値は観測度数を用いて求めますので，P_0, P_1 の推定値として，$\widehat{P}_0 = c/(a+c)$ や $\widehat{P}_1 = d/(b+d)$ とおくことで (推定値にはハット記号を付けるルールを用います)

$$\text{リスク差の推定値 } \widehat{RD} = \frac{d}{b+d} - \frac{c}{a+c}, \quad \text{リスク比の推定値 } \widehat{RR} = \frac{d}{c}\frac{a+c}{b+d}$$

として求まります．ところが，今回の喫煙と肺がんのデータに対して，P_1, P_0 の推定値に $\widehat{P}_0 = c/(a+c)$ や $\widehat{P}_1 = d/(b+d)$ を用いることは，2.3節で間違いであることを説明しました．そのため，今回の喫煙と肺がんのデータに，リスク差，リスク比を利用することはできません．一方で，オッズ比は，後ろ向き研究のデータの場合でも推定可能な指標なので利用することができます．オッズ比でも P_0, P_1 を使っているのになぜと思われるでしょう．この理由はベイズの定理を用いて示せますが，

さらに深い数理統計学の内容とも関係しています (文献 [22] を参照)．とはいえ，オッズ比であっても真の確率 P_0, P_1 を含むのでデータから推定する必要があります．オッズ比 OR の推定値 (これを $\widehat{OR}$ と書くことにします) の計算は

$$\text{オッズ比の推定値}\ \widehat{OR} = \frac{\frac{d}{c+b}/\left(1-\frac{d}{c+d}\right)}{\frac{b}{a+b}/\left(1-\frac{b}{a+b}\right)} = \frac{\frac{d}{b+d}/\left(1-\frac{d}{b+d}\right)}{\frac{c}{a+c}/\left(1-\frac{c}{a+c}\right)} = ad/bc \tag{2.3}$$

となるので，通常，ad/bc を利用します．オッズ比のこの計算は分割表でみるとたすき掛けのようになっていますから覚えやすいです．表 2.2 の 2 つの分割表を使ってオッズ比の推定を行ってみましょう．先ほど間違いと指摘したリスク差とリスク比の計算では，表 2.2 の左表と右表 (右表は左表の肺がん無しの人数を 100 倍した場合) で値が変化してしまいますが，オッズ比は変化しないことがわかります．この結果からもデータの集め方に依存しないというオッズ比の有用性がわかります．

表 2.2　2 × 2 分割表の例：右表は左表の肺がん無しの人数を 100 倍にした場合

		肺がん		計
		無	有	
喫煙	無	16	3	19
	有	16	15	31
計		32	18	50

		肺がん		計
		無	有	
喫煙	無	1600	3	1603
	有	1600	15	1615
計		3200	18	3218

オッズ比についてもう少し詳しくみてみましょう．医学系の論文で OR (Odds Ratio) としてよく登場するものなので，おそらく多くの人が一度くらいは見聞きしたことがあると思います．オッズ比は，2 つのオッズの比という意味なので，オッズ自体も理解しておきましょう．喫煙群の肺がんの起こる確率 P_1 を，起こらない確率で割ったもの，$P_1/(1-P_1)$ が喫煙群のオッズです．同様に，非喫煙群のオッズは $P_0/(1-P_0)$ で，これらの比をとったものがオッズ比です．オッズ比についてのいくつかの重要な性質があって，最も知っておくべき基本となるものは，オッズ比が 1 のときです[8)]．オッズ比が 1 のとき，表 2.1 の記号を使うと

$$OR = \frac{P_1(1-P_0)}{P_0(1-P_1)} = 1 \quad \text{より} \quad P_1 - P_1P_0 = P_0 - P_0P_1 \quad \text{よって} \quad P_1 = P_0$$

となるので，$OR = 1$ の場合は P_1 と P_0 が等しいときに限定されることがわかります．つまり，オッズ比 $= 1$ ということは，発生確率に差がないときです．ただし，これは分割表の各セル確率が表 2.1 右表のように定義できるとき，つまり，行か列の確率の周辺和が 1 になるときだけの話です (このときは分割表のセル度数分布は 2 つの 2 項分布を用いて表せます)．ほかには，たとえば，血圧と体重 (高い低い) のように，行もしくは列の確率の和を 1 にできないが，4 つのセル確率の和が 1 になる多項分布のときもありますし，地域や季節で分けた交通事故の発生件数のように (全員が事故に遭うわけではない)，全体の確率の和が 1 にもならないようなポアソン分布の場合もあります．ところが，より多くの分割表データに対応するように一般化しても，オッズ比 $= 1$ になるときとは，行と列の要因が独立しているということに集約されることもわかっています (文献 [22] を参照)．したがって，ピアソンのカイ 2 乗検定は，オッズ比 $= 1$ を帰無仮説にした検定と考えることができます．

---

8) $OR = 1$ のときはどういうときか？ と聞くと知識の定着していない段階ではよく間違えるので少し考えてみてください (オッズと誤解して確率が 0.5 と答える人もいる)．

では，R を使って，サンプルデータのオッズ比を調べてみましょう．まずは，練習のため，リスク比を計算してみましょう (今回はデータの背景から正しい指標ではないです)．

```
> p <- o[,2]/(o[,1]+o[,2])
> p0 <- p[1] # 非喫煙群
> p1 <- p[2] # 喫煙群
> p1/p0
```

```
3.064516
```

o[,2] で行列 o の 2 列目をベクトルでとってくるというコマンドだったのを思い出しましょう．2 列目 o[,2] を行方向の合計 o[,1]+o[,2] で割ったものを，非喫煙群，喫煙群のそれぞれの肺がんの人の割合として計算しています．その比をとってリスク比が約 3.1 になります．ただし正しいリスク比の指標とはいえないことにあらためて注意しましょう．次に，オッズ比を計算してみましょう．

```
> odds0 <- p0/(1-p0)
> odds1 <- p1/(1-p1)
> (or <- odds1/odds0)
```

```
5
```

$\widehat{P_0} \fallingdotseq 0.16$ や $\widehat{P_1} \fallingdotseq 0.48$ やオッズの値そのものは，今回のように集められたデータに対して適切な推定値ではないですが，オッズ比は正しく推定されます ((2.3) のたすき掛け公式 ad/bc をそのまま使ってももちろん同じ結果になります)：

```
> (or <- o[1,1]*o[2,2]/(o[1,2]*o[2,1]))
```

```
[1] 5
```

オッズ比は，$P_0, P_1 \ll 0.1$ のように発生割合 P_0, P_1 がとても小さいときは

$$OR = \frac{P_1/(1-P_1)}{P_0/(1-P_0)} \approx \frac{P_1}{P_0} = RR$$

となり，**リスク比**の良い近似であることがわかります．肺がんの発生割合は 1 年間に 10 万人あたり 88.7 人 (2015 年国立がん研究センター調べ) ですので，そもそも発生の確率はとても小さく，この近似が十分成り立つ状況です．つまり，先ほど求めたリスク比 3.1 程度はもともと怪しい計算でしたが，それはやはり正しいものではなく，正しいリスク比は，オッズ比とほぼ同じ約 5 程度であることが推測されます．正確な発生割合を計算しようとすれば，コホート研究のように長期間かけてデータを (現在から未来に向けて) 前向きに集める必要があります．短期間で収集できる (現在から過去を遡って) 後ろ向き研究のデータであれば，そこから発生割合そのものが正しく計算できないにもかかわらず，発生割合が小さい疾患でさえあれば (多くの疾患は稀なのでこれに該当する)，リスク比に関してはオッズ比の値で良く近似できるという驚くべき結果といえます．

2.7　ロジスティック回帰

第 1 回で回帰分析を紹介しましたが，それは線形モデルを基本にするもので**線形回帰**といいます．線形回帰の復習と第 1 回からやや発展した内容を補っておきます．回帰分析では，通常，データの変数 (列) の 1 つを**目的変数**として扱い，その目的変数の i 番目のデータ (の確率変数) を Y_i と書きます．この i は個人番号で，$1, \ldots, N$ までであるとします．目的変数 Y_i を説明する変数のことを**説明変数**といい，X_i と書きますが，説明変数は複数あることが普通なので，$X_{i1}, X_{i2}, \ldots$ とするのが一般的です．目的変数 Y_i になるものは，分析の主目的に該当する変数ですが，説明変数から予測したい量であったり，原因となる説明変数 (たとえば，喫煙) から得られる結果 (たとえば，肺がん) であったりします．目的変数も説明変数も，分析の目的によって，分析者が自分で考えて設定しなければならないことのほうが一般的なので，該当するデータ領域の知識や興味ある仮説作りのセンスであったり，クリエイティブな着想だったりするものが潜在的に求められる側面があります．さて，線形回帰では，次のモデル式

$$Y_i = a + bX_i + \text{誤差}_i \tag{2.4}$$

を仮定して分析を進めます．係数 a, b はデータにモデル式 (2.4) が最もうまくあてはまるように決定されます (最小 2 乗推定値とよばれます)．誤差とは，$a + bX_i$ で予測するときにデータ Y_i から外れる量，つまり，$a + bX_i$ だけでは予測できない，もしくは説明できない量のことであって，いわゆる測定誤差を意味するわけではないことに注意してください．また，線形回帰の最小 2 乗推定値が統計的に最適なものである条件として，線形回帰の誤差は，平均ゼロをもち，ゼロの周りに対称に散らばって分布することと，目的変数 Y_i の大小によらず**均一な分散** (散らばり具合) をもつという条件が必要になります．

さて，本題の 2 値データに回帰分析を行うことを考えます．目的変数 Y_i は，0 か 1 の 2 値をとります．ここでのサンプルデータでは，個人番号 i の人に対して，肺がんなら $Y_i = 1$，そうでないなら $Y_i = 0$ をとるものでした．線形回帰モデル式 (2.4) の目的変数 Y_i に，2 値データをあてはめると，いくつかの問題が生じることがわかります．その問題について議論するために，喫煙と肺がんのサンプルデータを使って，線形回帰をあてはめてみましょう．次のコードを実行しましょう：

```
> e1 <- runif(50,min=-0.02,max=0.02)
> e2 <- runif(50,min=-0.02,max=0.02)
> plot(d$smoke+e1,d$lung+e2,xlab="smoke",ylab="lung")
> (res_lm <- lm(lung~smoke, data=d))
```

```
Coefficients:
(Intercept)        smoke
     0.1579       0.3260
```

```
> abline(res_lm,col="red",lwd=3)
```

最初の 1 行目は，0 の周りに小さい値をとる乱数 `e1`，`e2` を発生させています．この `e1`，`e2` は 3 行目で使います．3 行目は肺がんの有無と喫煙の有無の 2 値データの散布図を描いています．(`smoke`,

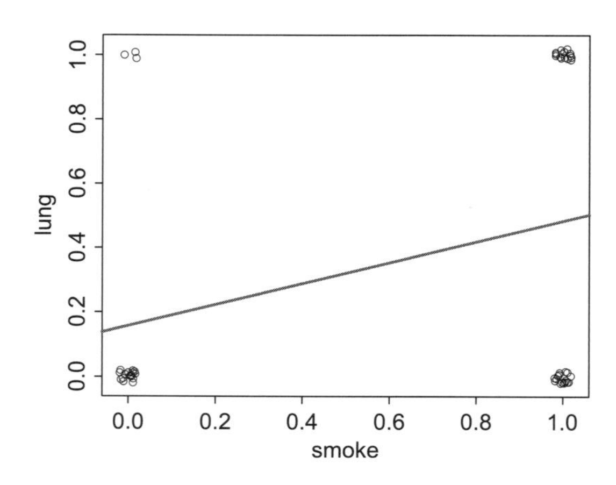

図 2.2　2 × 2 分割表データの散布図と線形回帰直線のあてはめ

`lung`) は 4 つの点 (0,0), (0,1), (1,0), (1,1) のいずれかしかとらないので，このデータは 50 個の点をもっているにもかかわらず，そのまま散布図に描くとデータ点が 4 個しかないようにみえてしまいます．そこで，ここでは，小さな値をとる乱数 `e1`, `e2` を加えて点を散らしています．4 行目で線形回帰をあてはめ，得られる回帰直線を最後の行で描いています．この実行の結果，図 2.2 のような散布図と回帰直線が得られます．

図 2.2 をみれば，喫煙の有無と肺がんの発生の関係がそれなりにみてとれますが，これはいくつかの点で**不適切な分析**といえます．最初の問題は，式 (2.4) の右辺の説明変数による予測式の回帰直線 $a + bX_i$ は，特にその値に範囲の制限を設けていないので，マイナスになったり，1 を超えるようなことが起こります．今回のサンプルデータでは，説明変数が 2 値であるため，予測値 (回帰直線) が 0 から 1 の間に収まり，それは起こりませんが，後で扱う説明変数が連続データの場合には頻繁に起こります (図 2.5 参照)．それでも気にしなくてよいという状況もありえますが，2 値データに線形回帰をあてはめることは，統計理論上の問題があります．

この統計理論上の問題を 2 つ述べます (文献 [2] を参照)．1 つは，線形回帰の目的変数 Y_i に，2 値データをあてはめると，最小 2 乗推定値の最適性のために必要になる線形回帰モデル式 (2.4) の誤差の条件が満たされなくなることです．つまり，2 値データ Y_i の分散は，たとえば，0 が多く起こるところ，1 が多く起こるところ，0 と 1 が均等に起こるところで同じではないため，誤差が均一な分散をもつという条件が満たされないことです．もう 1 つは，回帰係数 a, b の推定や検定において，式 (2.4) の右辺の $誤差_i$ が正規分布に従うことを仮定して作られている指標が多いのですが，2 値データ Y_i は，0 か 1 の値しかとらないので，2 項分布に従います．式 (2.4) の左辺は 2 項分布，右辺は正規分布という統計的に矛盾した等式になります．

残りの問題は後ろ向き研究のデータの場合に限定される話ですが，不適切レベルはワースト 1 といえます．2.6 節で述べたように，今回のような喫煙と肺がんのサンプルデータでは，リスク差 RD を使うことは不適切です．にもかかわらず，線形回帰での回帰係数 b の推定値は $\widehat{b} = 0.326$ で，これはリスク差 $\widehat{RD} = 15/31 - 3/19 \fallingdotseq 0.326$ と同じものに対応します．回帰係数の大きさが，今回のデータには適切でない指標の $\widehat{RD}$ に対応するので，このサンプルデータに線形回帰をあてはめることは明らかに不適切な分析をしています．

では，目的変数 Y_i が 2 値データの場合の回帰分析はどうするのでしょうか．そこで，**ロジスティック回帰**が登場します．線形回帰モデル式 (2.4) を 2 値データに合うように修正するのですが，式 (2.4) だけみていては，ロジスティック回帰につながる一般化線形モデルに拡張できません．そこで，線形回帰モデル式 (2.4) を平均で書きなおすと，線形回帰モデルでは，誤差の平均 (期待値) がゼロになる仮定があったので

$$\text{期待値}\ (Y_i) = a + bX_i \tag{2.5}$$

と書けます (厳密には「期待値 (Y_i)」は X_i を与えたもとでの Y_i の条件付き期待値のことです)．これは一般化線形モデルの最も単純な形です．すでに述べたように式 (2.5) において，期待値 (Y_i) にとりうる値に範囲の制限がなければ問題ないのですが，今回の 2 値データでは，期待値 (Y_i) は，$Y_i = 1$ の確率であり，0 から 1 の範囲に限定されます．そのため，式 (2.5) の右辺の予測式 $a + bX_i$ に値の制限を設けず，係数 a, b を推定して確率を予測すると，確率なのにマイナスになったり，1 を超えたりします．一方，式 (2.5) の右辺に 0 から 1 の値の制限を設けて最適な係数 a, b を決定することも理論的に可能ですが，その最適化計算は複雑で，計算に失敗する場合も多くなります．そこで式 (2.5) を一般化して，期待値 (Y_i) に変換をかけた回帰モデルに結びつけます．これらを包括したものを一般化線形モデルとよびます．よく使うのが**ロジット変換** (logit) と**対数変換** (log) です．特に，ロジスティック回帰モデルで使うのは，ロジット変換をかけたものになります．代表的な**一般化線形モデル**を表 2.3 にまとめておきます．

表 2.3 目的変数の確率分布とその代表的な一般化線形モデル

モデル式	リンク関数	Y_i の分布	代表的な回帰モデル
期待値 $(Y_i) = a + bX_i$	恒等変換	正規分布	線形回帰
$\log$(期待値 $(Y_i)) = a + bX_i$	対数変換	ポアソン分布	ポアソン回帰
logit(期待値 $(Y_i)) = a + bX_i$	ロジット変換	2 項分布	ロジスティック回帰

期待値 (Y_i) にかける変換のことを**リンク関数**といいます．ロジット変換は，0 から 1 に値をとる発生確率 p を

$$\text{logit}(p) = \log\left(\frac{p}{1-p}\right)$$

と変換するものです．後ほど説明しますが，p には確率をあてはめます．そのとき，p のロジット変換はオッズ $p/(1-p)$ に対数をとったものであり，対数オッズを意味します．この対数は自然対数で，底はネイピア数といって e と書きます ($e \fallingdotseq 2.71828$)．自然対数の底 e は通常省略します．底を 10 におく対数の常用対数は，今回は扱いません．ネイピア数の x 乗を表す e^x は，x の**指数変換**といい，$\exp(x)$ と表すことも多いです．

さて，これでようやく準備が整いましたので，本題のロジスティック回帰を具体的に説明していきます．ロジスティック回帰は，目的変数 Y_i が 2 値データのときに適用する回帰分析です．統計学の用語では，目的変数 Y_i が 2 項分布に従うときをいいます．目的変数 Y_i が 2 値データの場合は，2 項分布の中で最も単純な**ベルヌーイ分布**に従うときです．つまり，Y_i は次のルール

$$Y_i = \begin{cases} 1, & \text{確率 } p_i \\ 0, & \text{確率 } 1 - p_i \end{cases}$$

に従って，1か0の値をとることを表します．なお，p_i は，個人 i が $Y_i = 1$ をとる確率 $P(Y_i = 1 | X_i)$ を表すもの (X_i を与えたもとで $Y_i = 1$ となる条件付き確率) で，期待値 $(Y_i) = P(Y_i = 1 | X_i) = p_i$ と表せます．これらを用いて，ロジスティック回帰のモデル式は

$$\log\left(\frac{p_i}{1 - p_i}\right) = a + bX_i \tag{2.6}$$

になります．式 (2.6) から**ロジスティック回帰**とは，個人 i の対数オッズ $\log(p_i/(1 - p_i))$ を線形回帰式の形でモデリングする分析手法と解釈できます．式 (2.6) を確率 p_i について解くと，個人 i が $Y_i = 1$ をとる確率を

$$p_i = \frac{e^{a+bX_i}}{1 + e^{a+bX_i}} = \frac{1}{1 + e^{-a-bX_i}} \tag{2.7}$$

という形でモデリングしていると解釈できます．

次の R コードを実行してサンプルデータにロジスティック回帰をあてはめてみましょう．

```
> res <- glm(lung~smoke, data=d, family="binomial")
> ff <- summary(res)$coefficients
> summary(res)
```

```
Call:
glm(formula = lung ~ smoke, family = "binomial", data = d)
Deviance Residuals:
    Min       1Q   Median       3Q      Max
-1.1501  -1.1501  -0.5863   1.2049   1.9214
Coefficients:
            Estimate Std. Error z value Pr(>|z|)
(Intercept)  -1.6740     0.6291  -2.661   0.0078 **
smoke         1.6094     0.7246   2.221   0.0263 *
---
Signif. codes:  0 '***' 0.001 '**' 0.01 '*' 0.05 '.' 0.1 ' ' 1
(Dispersion parameter for binomial family taken to be 1)
    Null deviance: 65.342  on 49  degrees of freedom
Residual deviance: 59.517  on 48  degrees of freedom
AIC: 63.517
Number of Fisher Scoring iterations: 3
```

最初の1行目の `glm(lung~smoke, data=d, family="binomial")` は，データ `d` の `lung` を目的変数，`smoke` を説明変数とするロジスティック回帰モデル

$$\log\left(\frac{p_i}{1 - p_i}\right) = a + b \times \texttt{smoke}_i \tag{2.8}$$

のあてはめを実行させるものです．なお，ここでの p_i は，$\texttt{lung}_i = 1$ の確率 $P(\texttt{lung}_i = 1)$ です．線形回帰では `lm` 関数を使いました (これは linear model に由来) が，ロジスティック回帰では，`glm` 関数というものを利用します．これは generalized linear model (一般化線形モデル) に由来します．そのため，どのタイプの**一般化線形モデル** (表 2.3 を参照) を使うか指定する必要があるので，オプションに `family="binomial"`を入れて，目的変数が2項分布に従うことを明記します．これに

よって，一般化線形モデルの中のロジスティック回帰を利用することを指定できます．最初の 1 行目を実行させると，ロジスティック回帰のあてはめが実行され，回帰係数の最適な値 (尤度関数を最大化させる解) が求められます．

一瞬で計算が終わるので割と大変なことをしているようには思えないのですが，尤度関数を組み立てて，尤度関数を最大化させる最適化計算をニュートンアルゴリズムで行うことで，回帰係数の推定値を求めています．この**尤度関数**とはデータから定まる確率をパラメータの関数とみたものです．この推定方法を**最尤法**といいます．実は，線形回帰の最小 2 乗法による推定は，最尤法の枠組で解釈することもできます．

2 行目は，後ほど利用するために，あてはめたモデル式 (2.6) の回帰係数 a, b を取り出して，オブジェクト `ff` に保存しています．3 行目の `summary(res)` によってロジスティック回帰のあてはめ結果の主なものをみることができます．推定された回帰係数 a, b の値は，$\widehat{a} = -1.6740$, $\widehat{b} = 1.6094$ であることがわかります．それらの回帰係数に対する p 値はそれぞれ，0.0078, 0.0263 です．これは各回帰係数 = ゼロとする帰無仮説に対する検定の p 値です．特に，回帰係数 b がゼロということは，喫煙と肺がんの独立性が成り立つ (領域知識から喫煙が肺がんに与える影響がゼロである) ことを意味しているので，ピアソンのカイ 2 乗検定と同じ仮説を検証しているといえます．p 値がピアソンのカイ 2 乗検定での p 値 0.0198 と若干異なるのは，用いる検定統計量が少し違うために起こるのですが，基本的に，両者の p 値は近似的に等しいです (ロジスティック回帰からの p 値は最尤法に基づくワルド統計量から計算されており，ワルド統計量とピアソンのカイ 2 乗統計量はカイ 2 乗分布への近似方法が異なるためにわずかな違いが生じる程度のものです)．ロジスティック回帰の場合，特に医療分野では，説明変数に対する回帰係数 b を指数変換を行ってオッズ比として解釈します．つまり，変数 `smoke` に対して，$e^b = e^{1.6094} = 5.0$ となり，後であらためて説明するように，これは非喫煙者と喫煙者との**オッズ比**に対応します．次のコードを実行してみましょう．

```
> exp(ff[2,1])
```

```
[1] 5
```

この値 5 は，2.6 節で説明したたすき掛けによるオッズ比の計算の値とまったく同じです．これがロジスティック回帰の便利なところで，回帰分析のあてはめ結果がオッズ比を用いて解釈できることです．つまり，今回は，後ろ向き研究のデータであるため，線形回帰からの回帰係数は誤った理解を生むことを説明しましたが，ロジスティック回帰では，そのような後ろ向き研究のデータでも利用可能なオッズ比に結びつき，正しい指標として解釈できるのが著しいメリットといえます．

念のため，なぜロジスティック回帰の係数の指数変換がオッズ比になるのか確認しておきましょう．非喫煙者の説明変数は $\mathtt{smoke}_i = 0$ ですが，喫煙者の説明変数は 1 単位増加した $\mathtt{smoke}_i = 1$ でした．2.7 節と同様に，喫煙者の p_i を P_1，非喫煙者の p_i を P_0 にしましょう．これらの対数オッズの差は，モデル式 (2.6) に従って

$$\text{喫煙者} \cdots \log\left(\frac{P_1}{1-P_1}\right) = a + b \times 1 = a + b$$

$$非喫煙者 \cdots \log\left(\frac{P_0}{1-P_0}\right) = a + b \times 0 = a$$

$$差 \cdots \log\left(\left(\frac{P_1}{1-P_1}\right) \Big/ \left(\frac{P_0}{1-P_0}\right)\right) = b \xrightarrow[指数変換]{} OR = \left(\frac{P_1}{1-P_1}\right) \Big/ \left(\frac{P_0}{1-P_0}\right) = e^b$$

となることから，確かに回帰係数に指数変換を施したものが，非喫煙者からみた喫煙者の**オッズ比**であることがわかります．つまり，2 値データの場合に，なぜロジット変換が出てきて回帰モデルと結びつけるのか？ という疑問は，これでさらに明らかになると思います．対数オッズを回帰モデルで表すことで，回帰係数を指数変換するだけで，2.6 節で説明したようなリスクの解釈として (特に後ろ向き研究において) 有用なオッズ比により説明変数の影響を解釈できる点です．むしろこれを狙ったモデル化であったといえるでしょう．今回のモデル式 (2.6) では 1 つの 2 値の説明変数しか扱っていないですが，説明変数が連続データの場合や，複数の説明変数がある場合を考えると，各説明変数のオッズ比を 2.6 節で説明したような単純なたすき掛けで求めることができません．一方，ロジスティック回帰では，連続データの説明変数，複数の説明変数をもつ場合にも簡単に拡張できて興味ある変数のオッズ比を推定することができます (複数の説明変数をもつ内容は第 5 回で詳しく扱います).

2.8　用量反応曲線

2.7 節では目的変数だけでなく，説明変数も 2 値データということで，ロジスティック回帰としては最も簡単なあてはめでした．ここでは**用量反応曲線**を使って，説明変数が連続データの場合を扱います．ここで用いるサンプルデータは，用量反応に関する CSV データの dosebinary.csv (サポートサイトで配布) を使います．まず，このデータファイルを読み込みましょう．

```
> d <- read.csv("dosebinary.csv")
> head(d)
```

```
  dose dead
1  1.6    0
2  1.6    0
3  1.6    0
4  1.6    0
5  1.6    0
6  1.6    0
```

このデータは蚊に対する殺虫剤の効果を濃度ごとに調べたデータです (文献 [17])．`dose` と `dead` の変数をもち，`dose` は薬剤用量 (mg/L)，`dead` は死亡の有無 (1 なら死亡，0 なら生存) を表します．`dim`(行列) を適用すると行の数が 1119 からなる比較的大きなデータであるとわかります．

```
> dim(d)
```

```
[1] 1119    2
```

R で読み込んでいますから，どのようなデータになっているか，本節の最初に登場した `xtabs` 関数を用いて，あらためて整理してみましょう．

```
> xtabs(~dose+dead,data=d)
```

```
       dead
dose     0  1
  1.6   75  0
  1.62 65  0
  1.64 71  0
  1.66 81  3
…省略…
  1.88  3 64
  1.9   3 68
```

この結果は 16×2 分割表として表示されます．異なる 16 水準の薬剤用量に対して，生存数 (dead=0)・死亡数 (dead=1) がまとめられたことがわかります．たとえば，用量 1.66 mg/L では，81 匹が生存，3 匹が死亡という結果で，薬剤の量を増やしていけば徐々に虫が亡くなる割合が増えていく傾向で，最後のほうの，たとえば，1.9 mg/L になると，3 匹が生存，68 匹が死亡というデータです．薬剤の用量は，強いほうが効き目は良いのですが，強すぎるとコストがかかったり人間にも害を及ぼす危険性もあるので，目的に応じたちょうどよい用量を求めることは重要です．Excel を使って分割表はすぐに作成できないので，xtabs 関数は便利です．データをさらに把握するために，次に散布図を描いてみましょう．

```
> plot(d$dose,d$dead)
```

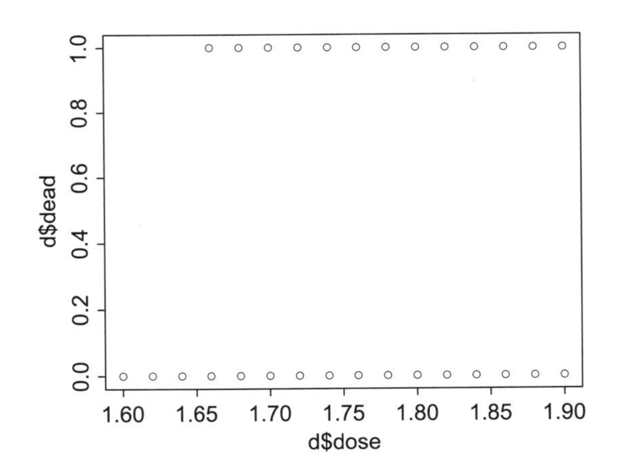

図 2.3　薬剤用量と生存・死亡の散布図

y 座標が 0 か 1 の同じ値なので点どうしが重なってしまい，データが少なくみえます．このようなデータの散布図の描き方の一例として，2.8 節でもやりましたが，プロット点を少しランダムに散らしてみます (ここでは，1119 個の -0.05 から 0.05 の範囲の一様乱数を発生)．

```
> e1 <- runif(1119,min=-0.05,max=0.05)
> plot(d$dose,d$dead+e1)
```

図 2.4 は，図 2.3 よりは重なりが減りましたが，それでもまだみづらいですね．そのため，通常は，各薬剤用量で，死亡割合を求めて，そのグラフを描くほうが一般的でしょう．これは後で紹介します．

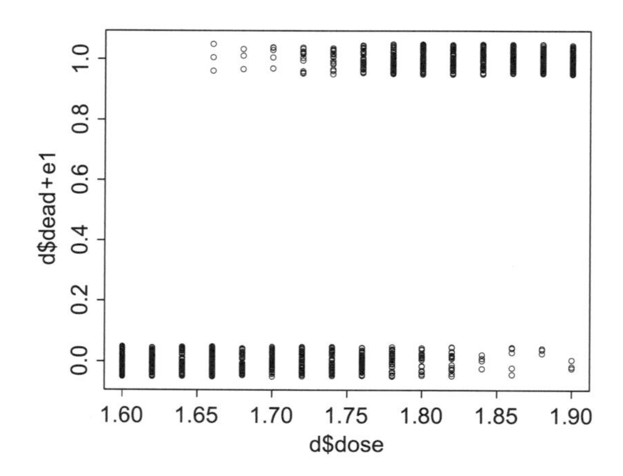

図 2.4　薬剤用量と生存・死亡の散布図：乱数で散らした場合

さて，このような用量反応の 2 値データに**ロジスティック回帰**を用いて，薬剤用量と死亡の関係について分析してみましょう．ここでの**ロジスティック回帰のモデル式**は

$$\log\left(\frac{p_i}{1-p_i}\right) = a + b \times \mathtt{dose}_i \quad \text{同等なこととして}\ p_i = \frac{e^{a+b\times \mathtt{dose}_i}}{1+e^{a+b\times \mathtt{dose}_i}} \tag{2.9}$$

になります．ここでは，p_i は薬剤用量 $\mathtt{dose}_i$ を割り付けられた蚊が死亡する確率 $P(\mathtt{dead}_i = 1 \mid \mathtt{dose}_i)$ です．目的変数，説明変数，データフレーム名の変更に気をつけ，2.7 節で説明したものと同様の R コードを実行して，ロジスティック回帰のあてはめを確認しましょう．

```
> res <- glm(dead~dose, data=d, family="binomial")
> summary(res)
```

```
Call:
glm(formula = dead ~ dose, family = "binomial", data = d)
Deviance Residuals:
    Min       1Q   Median       3Q      Max
-2.8567  -0.3426  -0.0996   0.4607   2.6315
Coefficients:
             Estimate Std. Error z value Pr(>|z|)
(Intercept)  -55.261      3.185  -17.35   <2e-16 ***
dose          31.224      1.798   17.36   <2e-16 ***
---
Signif. codes:  0 '***' 0.001 '**' 0.01 '*' 0.05 '.' 0.1 ' ' 1
(Dispersion parameter for binomial family taken to be 1)
    Null deviance: 1538.58  on 1118  degrees of freedom
Residual deviance:  719.95  on 1117  degrees of freedom
AIC: 723.95
Number of Fisher Scoring iterations: 6
```

ロジスティック回帰のあてはめ結果を `res` に保存して，`summary` 関数を適用した `summary(res)` で詳しい情報をとります．2.7 節で，ロジスティック回帰の回帰係数の指数変換よりオッズ比が求められる話をしましたが，今回のオッズ比の大きさでは，説明変数 `dose` が 1 単位増加した場合，つまり，1 mg/L 増加したときのオッズ比になることに注意してください，つまり，1 mg/L 増加したときのオッズ比は，0.02 mg/L 間隔で実験された今回のデータの `dose` の基準では，大きすぎます．

そこで，適切な基準に直して指数変換する必要があります．ここでは，0.02 mg/L 増加，0.04 mg/L 増加による**オッズ比**を求めてみましょう．

```
> exp(31.224*0.02)
```

```
[1] 1.867275
```

```
> exp(31.224*0.04)
```

```
[1] 3.486715
```

この結果より，死亡のリスクにおいて，0.02 mg/L 増加では約 1.9 倍のオッズ比に，0.04 mg/L 増加では約 3.5 倍のオッズ比になることがわかります．p 値は 2.0×10^{-16} より小さいので，dose は高度に有意な変数 (dose の回帰係数 $b = 0$ の仮説は 0.1%など非常に小さい有意水準でも棄却され，有意差ありと判定されること) であることもわかります．

さて，このロジスティック回帰によるあてはめ結果として，どのような予測式が書けるかをみてみましょう．モデル式 (2.9) の回帰係数が推定されたので，その回帰係数の推定値 $\widehat{a} = -55.261$，$\widehat{b} = 31.224$ を用いてグラフを描いてみます．つまり，dose を変数とする次の関数

$$p = \frac{e^{-55.261+31.224\times\mathtt{dose}}}{1+e^{-55.261+31.224\times\mathtt{dose}}} \tag{2.10}$$

のグラフを描くということです．回帰係数の推定値は手打ちでもよいですが，オブジェクト res から，res$coefficients とすればとってこれますので，まずはその推定値を bvec に保存します．

```
> (bvec <- res$coefficients)
```

```
(Intercept)        dose
  -55.26147    31.22352
```

次に式 (2.10) の関数を描くための準備として，細かい dose の点を用意します (メッシュともいいます)．

```
> (doses <- seq(from=1.5, to=2, by=0.01))
```

```
[1] 1.50 1.51 1.52 1.53 1.54 1.55 1.56 1.57  …省略…  2.00
```

ベクトル生成関数である seq 関数をこのように使うと，1.5 から 2.0 までを 0.01 刻みで増えるベクトル doses を用意できます．指数関数内の煩雑さを緩和するため．ベクトル doses に対して，あらかじめ，$z = -55.261 + 31.224 \times \mathtt{doses}$ を計算し保存しておき，そして，$p = \exp(z)/(1+\exp(z))$ を計算すれば，ベクトルの各値の成分ごとに，これらの関数を適用してくれます．

```
> z <- bvec[1]+bvec[2]*doses
> p <- exp(z)/(1+exp(z))
```

これで doses の各値の成分ごとに変化する式 (2.10) の p の値を一気に計算できます．ここまで計算しておけば，あとは，(doses, p) の散布図を描くことでグラフが作成できます．seq 関数で作成

された doses の刻み幅が小さいので，ただの散布図であってもほぼ曲線のようにみえますが，念のため，散布図で描かれる点を順に結ぶというオプションを使っておくほうが無難です．次の R コードを実行して図 2.5 のグラフが得られることを確認しましょう．

```
> plot(d$dose,d$dead,xlim=range(doses))
> lines(doses,p,col="red")  # points(doses,p,col="red",type="l" )
```

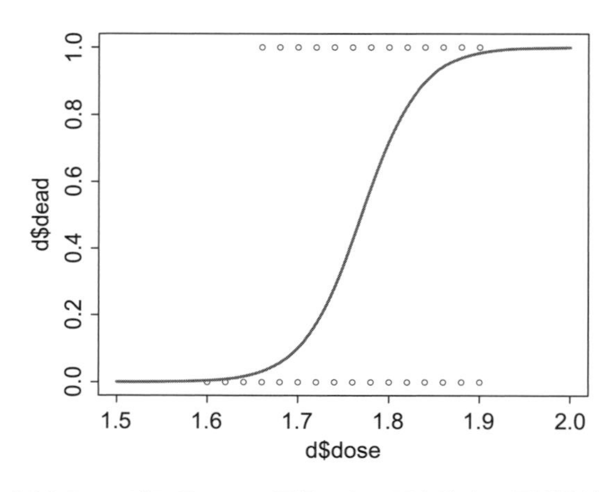

図 2.5　ロジスティック回帰による死亡確率の予測曲線

最初の行で図 2.3 と同じデータの散布図を作り，この散布図にすでに作っておいたベクトルのペア (doses, p) を線で結んだものを重ね描きさせることで式 (2.10) の関数のグラフを描きます．すべての点を線で結ぶので，より曲線らしい曲線が描かれます．なお，2 行目の重ね描きでは，lines 関数を使いましたが，これは plot 関数の重ね描きバージョンの points 関数にオプション type="l"を入れる命令と同じであり，その他のオプションも，plot 関数と同じ仕様で使えます．その結果得られる図 2.5 の曲線 (赤) が死亡確率を予測する式 (2.10) のグラフです．このようにロジスティック回帰では，**予測確率**を，最小の確率 0 から出発して，中くらいのところで急増加しながら，最大の確率 1 に到達するまで単調に増加する曲線によってあてはめます．ちなみに，このような形状の曲線は，ギリシャ文字のシグマの語末形に似ているため**シグモイド曲線**とよばれたり，アルファベットの S に似ているため，S 字曲線とよばれることもあります．

ロジスティック回帰のあてはまりが良ければ，図 2.5 の曲線を用いて，各薬剤用量で，蚊がどの程度死亡するかの死亡確率を予測することができます．ロジスティック回帰のあてはまり具合をどのように考えるかは，今回の入門編の内容を超えるので，あまり詳細に立ち入ることを避けますが，ここでは，簡単なプロットで確認してみます．まずは，元データから各薬剤用量での死亡割合を求めて，そのグラフを描きましょう．この死亡割合の求め方は，R コードでは実に様々なやり方があるのですが，ここでは，xtabs 関数で作った分割表を利用して求めるやり方で行ってみます．次の R コードを実行してみましょう．

```
> f <- xtabs(~dose+dead,data=d)
> phat <- f[,2]/(f[,1] + f[,2])
> ddose <- as.numeric(rownames(f))
```

```
> plot(ddose,phat,type="b")
```

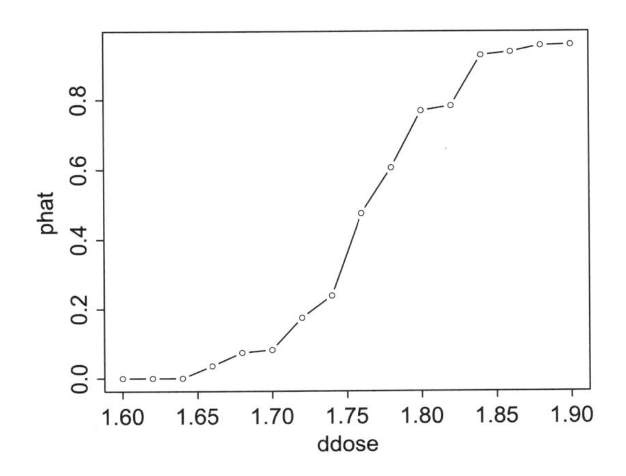

図 2.6　薬剤用量と死亡割合のグラフ

まずは本節の最初でやった dose，dead による分割表を作成し，それを f と名前を付けます．f の 2 列目に死亡数，1 列目に生存数が入っているので，f[,2] を分子にして，f[,1]+f[,2] を分母にして割合を計算させたものを phat に保存します．phat に対応する x 座標の点は分割表 f の行の名前を rownames(f) で取り出して，それを数値データに変換するやり方 as.numeric(データ) を使って，ddose に保存しました．あとは，(ddose，phat) の散布図を折れ線で結んで描くだけなので，plot 関数にオプション type="b"を加えて実行させます．これで図 2.6 のような折れ線グラフが作成されます．このグラフに先ほど描いた**ロジスティック回帰の予測確率**の曲線を重ねてみましょう．

```
> lines(doses,p,col="red")
```

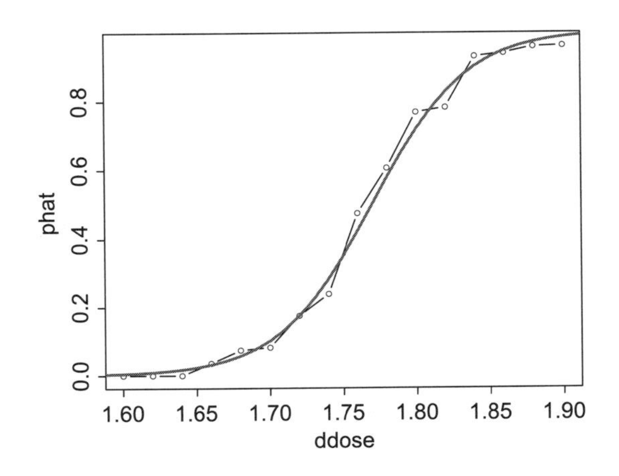

図 2.7　各薬剤用量に対する死亡割合のグラフとロジスティック回帰曲線

図 2.7 をみると，薬剤用量に対する死亡割合の折れ線グラフに対して，ロジスティック回帰による予測曲線がうまくあてはまっていることがみてとれます．

やや直観的ですが，ロジスティック回帰のあてはまりも良いことがわかりましたので，ロジスティック回帰による予測曲線を用いて，**半数有効用量** (ED50: Effective Dose) を求めてみましょう．半数有効用量とは，半数の個人において反応がみられる用量のことを指し，一般に医薬品の有効度を示すために用いられるものです．次の R コードを実行してみましょう．ちなみに，bvec には今回のデータにあらかじめロジスティック回帰で推定された回帰係数 $\widehat{a} = -55.261$, $\widehat{b} = 31.224$ が保存されていました.

```
> ED50 <- -bvec[1]/bvec[2]
> print(ED50)
```

```
(Intercept)
  1.769867
```

```
> abline(h=0.5,col="green")
> abline(v=ED50,col="green")
```

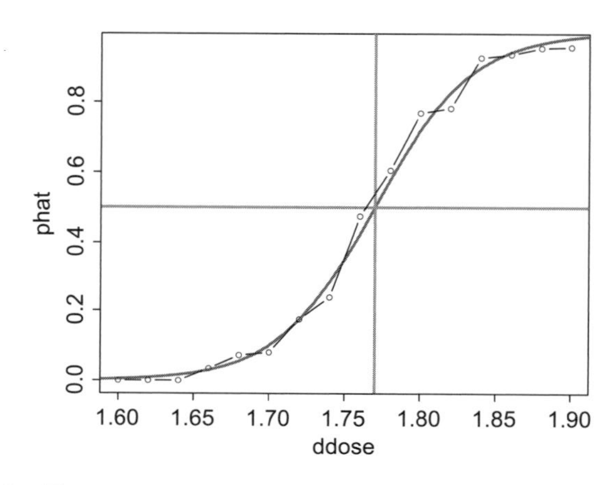

図 2.8　図 2.7 に phat=0.5, ddose=1.77 の直線を追加したグラフ

実行してみると，図 2.7 の上に，abline(h=0.5) で phat = 0.5 の水平線が，abline(v=ED50) で ddose = $ED50$ の縦線がそれぞれ追加され，図 2.8 が得られます．phat = 0.5 の直線は，確率でいうと 0.5 の高さを表しており，その直線とロジスティック回帰による予測曲線と交わるところの ddose の値が半数有効用量になります．なお，この半数有効用量 ED50 の値は，回帰係数を用いて，$ED_{50} = -\widehat{a}/\widehat{b}$ を計算することで得られ，約 1.77 mg/L と推定されます．この計算式は，式 (2.10) の p に 0.5 を代入した方程式を dose で解いても得られますが式変形がややこしくなるので，もともとの対数オッズで書かれたほうの式 $\log\left(\frac{p}{1-p}\right) = \widehat{a} + \widehat{b} \times$ dose に，$p = 0.5$ を与えて解くほうが楽です：

$$0.5 = \frac{e^{\widehat{a}+\widehat{b}\times ED_{50}}}{1 + e^{\widehat{a}+\widehat{b}\times ED_{50}}} \iff \log\left(\frac{0.5}{1-0.5}\right) = \widehat{a} + \widehat{b} \times ED_{50}$$

よって $\widehat{a} + \widehat{b} \times ED_{50} = 0$ より $ED_{50} = -\widehat{a}/\widehat{b}$ が得られます.

2.9　グループデータのロジスティック回帰

2.7 節からロジスティック回帰を扱ってきましたが，R の適用で用いたデータは，個人単位のデータに対して得られたものでした．つまり，1 行 1 行に異なる個人に対する観測値が入っているデータです．ただし，我々はいつでも個人ごとに整理されたデータに基づいて統計分析を行うとは限りません．我々の分析経験でも，これまで何度か分割表のような表形式でまとめられた集計データから分析を行うことに遭遇しています．本節では，このような集計データを**グループデータ**とよびます．もちろんグループデータももともとは個人ごとに集められたデータのはずですが，論文，報告書，記事などに掲載する際には，生データそのものよりも，表形式にまとめたほうがわかりやすいし，紙面も節約できます．ここではグループデータに基づいて，ロジスティック回帰を行う場合に，どうするのかを学びます．

まずはグループデータを用意します．xtabs 関数の適用は 2.8 節で扱いましたが，そこで得られた分割表データのままではやや扱いにくいので，R のデータフレームにして使いやすくしておきます．

```
> f <- xtabs(~dose+dead,d)
> dd <- data.frame(dose=as.numeric(rownames(f)),
                   dead=f[,2], alive=f[,1])
> rownames(dd) <- 1:nrow(dd)
> dd
```

```
   dose dead alive
1  1.60    0    75
2  1.62    0    65
3  1.64    0    71
4  1.66    3    81
5  1.68    4    50
6  1.70    5    56
7  1.72   11    52
8  1.74   15    48
9  1.76   38    42
10 1.78   43    28
11 1.80   63    19
12 1.82   61    17
13 1.84   51     4
14 1.86   74     5
15 1.88   64     3
16 1.90   68     3
```

まず xtabs 関数を使って，16 × 2 の分割表を作成して f に保存しています．f の行の名前がちょうど薬剤用量の値になっていますが，それは文字列の属性になっています．そこで数値データとして使えるように as.numeric(rownames(f)) として数値に変換し，そのデータを，変数名 dose にして，データフレーム dd の第 1 列に設定します．データフレーム dd の第 2 列は生存数に，第 3 列は死亡数にして，それぞれの変数名を dead，alive にしています．以下では，個人ごとの元データはなく，このような表にまとめられたグループデータ dd のみが与えられたとしてロジスティック回帰を実施することを考えます．1 つの解決策は，表データから個人ごとのデータに復元することです．しかし，個人データからグループデータにまとめるのには，xtabs のような便利な関数があるのですが，その逆はあまり整備されていません．手動で行えばかなり大変な作業量になるので，rep 関数や for 文などを使うのが効率的です．グループデータから，個人を1行にもつ元データへの復元は，プログラミング言語に慣れるための良いトレーニングになります．

前置きが少し長くなりましたが，本節の目的は，グループデータにロジスティック回帰を適用するために個人データに復元させるトレーニングを行うことではありません．実は，グループデータのまま扱える仕組みがロジスティック回帰にはあるので，その説明の本題に入ります．ロジスティック回帰は2項分布に従うデータに基づいて組み立てられていますので，グループデータにも比較的容易に適用できます．

2項分布とは，1回あたりの成功確率 p の試行を合計 n 回繰り返したときの成功回数の分布です．$n = 1$ のときは，成功回数は0, 1の2パターンで，ちょうど2値データの状況にあてはまります．ただし，n はもっと増やすことができて，たとえば，$n = 2$ のとき，成功回数は0, 1, 2の3パターンになります．このように一般の2項分布を考えれば，2値データから3値，4値と拡張していけます．また，ロジスティック回帰では個人の目的変数が1 (あり) をとる確率を

$$p_i = \frac{e^{a+b\times \mathtt{dose}_i}}{1 + e^{a+b\times \mathtt{dose}_i}}$$

とモデル化しましたが，グループデータにまとめると，同じ $\mathtt{dose}_i$ の値をもつ個人は同じ確率 p_i の値をとりますので，グループデータの同じ行にまとめられた個人の集まりは同じ成功確率をもって複数回試行したときの成功回数と考えることができます．つまり，グループデータの同じ行にまとめられた個人の集まりの成功数 (ここでは死亡数) は2項分布に従います．R の glm 関数は，0-1の2値データだけでなく，このような2項分布の形式でも扱えるようになっています．このような2項分布の形式でのロジスティック回帰のあてはめを練習しましょう．次の R コードを実行してください．

```
> res <- glm(cbind(dead, alive)~dose,data=dd,family="binomial")
> summary(res)
```

```
Call:
glm(formula = cbind(dead, alive) ~ dose, family = "binomial",
    data = dd)
Deviance Residuals:
    Min       1Q   Median       3Q      Max
-1.5623  -0.9020  -0.3868   0.4787   1.0073
Coefficients:
            Estimate Std. Error z value Pr(>|z|)
(Intercept)  -55.261      3.185  -17.35   <2e-16 ***
dose          31.224      1.798   17.36   <2e-16 ***
---
Signif. codes:  0 '***' 0.001 '**' 0.01 '*' 0.05 '.' 0.1 ' ' 1
(Dispersion parameter for binomial family taken to be 1)
    Null deviance: 830.270  on 15  degrees of freedom
Residual deviance:  11.633  on 14  degrees of freedom
AIC: 64.496
Number of Fisher Scoring iterations: 4
```

個人データでのあてはめとの変更点は，個人データに対するあてはめの場合に glm(dead~dose) と書いたところを，グループデータでは glm(cbind(dead,alive)~dose) の形で用います．つまり，2 項分布の形式になるので，cbind で成功数，失敗数を囲んで

cbind(成功数の変数名，失敗数の変数名)

の形で明記する必要があります．もちろん用いるデータフレームは d ではなく，dd になっていることを確認しましょう．2 項分布の場合の書式では，成功数は 2 値データで 1 をとる合計数，失敗数は 2 値データで 0 をとる合計数であるため，ここでは，それぞれ，死亡数 dead と生存数 alive を与えます．

ロジスティック回帰のあてはめ結果をみると，回帰係数は，個人データとしてあてはめた場合の結果とまったく一緒であることがわかります．デビアンス (deviance) に関係する値は個人データとグループデータでは変わりますが，この辺のより詳しい説明は統計学の専門的知識が必要になるため本セミナーでは割愛します．というわけでグループデータの場合は，目的変数の部分を cbind(成功数，失敗数) として書いて実行させればよいということです．これは個人の 2 値データでもこの書式で使えるので，より一般的な書き方ともいえます．また，個人データでは 1119 行からなるデータセットでしたが，グループデータでまとめると 16 行程度のデータを扱うだけで済みますので，データの記憶容量という点で大きく節約できます．ただし，本当に個人で細かく異なる値をとるような説明変数 (連続型の説明変数) をもつようなデータでは，そもそもグループデータとしてまとめられないことには留意しましょう．

第 2 回のまとめ

- ✔ 2 値データの変数のペアは 2 × 2 分割表にまとめることができる．
- ✔ どのようにデータが集められたとしても，分割表データの検定の帰無仮説は「行と列の要因の独立性」に縮約できる．
- ✔ 分割表データで行う検定は，通常，「ピアソンのカイ 2 乗検定」を用いる．
- ✔ 分割表データにおいて，2 グループ間の差を測る指標にリスク差 RD, リスク比 RR, オッズ比 OR がある．OR は後ろ向き研究のデータでも利用可能な指標である．
- ✔ 目的変数が 2 値データのとき，ロジスティック回帰を用いて，回帰分析を行うことができる．
- ✔ 説明変数が 2 値データの場合，ロジスティック回帰を用いて推定した OR は，2 × 2 分割表データから推定した OR とまったく同じになる．
- ✔ 説明変数が連続データの場合，ロジスティック回帰を用いて OR を推定する際には，説明変数の 1 単位をどう定めるべきか考えなければならない．
- ✔ グループデータに対して，元の個人データ形式に復元することなく，ロジスティック回帰を適用することができる．

2.10　課題

第1回の回帰分析のサンプルデータとして用いた出生体重のデータ birthwt を用います．第1回と同様に，4列目，7〜10列目を除外して使用します．変数 age と lwt は，それぞれ，母の年齢と妊娠前の体重，smoke は喫煙の有無，ptl は早産の経験回数，low は出生児が低体重か否か (低体重：1，否：0) です．母の体重をポンドから kg に変更し，早産 ptl が過去に1回以上あれば 1，そうでなければ 0 となるようにして利用しましょう．これらの説明を反映したデータフレーム d を用意するには，以下のようなコードを実行すればよいです：

```
> library(MASS)
> d <- birthwt
> d <- d[,-c(4,7:10)]
> d$lwt <- 0.453592*d$lwt
> d$ptl <- ifelse(d$ptl>=1,1,0)
```

続けて，summary 関数を適用すると，このデータ集合の要約が以下のように得られます：

```
> summary(d)
```

```
      low               age              lwt              smoke              ptl
 Min.   :0.0000   Min.   :14.00   Min.   : 36.29   Min.   :0.0000   Min.   :0.0000
 1st Qu.:0.0000   1st Qu.:19.00   1st Qu.: 49.90   1st Qu.:0.0000   1st Qu.:0.0000
 Median :0.0000   Median :23.00   Median : 54.88   Median :0.0000   Median :0.0000
 Mean   :0.3122   Mean   :23.24   Mean   : 58.88   Mean   :0.3915   Mean   :0.1587
 3rd Qu.:1.0000   3rd Qu.:26.00   3rd Qu.: 63.50   3rd Qu.:1.0000   3rd Qu.:0.0000
 Max.   :1.0000   Max.   :45.00   Max.   :113.40   Max.   :1.0000   Max.   :1.0000
```

今回の課題として，low (低体重か否か) を目的変数とし，その他の4変数が目的変数に与える影響を，ロジスティック回帰を用いて評価します．以下の 1)–2) に取り組みましょう．

1) ロジスティック回帰のあてはめを実施する．
2) 1) のロジスティック回帰のあてはめ結果から各説明変数がもつリスクをオッズ比を用いて解釈する．

第3回
散布図の特徴に合わせて要約してみよう
—— ノンパラメトリック回帰と外れ値への対応

講師　佐藤 健一

達成目標

- ❏ データに重みを与えることで，実行したい回帰に近づける.
- ❏ 直線では説明できない散布図に対して，曲線や折れ線をあてはめる.

キーワード 重み付き回帰，局所線形回帰，局所多項式回帰，多項式回帰，折れ線回帰，スプライン回帰，変数選択，AIC，外れ値，ロバスト回帰

パッケージ `ElemStatLearn`, `MASS`[1)]

データファイル ElemStatLearn_bone.csv

はじめに

今回は重み付き回帰とその応用について学びます．散布図のすべての点を等しくみるのではなく，部分的に着目するなどメリハリをつけることで散布図の特徴を局所的に捉えます．基本的な考え方は重み付き平均になります．統計学では 1 つのアイデアが，様々な手法に応用できることが少なくありません．基本を押さえることで一見難しそうな解析手法が理解しやすくなります．

3.1　ElemStatLearn パッケージの利用

文献 [23] で紹介された年齢と骨密度の相対変化のデータを扱います[2)]．データは同書籍の関連パッケージ ElemStatLearn に入っているのですが，現在，R 本体や各種パッケージをダウンロードするための Web サイト，CRAN (Comprehensive R Archive Network) に公開されていません．そこで，ElemStatLearn を利用する場合と，利用しない場合に分けてデータの準備をしたいと思います．パッケージの更新情報は該当ページ[3)] で確認できると思います．

---

1) 標準でインストール済み.
2) データの詳細については原著論文 [28] を参照してください.
3) `https://CRAN.R-project.org/package=ElemStatLearn`

3.1.1 ElemStatLearn パッケージを利用する場合

ここでは，URL を指定して ElemStatLearn パッケージをインストールします．

```
> urlst <- "https://cran.r-project.org/src/contrib/Archive/ElemStatLearn/"
> filest <- "ElemStatLearn_2015.6.26.2.tar.gz"
> install.packages(paste0(urlst,filest),repos=NULL,type="source")
```

パッケージをインストールすればヘルプを確認できます (適当に整形しています).

```
> library(ElemStatLearn)
> data(bone)
> ?bone
```

```
Bone Mineral Density Data
Description
  Measurements in the bone mineral density of 261 north american
  adolescents, as function of age. Each value is the difference in spnbmd taken
  on two consecutive visits, divided by the average. The age is the average age
  over the two visits.
Usage
  data(bone)
Format
  A data frame with 485 observations on the following 4 variables.
  idnum   identifies the child, and hence the repeat measurements
  age     average of age at two visits
  gender  a factor with levels female male
  spnbmd  Relative Spinal bone mineral density measurement
```

```
> d0 <- bone
```

ヘルプによると，北アメリカの青年 261 名の年齢とその骨密度を測定し，連続した 2 回の訪問時に測定された骨密度の差をその平均値で割ることで骨密度の相対変化が記録されています．年齢は 2 回の来院時の平均年齢になります．

3.1.2 ElemStatLearn パッケージを利用しない場合

read.csv 関数を用いて ElemStatLearn_bone.csv の読み込みから開始します．データの補足情報については前項をご確認ください．

```
> d0 <- read.csv("ElemStatLearn_bone.csv")
```

3.2 データの準備

ElemStatLearn パッケージをインストールした場合でも，ElemStatLearn_bone.csv を読み込んだ場合でもデータの先頭部分は以下のように head 関数を使って表示できます．

```
> head(d0)
```

```
  idnum   age gender      spnbmd
1     1 11.70   male 0.018080670
2     1 12.70   male 0.060109290
3     1 13.75   male 0.005857545
4     2 13.25   male 0.010263930
5     2 14.30   male 0.210526300
6     2 15.30   male 0.040843210
```

データには男性と女性が含まれますが，骨密度は性差が大きいので，ここでは男性だけを用います．そして，年齢を小さいほうから大きいほうに並び替えた後で，年齢をx，骨密度の相対変化をyとおいてデータフレームdを作成します．この箇所だけであれば，Y <- data.frame(x=d0$age, y=d0$spnbmd) のように記述することもできますが，後々の利便性からxとyを作成した後で，データフレームを作成します．その結果，年齢および相対変化は，d$xおよびd$yとしても，xおよびyとしても同じように扱えます．

```
> d0 <- subset(d0,gender=="male") # 男性だけ抽出する
> d0 <- d0[order(d0$age),] # 年齢でソートする
> x <- d0$age # 年齢をxとする
> y <- d0$spnbmd # 骨密度の相対変化をyとする
> d <- data.frame(x,y) # xとyのデータフレームをdとする
> dim(d)
```

```
[1] 226   2
```

```
> head(d)
```

```
      x          y
1  9.60 0.01697793
2  9.75 0.02174859
3  9.80 0.06545961
4  9.95 0.01605473
5 10.10 0.04963066
6 10.15 0.05979938
```

それでは，横軸にx，縦軸にyとして散布図を描き，直線回帰を適用しましょう．

```
> plot(x,y)
> (res <- lm(y~x))
```

```
Call:
lm(formula = y ~ x)

Coefficients:
(Intercept)            x
   0.117367    -0.004834
```

```
> abline(res,col="red")
> abline(h=0,col="blue")
```

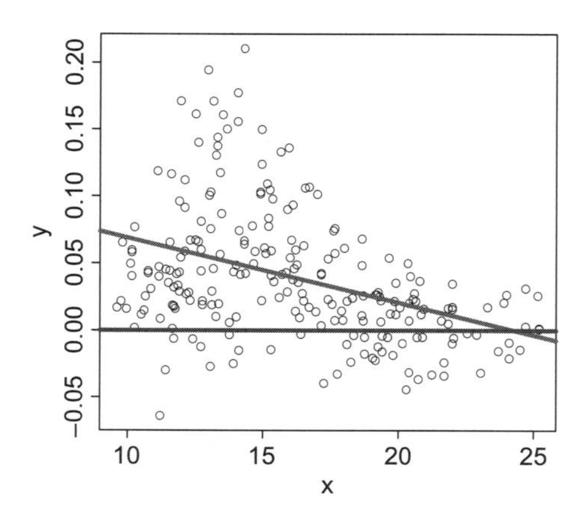

図 3.1 北アメリカの男性 261 名の年齢 (x) と骨密度の相対変化 (y)．回帰直線を赤色，相対変化なしを表す y=0 を青色で示す．

直線回帰の結果を図 3.1 に示します．赤色の直線は $y = 0.117 - 0.005x$ です．ここで，骨密度の相対変化がないとき，つまり，2 回の来院時で骨密度が変化しないときに対応する $y = 0$ の直線を青色で追加しています．`abline` のオプション `h` (horizontal) は水平な線を，`v` (vertical) は垂直な線を指定するものです．補助線を引くことで年齢が高くなると骨密度の相対変化が 0 に近づく様子がみやすくなります．また，あてはまった回帰直線も年齢が高くなると 0 に近い値をとります．

さて，散布図全体に対する回帰直線のあてはまりはどうでしょうか？ 年齢が高くなると 0 に近づくという傾向は，この散布図の特徴を 1 つ捉えているようにみえます．一方で散布図をみると，10 歳から 14 歳にかけて一度上がって，その後ゆっくりと下がっていくようにもみえます．しかし，直線ではこのような特徴を捉えることはできません．

3.3 重み付き平均

このように散布図全体を 1 つの直線で要約することが難しい場合もあります．そこで，横軸の狭い範囲のデータに重みを付けて回帰直線をあてはめる，重み付き回帰を紹介します．その基本的な考え方は算術平均を使って説明できます．

算術平均はデータ $\{x_1, \ldots, x_n\}$ を足してその個数で割ることで得られます．

$$\begin{aligned}\bar{x} &= \frac{x_1 + \cdots + x_n}{n} \\ &= \frac{x_1}{n} + \cdots + \frac{x_n}{n} \\ &= w_1 x_1 + \cdots + w_n x_n\end{aligned}$$

ここで，w_i は非負 (負ではなく，正または 0) の値で $w_1 + \cdots + w_n = 1$ を満たします．このように，算術平均は個々のデータに $w_i = 1/n$ の重みを掛けて足した値として解釈できます．これを一般化して，足して 1 になるような非負の重みを掛けて足した値を考えることができます．これを**重み付き平均**といいます．たとえば，$n = 2$ 個のデータ $x_1 = 6$ と $x_2 = 12$ について考えると，算術平均は $(6 + 12)/2 = 9$ になります．ちょうど真ん中の値です．次に 6 に少し大きな重み $w_1 = 2/3$ を付けて，12 に少し小さな重み $w_2 = 1/3$ を付けると，重み付き平均は $w_1x_1 + w_2x_2 = 4 + 4 = 8$ となり，少しだけ 6 に近くなります．このように，重み付き平均はデータを等しく扱って平均を求めるのではなく，データごとにメリハリをつけて平均を求めます．

3.4　重みの準備

重み付き平均の考えは散布図にも適用できます．つまり，散布図のすべての点を等しく扱って回帰直線を求めるのではなく，データ点ごとにメリハリをつけて回帰直線を求めます．まず，12 歳の周りのデータに着目してみましょう．つまり，$x = 12$ の周りに大きな重みを，そこから左右対称に離れるほど小さな重みを考えます．重みとしては富士山のような，あるいは，釣鐘のような形，またはベル型が良さそうです．ここでは，ベル型の関数として，平均 12，標準偏差 1.1[4)]の正規分布の密度関数 `dnorm` を使うことにします．標準偏差の調整については後で取り上げます．重みが足して 1 になるように基準化しておきます．

```
> x0 <- 12
> w <- dnorm(x,mean=x0,sd=1.1)
> w <- w/sum(w) # 基準化
> plot(x,w,type="h")
```

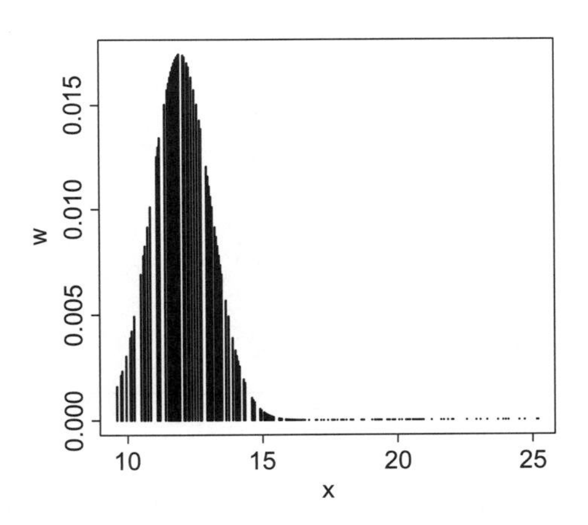

図 3.2　12 歳の周りの重み関数

各年齢における重みを図 3.2 に縦棒を使って示します．12 で最大値をとり，16 くらいで無視できるほど小さな値になっていて，20 歳での重みはほぼ 0 になります．重みに使われる関数を**重み関数**，あるいは，カーネル関数とよびます．

3.5　重み付き回帰

ベル型の重みを使って，重み付き回帰を行います．まず，散布図における点の重みを視覚化しましょう．

```
> myalpha <- w/max(w) # 最大値が 1になるように変換
> plot(x,y,pch=19,col=rgb(1,0,0,alpha=myalpha))
```

---

4) 3.6.1 項で標準偏差を 1.1 とした理由を説明します．

```
> points(x,y,pch=21)
```

ここで，col=rgb(1,0,0,alpha=myalpha) は，マークの色を光の三原色，r: red, g: green, b: blue で指定しています．赤色なら rgb(1,0,0)，緑色なら rgb(0,1,0)，青色なら rgb(0,0,1) です．そして，alpha で濃淡を指定します．1 に近いほど濃く，0 が透明となります．前節で作成した重み w の最大値は 1 より小さいため，最大値が 1 になるように w/max(w) と変換して alpha に渡しています．濃淡を付けた散布図を図 3.3 に示します．

次に，赤色の濃淡で示された重みを使って，直線回帰を行います．

```
> (res <- lm(y~x,weight=w))
> abline(res,col="blue")
```

```
Call:
lm(formula = y ~ x, weights = w)

Coefficients:
(Intercept)            x
   -0.13994      0.01598
```

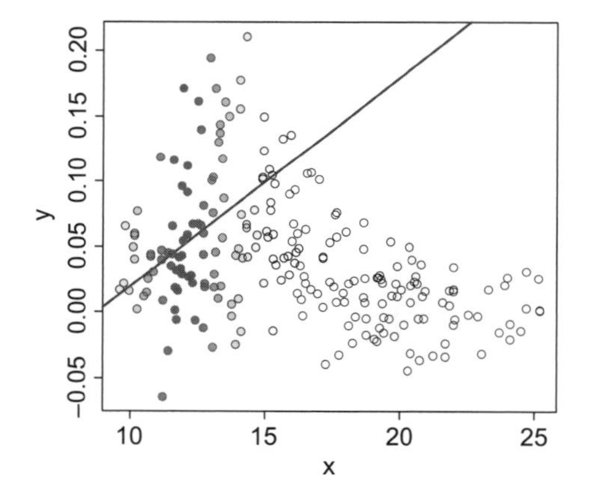

図 3.3　12 歳の周りの重み付き回帰．重みが大きい点ほど濃い赤色で示す．

通常，直線回帰は lm(y~x) と指定しますが，ここでは，lm(y~x,weight=w) のように weight オプションに重み w を指定しています．あてはまった回帰直線は $y = -0.13994 + 0.01598x$ となります．赤色が薄いデータ点よりも濃いデータ点の重みが大きいことから，濃いデータ点によりあてはまっているのが確認できます．このように局所的にあてはめられた直線は傾きが正で右上がりの傾向を示していますので，散布図全体にあてはめられた図 3.1 の右下がりの回帰直線とは大きく異なります．ここで，重みが一番大きい $x = 12$ における予測値は $-0.13994 + 0.01598 \times 12 = 0.05182$ と求められることに注意してください．

ここで，簡単に**重み付き回帰**を説明します．今，個体 i, $i = 1, \ldots, n$ における残差[5]を e_i，個体 i に対する重みを w_i $(\geqq 0)$ とすると，重み付き回帰では重み付きの残差平方和，$\sum_{i=1}^{n} w_i {e_i}^2$ を最小に

[5] 第 1 回で観測値から回帰モデルによる予測値を引いた値として説明しています．

するように回帰係数が求められます．つまり，重みが大きいデータ点での残差平方は大きく，また，重みが小さいデータ点での残差平方は小さく評価されます．たとえば，重み付き直線回帰であれば，重み付きの残差平方和が小さくなるように切片や傾きが求められるので，結果的に，重みが大きい点でのあてはまりが良い直線が求まります．

3.6　局所線形回帰

前節では，固定された点の周りにおける重み付き回帰を紹介しましたが，ここでは，その点を少しずつずらしながら，散布図全体の傾向を滑らかな曲線として表すことを考えます．

3.6.1　局所重み付き回帰

以下のスクリプトを実行すると，年齢の低いほうから順番にすべての年齢ごとに重みを更新し，その周りで重み付き回帰を行います．そして，年齢ごとの予測値を結んで曲線として表します．結果を図 3.4 に示します．

```
> plot(x,y)
> fitted <- 0*y
> rss <- 0 # 残差平方和
> for(i in 1:nrow(d)){
    d$w <- dnorm(x,mean=x[i],sd=1.1) # i 番目年齢による重み
    res <- lm(y~x,weight=w,d) # 直線回帰
    fitted[i] <- predict(res,d[i,]) # 予測
    rss <- rss+(y[i]-fitted[i])^2 # 残差平方
  }
> lines(x,fitted,col="red",lwd=3)
> print(rss)
```

```
[1] 0.3750828
```

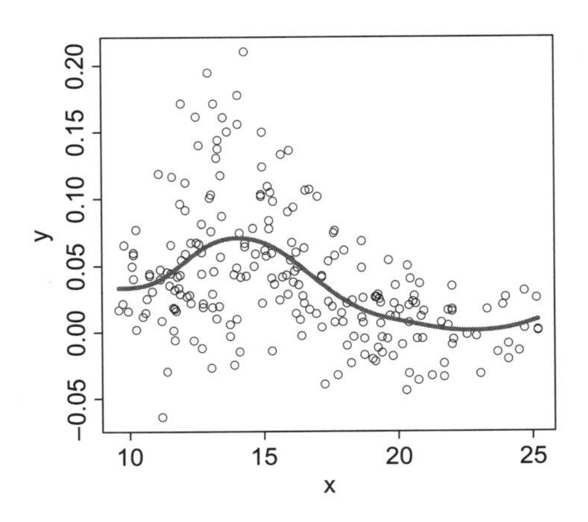

図 3.4　標準偏差を 1.1 とした場合の局所重み付き回帰による散布図平滑化．このとき残差平方和は 0.375.

すべての年齢における予測値を入れるためのベクトルを `fitted <- 0*y` として用意します．すべての成分は 0 です．i 番目の年齢を平均とする重みは `dnorm(x,mean=x[i],sd=1.1)` として書けます．これをデータ d の新しい列 w として加えます．本来であれば，重みの和が 1 になるように基準化すべきですが，内部計算的には基準化の有無によらず結果は同じになります．次に，`lm(y~x,weight=w,d)` によって，i 番目の年齢の周りで重み付き回帰を行います．そして，i 番目の年齢における予測値を `predict(res,d[i,])` として算出しています．最後に，この予測値と観測値から残差平方を `(y[i]-fitted[i])^2` として求めています．こうして，年齢ごとに求められた予測値を結ぶと赤色の曲線が得られます．残差平方和は 0.375 です．

局所的に重み付き回帰を繰り返すので，局所重み付き回帰，あるいは，**局所線形回帰**[6]とよばれます．また，局所線形回帰は散布図を滑らかにするので**散布図平滑化**の方法に分類されたり，曲線の形状を特に仮定しないことから**ノンパラメトリック回帰**[7]に分類されたり，あるいは，線形性を仮定していないことから**非線形回帰**に分類されることもあります．

平滑化において重みを大きく付けている横軸の領域の幅のことを**ウィンドウ幅** (あるいは，バンド幅) とよびますが，文字通り，窓からみえる幅のことでその範囲のデータしかみえないことを表現しています．ここでは，重み関数の標準偏差がウィンドウ幅の役目をしています．さて，ベル型の重みを与える際に標準偏差を 1.1 に固定していましたが，この値を変えてみましょう．まず，標準偏差をかなり大きく 100 にすると図 3.5 が得られます．

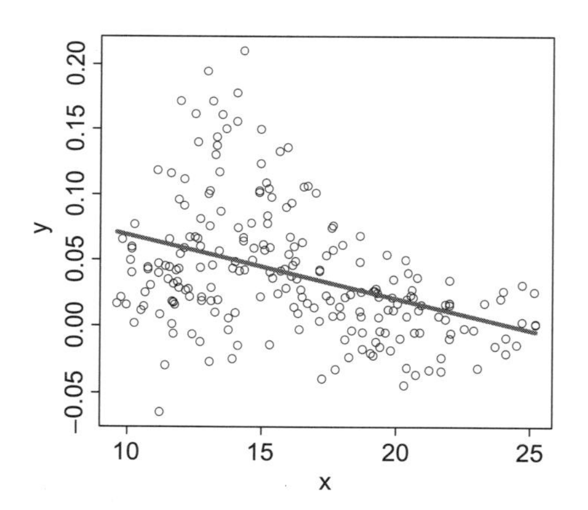

図 3.5　標準偏差を 100 とした重みによる局所重み付き回帰の適合曲線．このとき残差平方和は 0.453 と大きい．

このとき，重みはどの年齢においても，ほぼ均一な値になります．つまり，散布図のどの点も等しい重みで回帰することとほぼ同じです．結果的に，散布図全体に対して直線をあてはめた場合と同じになります．なお，残差平方和は 0.453 と大きくなります．逆に，標準偏差を小さく 0.1 とすると，図 3.6 のように非常に局所的に直線をあてはめることになり，考えている近傍の散布図の上下の変動を細かく拾ってしまいます．見た目はよくありませんが，散布図にはよくあてはまっているので，残差平方和は 0.265 と小さくなります．

---

[6] 文献 [26] では局所線形回帰を含めてカーネル平滑化として解説されています．
[7] 重回帰とノンパラメトリック回帰を合わせたセミパラメトリック回帰については文献 [25] を参照してください．

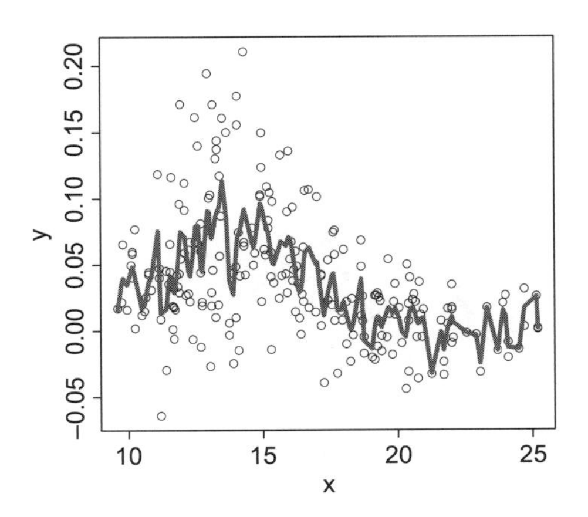

図 3.6　標準偏差を 0.1 とした重みによる局所重み付き回帰の適合曲線．このとき残差平方和は 0.265 と小さい．

このように，ウィンドウ幅を小さくすればするほど，局所的なあてはまりが良くなるので残差平方和は小さくなります．しかし，散布図の要約としてはどうでしょうか．散布図の特徴を捉えているといえそうでしょうか？ ここでは，第 1 回で紹介した交差検証法を使って新しいデータに対するあてはまりを評価しましょう．

1 個抜き交差検証法では `i` 番目のデータを予測をするときに，`i` 番目のデータを外して回帰式を求めます．つまり，3.6.1 項のスクリプトにおいて，回帰式 `lm(y~x,weight=w,d)` のデータ `d` を `d[-i,]` に置き換え，

```
res <- lm(y~x,weight=w,d[-i,])
```

とします．この変更だけで交差検証法による残差平方和 (ここでは，**予測残差平方和**とよびます) が得られます．標準偏差を 1.1，100 および 0.1 としたときの予測残差平方和は，それぞれ，0.392，0.459 および 0.463 と求められます．実際，いろいろな値を代入して調べると標準偏差が 1.1 のときに予測残差平方和が最小になります．別の言い方をすれば，交差検証法による予測残差平方和に基づく標準偏差の最適値は 1.1 といえます．したがって，目の前の散布図に対してあてはめるなら平滑化のウィンドウ幅を小さくすればよいですが，新しいデータにもあてはまりが良い標準偏差は 1.1 くらいであるといえそうです．

3.6.2　局所多項式回帰

局所線形回帰では局所的に直線を仮定しました．直線を多項式曲線に一般化した**局所多項式回帰**は，`loess` 関数により実装されています．多項式曲線については，次節で説明します．

```
> res <- loess(y~x)
> fitted.loess <- res$fitted
> lines(x,fitted.loess,col="blue",lwd=3)
```

図 3.7 で示すように，局所多項式回帰の青色の曲線と標準偏差を 1.1 とする局所線形回帰の赤色の曲線がとても似ていることがわかります．単に，散布図を平滑化するだけなら，`loess` 関数が便利です．一方で，局所線形回帰のアイデアはとても有用で，局所多項式回帰をはじめ，発展的な回帰

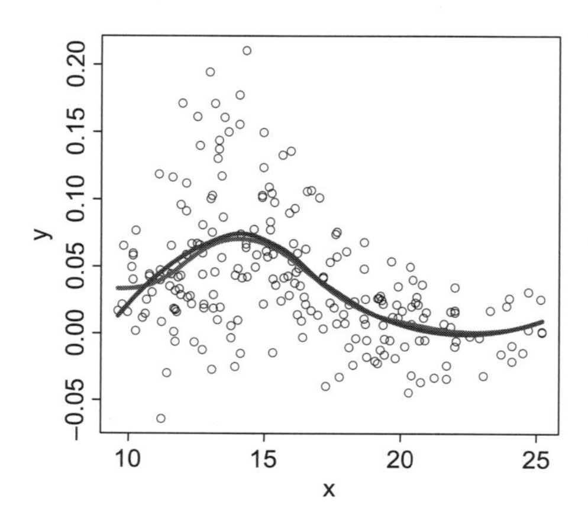

図 3.7　局所多項式回帰による散布図平滑化．`loess` 関数による適合曲線を青色で，標準偏差を 1.1 とした場合の局所重み付き回帰の適合曲線を赤色で示す．

分析手法[8]にも使われています．

3.7　多項式回帰

中学校で習う放物線や高校で習う 3 次曲線を散布図にあてはめてみましょう．

3.7.1　3 次曲線

直線 $y = b_0 + b_1x$ は 1 次曲線，放物線 $y = b_0 + b_1x + b_2x^2$ は 2 次曲線，そして，$y = b_0 + b_1x + b_2x^2 + b_3x^3$ は 3 次曲線とよばれます．これらは，x の多項式で書けるので，**多項式曲線**ともよばれます．なお，x の関数としては非線形となりますが，1.6 節で説明したように係数に対しては線形ですので，このような多項式曲線も線形重回帰モデルの枠組に入ります．

しかし，多項式曲線をあてはめる場合にはスクリプトの記述の仕方に注意が必要です．

```
> plot(x,y)
> (res <- lm(y~x+x^2+x^3)) # 直線と同じになる
```

```
Call:
lm(formula = y ~ x + x^2 + x^3)

Coefficients:
(Intercept)            x
   0.117367    -0.004834
```

結果で表示される回帰係数に注目してください．`lm(y~x+x^2+x^3)` のように `I` 関数を使わない場合には直線として扱われてしまいます．そこで，`I` 関数を用います．図 3.8 に散布図と重ねて示します．

```
> (res <- lm(y~x+I(x^2)+I(x^3))) # 3 次曲線
```

8) 時間軸上で重回帰モデルを繰り返し適用することで，時間と共に変化する回帰係数が求められる変化係数モデルや，緯度や経度で変化する回帰係数が求められる地理的加重回帰などがあります．

```
Call:
lm(formula = y ~ x + I(x^2) + I(x^3))

Coefficients:
(Intercept)            x       I(x^2)       I(x^3)
  -1.013307     0.199164    -0.011746     0.000217
```

```
> lines(x,res$fitted.values,col="red",lwd=3)
```

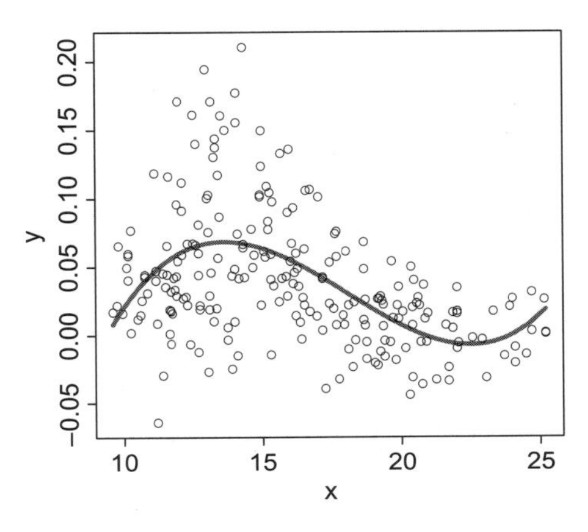

図 3.8 3 次曲線による適合曲線

3.7.2 多項式基底関数

前節であてはまった 3 次曲線，すなわち，適合曲線は

$$y = -1.013 + 0.199x - 0.012x^2 + 0.0002x^3$$

と書けます．右辺は，x の累乗を何倍かして足し合わせたものになっています．つまり，あてはまった曲線は，基本となる関数 $1, x, x^2, x^3$ に係数を掛けて足し合わすことで表現できます．この基本となる関数のことを**基底関数**とよびます．今の場合は多項式 $1, x, x^2, x^3$ が基底関数となっているので**多項式基底関数**，あるいは単に多項式基底とよばれます．また，多項式基底を説明変数とする重回帰を**多項式回帰**とよびます．

多項式基底に係数を掛けた曲線を，図 3.9 に示します．作図に用いたスクリプトは次のようになります．

```
> b <- res$coefficients
> xs <- seq(from=0,to=25,by=1)
> plot(0,0,type="n",
       xlim=c(0,25),ylim=c(-5,5),xlab="x",ylab="")
> for(j in 1:4)lines(xs,b[j]*xs^(j-1),col=j,lwd=3)
> legendst <- paste0(round(b,4),"x^",1:4-1)
> legend("topleft",lwd=3,col=1:4,legend=legendst)
```

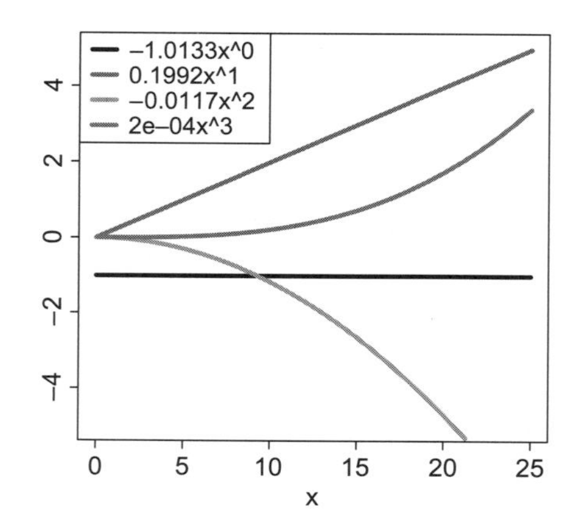

図 3.9　3 次曲線 $y = -1.013 + 0.199x - 0.012x^2 + 0.0002x^3$ における 4 つの基底関数と回帰係数の積の関数，すなわち，$y = -1.013$, $y = 0.199x$, $y = -0.012x^2$ および $y = 0.0002x^3$. 凡例には，回帰係数と基底関数の積を示した.

図 3.9 の曲線を縦軸の方向に加えると図 3.8 の 3 次曲線になります．このように 3 次曲線は，4 つの基底関数を何倍かした曲線の和として書けます．一方，基底に用いる関数は多項式である必要はなく，何らかの関数を用意すれば，それに応じた適合曲線が得られます．

3.8　折れ線のあてはめ

散布図に対して折れ線をあてはめることを考えます．

3.8.1　スプライン関数

まず，スプライン関数という折れ線を表す関数を用意しましょう．$x = k$ で折れる，節点 k をもつ 1 次のスプライン関数は

$$(x-k)_+ = \begin{cases} x-k, & x-k>0 \\ 0, & \text{その他} \end{cases}$$

と書けます．スプライン関数を基底関数に用いる場合には**スプライン基底関数**，あるいは単にスプライン基底とよばれます．実際に $k = 14$ を節点とするスプライン関数を図 3.10 に示します．

```
> sp <- function(k)ifelse(x-k>0,x-k,0)
> plot(x,sp(14),type="l",col="red",lwd=3)
```

`sp(14)` は $(x-14)_+$ を年齢に対して適用したベクトルで，年齢が 14 歳以下では 0，14 歳を超えると年齢から 14 を引いた値をとります．なお，2 乗した $(x-k)_+{}^2$ は 2 次スプライン関数とよばれ，2 次曲線の丸みをもつ曲線になります．

3.8.2　スプライン基底関数を加えた直線回帰

直線回帰に `sp(14)` を説明変数として加えて，散布図にあてはめてみます．

```
> (res <- lm(y~x+sp(14)))
```

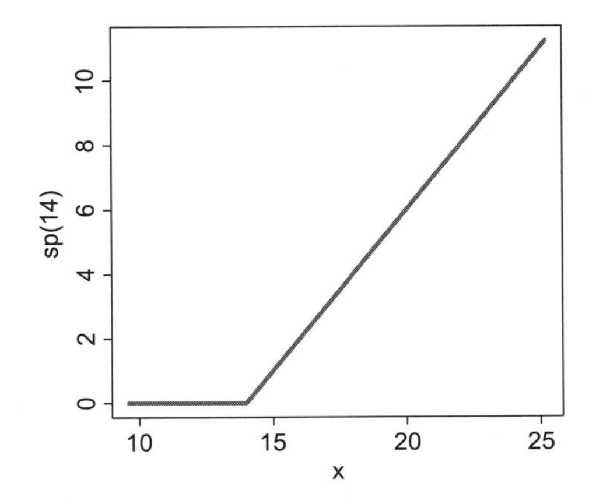

図 3.10　$x = 14$ を節点とする 1 次のスプライン関数

```
Call:
lm(formula = y ~ x + sp(14))

Coefficients:
(Intercept)            x        sp(14)
   -0.07120      0.01026      -0.01931
```

```
> plot(x,y)
> lines(x,res$fitted.values,col="red",lwd=3)
```

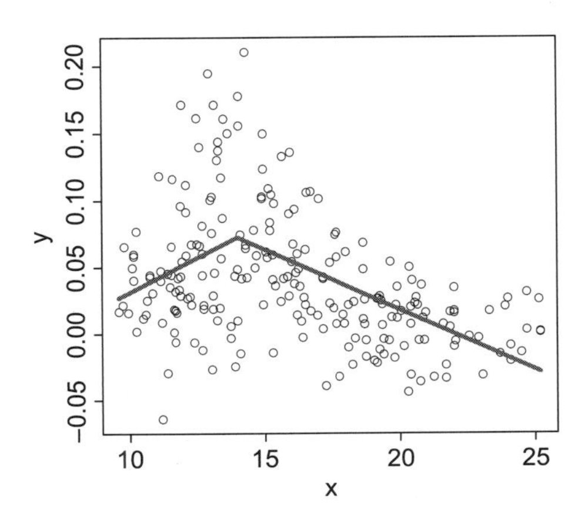

図 3.11　$x = 14$ を節点とする 1 次のスプライン基底関数を加えた適合曲線

重回帰モデルの結果から，図 3.11 の適合曲線は次のように描けます．

$$y = -0.07120 + 0.01026x - 0.01931(x - 14)_+$$

節点 14 で分けて書くと，

$$y = \begin{cases} 0.19914 - 0.00905x, & x > 14 \\ -0.07120 + 0.01026x, & \text{その他} \end{cases}$$

となります．14までの傾きは正で，14以降は負になります．折れ線にするだけで，散布図の特徴をかなり捉えているのではないでしょうか．このように，直線にスプライン基底を加えた重回帰は**折れ線回帰**とよばれることがあります．

3.9　スプライン基底関数による重回帰

まず，複数の節点を考えることで自由度の高いスプライン曲線をあてはめ，次に不要な基底関数を減らすことを考えます．

3.9.1　スプライン基底関数の準備

xに加えて，節点を10から24まで2刻みで与え，合計9個の基底関数を準備します．

```
> ks <- seq(from=10,to=24,by=2)
> sps <- x
> for(k in ks) sps <- cbind(sps, sp(k))
> colnames(sps) <- c("x",paste0("sp",ks))
> sps <- as.data.frame(sps)
> head(sps)
```

```
      x sp10 sp12 sp14 sp16 sp18 sp20 sp22 sp24
1  9.60 0.00    0    0    0    0    0    0    0
2  9.75 0.00    0    0    0    0    0    0    0
3  9.80 0.00    0    0    0    0    0    0    0
4  9.95 0.00    0    0    0    0    0    0    0
5 10.10 0.10    0    0    0    0    0    0    0
6 10.15 0.15    0    0    0    0    0    0    0
```

左から2列目のsp10をみると，xの値が10を超えてからx-10の値が与えられていることが確認できます．

3.9.2　スプライン回帰

定数項とxに8つのスプライン基底関数を加え，合計10個の説明変数[9]を用いて適合曲線を求めます．このようにスプライン基底関数を説明変数に用いる重回帰を**スプライン回帰**とよぶことがあります．

```
> plot(x,y)
> (res <- lm(y~.,sps))
```

```
Call:
lm(formula = y ~ ., data = sps)

Coefficients:
(Intercept)            x         sp10         sp12         sp14
  0.0335572   -0.0004669    0.0118391    0.0036494   -0.0256910
```

9) 説明変数の数を数える際に，定数項を含める場合と含めない場合がありますが，今回は定数項を含め，回帰係数の数と同数にします．

```
       sp16         sp18         sp20         sp22         sp24
 -0.0115234    0.0186419   -0.0007411    0.0037830    0.0098462
```

```
> lines(x,res$fitted.values,col="red",lwd=3)
> rug(ks,col="blue")
```

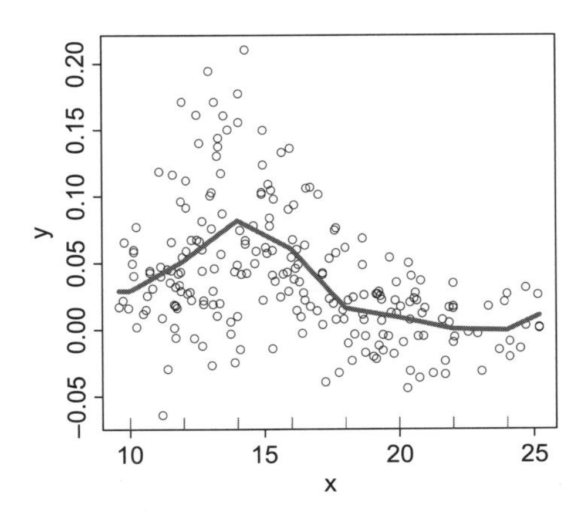

図 3.12　8 つの節点によるスプライン回帰．なお，説明変数は定数項と x を合わせて 10 個となる．

図 3.12 をみると，かなり散布図の特徴を捉えているようです．適合曲線は，

$$\begin{aligned} y = 0.0335572 &- 0.0004669x + 0.0118391(x-10)_+ + 0.0036494(x-12)_+ \\ &- 0.0256910(x-14)_+ - 0.0115234(x-16)_+ + 0.0186419(x-18)_+ \\ &- 0.0007411(x-20)_+ + 0.0037830(x-22)_+ + 0.0098462(x-24)_+ \end{aligned}$$

と書けます．`rug` 関数を用いて，節点を x 軸上に青色の縦線で示します．曲線は節点で折れるのでカクカクしています．2 次スプライン関数を使えば，丸みを帯びた曲線をあてはめることもできます．2 次スプライン関数は 3.8.1 項で定義した `sp` 関数で `ifelse(x-k>0,(x-k)^2,0)` とすれば実装できます．また，1 次スプライン関数であってもデータ数が多ければ節点を増やすことで，比較的滑らかな曲線が得られます．必要に応じて使い分けるとよいでしょう．

3.9.3　AIC による変数選択

切片も含めて 10 個の説明変数を使ってスプライン回帰をしたのですが，過剰適合の可能性があります．つまり，手元のデータにあてはまりすぎていて，仮にもう一度データが取れたとしても同じようにはあてはまらないことが危惧されます．このような場合には，交差検証法を用いて変数の組み合わせごとに予測残差平方和を求め，その値を小さくする変数の組を求めることができます．このように，手元の説明変数からいくつかの変数を選ぶことを**変数選択**とよび，重回帰モデルにおける重要な問題です．ここでは，多くの変数から変数選択を行うときに便利な `step` 関数を使います．

```
> best <- step(res,trace=T)
```

```
Start:  AIC=-1425.88
y ~ x + sp10 + sp12 + sp14 + sp16 + sp18 + sp20 + sp22 + sp24

       Df Sum of Sq     RSS     AIC
- x     1 0.0000000 0.37637 -1427.9
- sp20  1 0.0000041 0.37638 -1427.9
- sp10  1 0.0000253 0.37640 -1427.9
- sp22  1 0.0000754 0.37645 -1427.8
- sp12  1 0.0001173 0.37649 -1427.8
- sp24  1 0.0001485 0.37652 -1427.8
- sp16  1 0.0013789 0.37775 -1427.1
- sp18  1 0.0029630 0.37933 -1426.1
<none>              0.37637 -1425.9
- sp14  1 0.0073466 0.38372 -1423.5
```

出力結果が多いため，途中を省略します．

```
Step:  AIC=-1435.56
y ~ sp10 + sp14 + sp18

       Df Sum of Sq     RSS     AIC
<none>               0.38026 -1435.6
- sp18  1  0.019180 0.39944 -1426.4
- sp10  1  0.039131 0.41939 -1415.4
- sp14  1  0.066670 0.44693 -1401.0
```

step 関数では，変量選択規準 AIC (Akaike Information Criterion) を用いて，変数を 1 つずつ減らす**変数減少法**が既定値となります．また，変数を 1 つずつ加えていく変数増加法，あるいは，すべての変数の組み合わせについて調べる総当たり法もあります[10)]．たとえば，説明変数が 10 個の場合，総当たり法ではそれぞれの変数の使用の有無から場合の数は $2^{10} = 1024$ 通りの計算が必要になります．説明変数の数が増えると総当たり法の計算量は膨大になることから，簡易的に変数減少法が用いられることが多いです．

AIC は予測に基づく情報量規準で，データへのあてはまりが同じ程度であれば，説明変数が少ないほど小さな値をとり，良い説明変数の組と判断します．

変数減少法は，現在の回帰モデルに使われている説明変数の中からどの変数を除けば，AIC が小さくなるかを調べます．具体的には，はじめにすべての説明変数を用いた回帰モデル，

`y~x + sp10 + sp12 + sp14 + sp16 + sp18 + sp20 + sp22 + sp24`

の中から AIC が小さくなる説明変数を調べます．上の表では`- x`と左に書かれており，`x` を除いた場合の AIC が -1427.9 と算出されています．そして，AIC の値が小さいほうから順にソートされています．したがって，まず，説明変数 `x` が除かれます．次に，`x` を除いた回帰モデルにおいて，どの説明変数を除けば AIC が小さくなるか調べます．これを繰り返し，そして，最後に，`<none>`が最小になれば作業終了です．これは，何も取り除かないモデルが AIC を最小とすることを示していて，その説明変数の組が変数減少法において最良となります．

こうして，変数減少法における最良の説明変数は定数項と{`sp10`, `sp14`, `sp18`}の合計 4 個であることがわかります．

---

10) 総当たり法を実装するパッケージとして `MuMIn` も公開されています．

```
> print(best)
```

```
Call:
lm(formula = y ~ sp10 + sp14 + sp18, data = sps)

Coefficients:
(Intercept)         sp10         sp14         sp18
    0.02424      0.01516     -0.03193      0.01366
```

```
> lines(x,best$fitted.values,col="orange",lwd=3)
```

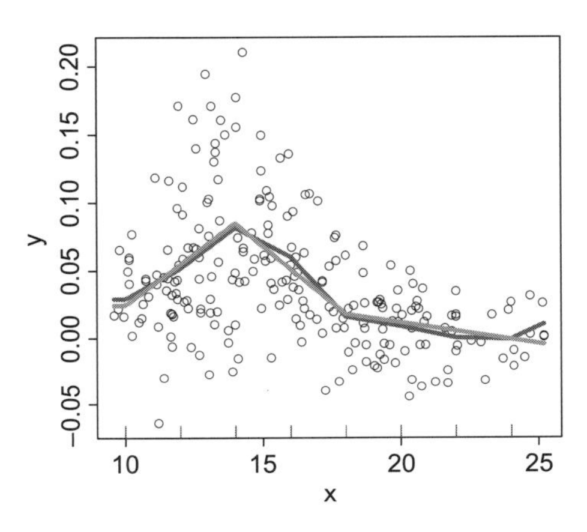

図 3.13 AIC を用いた変数選択の結果によるスプライン曲線．変数選択前の 10 個の説明変数を用いた曲線を赤色，最適な 4 個の説明変数による曲線をオレンジ色で示す．

図 3.13 に，10 個の説明変数を用いたスプライン曲線を赤色，AIC による変数選択の結果，最良とされた 4 個の説明変数を用いたスプライン曲線をオレンジ色で示します．説明変数を 6 個外したにもかかわらず，適合曲線は非常に似ています．なお，残差平方和に基づく交差検証法による変数選択は，AIC による変数選択とデータ数が多ければほとんど違わないことが知られています．せっかくなので，`loess` 関数による局所多項式回帰の結果を緑色で追加して図 3.14 であてはまりを比較します．どの手法でも大きな違いがないことがわかります．

いくつかの曲線や基底関数を紹介したので使い分けについて補足します．単に散布図を平滑化するだけで良ければ，`loess` 関数が便利ですし，区間ごとに変化する様子がみたければ 1 次スプライン曲線も有用です．また，スプライン基底では対応する回帰係数の有意性も評価することが可能です．さらに，節点が 1 つの場合には残差平方和が最小になるように節点の位置を最適化することもできます．一方で，回帰直線の切片と傾きのように回帰係数の解釈が可能な場合には，多項式基底が使われることもあります．目的に応じて，基底関数や平滑化の方法を選ぶとよいでしょう．なお，ここで紹介した基底関数はロジスティック回帰モデルにも適用できます．

```
> lines(x,fitted.loess,col="green",lwd=3)
```

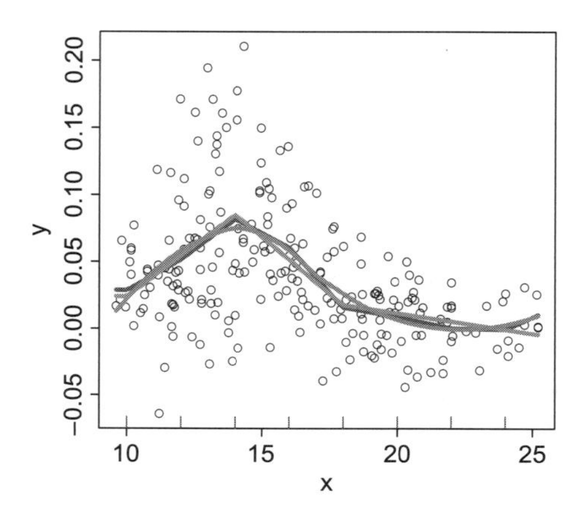

図 3.14　`loess` 関数による曲線を緑色で図 3.13 に追加

3.10　ロバスト回帰

最後に重み付き回帰を利用して，外れ値をもつデータに対する重回帰モデルのあてはめについて考えます．

3.10.1　外れ値の準備

ここでは，多数のデータから離れた少数のデータを**外れ値**とよびましょう．R のインストールと共に用意されている `cars` データに対して，意図的に大きな値を外れ値として代入します．`cars` データは車の速度 (`speed`) とブレーキを踏んで止まるまでに走った距離 (`dist`) の 2 列のデータです．詳細は`?cars` で確認してください．

```
> cars2 <- cars
> cars2[1:4,2] <- 120
> head(cbind(cars,cars2))
```

```
  speed dist speed dist
1     4    2     4  120
2     4   10     4  120
3     7    4     7  120
4     7   22     7  120
5     8   16     8   16
6     9   10     9   10
```

左の 2 列が元の `cars` データで，右の 2 列が意図的に大きな値を代入した `cars2` の値です．`cars2` の `dist` 列の 1 行目から 4 行目に元のデータ 2, 10, 4, 22 の代わりに大きな値として 120 を代入しています．ここでは，この 4 か所における 120 を外れ値として考えることにします．

3.10.2　通常の回帰直線

外れ値がある場合に通常の直線回帰を適用してみましょう．

```
> plot(cars2)
> res <- lm(dist~speed, cars2)
```

```
> abline(res,col="red")
```

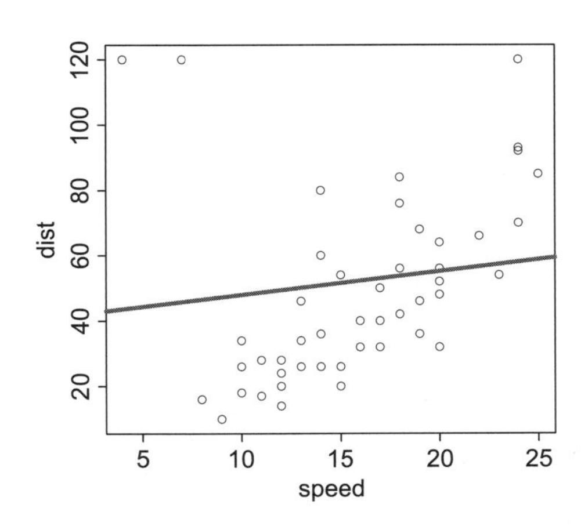

図 3.15　4 点の外れ値がある場合にあてはめた通常の回帰直線

図 3.15 をみてください．cars2 データでは，散布図の左上に外れた点が 2 つありますが，実際には，(speed, dist)= (4, 120), (4, 120), (7, 120), (7, 120) の 4 点あります．この 4 点を外れ値とします．外れ値とは何かという議論はありますが，ここでは単に，視覚的に外れた点を外れ値とみなしましょう．

通常の直線回帰を適用すると，この 4 点に対しても残差平方を小さくしようとするため，4 点に引っ張られる形で直線の切片が持ち上がったようにあてはまります．それでも，この 4 点に対しての残差の絶対値はほかの点よりも大きくなります．

3.10.3　残差を使った重み付き回帰

前節の直線回帰から得られた残差を利用することで外れ値の影響をできるだけ取り除くことを考えます．繰り返し文を用いて重み付き回帰を適用してみましょう．

```
> for(i in 1:3){
    res <- lm(dist~speed, cars2,
      weights=1/abs(res$residuals))
    abline(res,col="blue")
  }
```

図 3.16 に 3 回の重み付き回帰の結果を示します．1 回目の重みは図 3.15 の通常の直線回帰を行ったときの残差を利用します．2 回目の重みは 1 回目の重み付き回帰の残差を，3 回目は 2 回目の重み付き回帰の残差を使います．残差の絶対値が大きい点に対して小さい重みを付けるために，残差の絶対値を逆数にしてから weights に与えています．abs 関数は絶対値を返します．繰り返すごとに外れ値に対する重みが小さくなり，あてはまった回帰直線が外れ値の影響を受けにくくなっていくのがわかります．

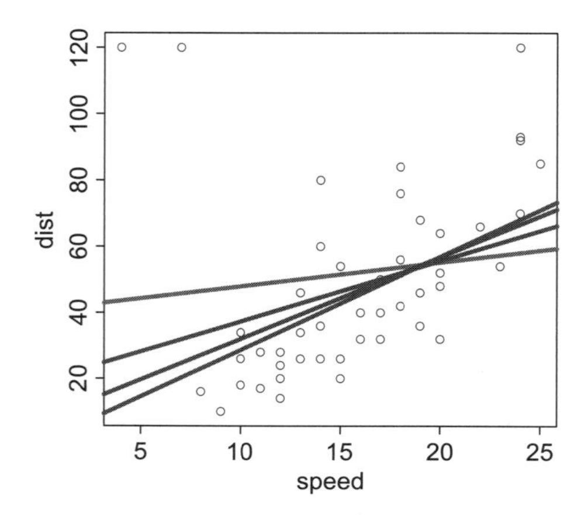

図 3.16　4 点の外れ値がある場合に残差を利用した重み付き回帰を 3 回適用した場合．通常の回帰直線を赤色で，3 度の重み付き回帰直線を青色で示す．

3.10.4　ロバスト回帰

外れ値の影響を受けにくい回帰のことを**ロバスト回帰**とよびます．ロバスト (robust) とは「頑強な」という意味です．つまり，外れ値に頑強な回帰ということになります[11]．ロバスト回帰は `rlm` 関数を使って実装できます．

```
> library(MASS)
> res <- rlm(dist~speed, cars2)
> abline(res,col="green")
```

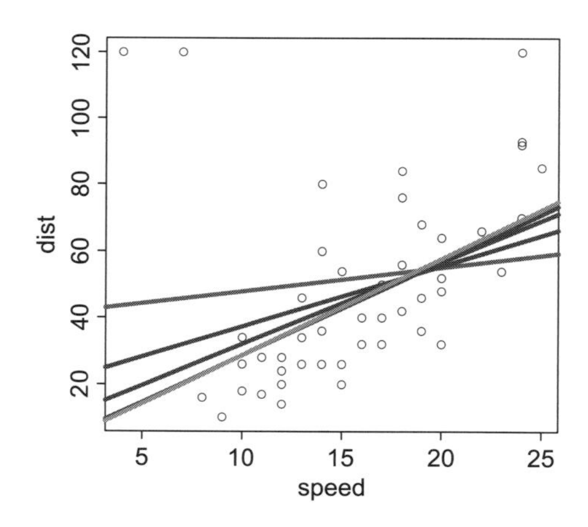

図 3.17　ロバスト回帰を適用した場合．通常の回帰直線を赤色，3 度の重み付き回帰を青色，`rlm` 関数によるロバスト回帰を緑色で示す．

図 3.17 から `rlm` 関数の結果は，残差の絶対値の逆数を重みとする回帰を 3 回やったものと同等になっていることが確認できます．実際には，`rlm` 関数の内部計算はもう少し複雑ですので，たとえば，文献 [18] を確認してください．しかし，残差の絶対値が大きければ重みの値を小さくする手法という意味で類似の手法となります．

[11] 一般的に，順序に基づく統計量 (たとえば，中央値) は外れ値に対してロバストであることが知られています．

今回は，説明変数が speed だけでしたので，散布図で外れ値を確認でき，これらを除外してから回帰直線を求める方法も可能です．しかし，一般に複数の説明変数がある場合は外れ値があったとしても視覚化することが難しく，なかなか気づくことができません．通常の回帰を行った後で残差が大きな個体を確認するなど，残差分析が有用な場合もあります．また，外れ値の影響が心配な場合には，rlm と lm の両方を使うことも考えられます．大きな違いがなければ外れ値の影響は小さいと思われます．

第3回のまとめ

- ✔ 局所線形回帰は直線的な傾向だけでなく，非線形の傾向も記述できる．
- ✔ スプライン回帰は 1 度の重回帰モデルで実行できる．
- ✔ AIC はあてはまりが同じ程度であれば少ない説明変数の組を選択する．
- ✔ 重み付き回帰を工夫すれば外れ値対策にも使える．

3.11 課題

Theoph は薬物動態のデータです．ここでは，1 番目の被験者の薬物投与からの時間 Time (hr) と血中テオフィリン濃度 conc (mg/L) について，以下の 1)–3) に取り組みましょう．

1) 横軸に時間，縦軸に血中テオフィリン濃度，とする散布図を描く．
2) 適当な節点を与え，1) の散布図にスプライン曲線をあてはめ，適合曲線を重ね描きする．
3) 残差標準誤差を求める．

```
> (d <- Theoph[Theoph$Subject==1,])
```

```
   Subject   Wt Dose  Time  conc
1        1 79.6 4.02  0.00  0.74
2        1 79.6 4.02  0.25  2.84
3        1 79.6 4.02  0.57  6.57
4        1 79.6 4.02  1.12 10.50
5        1 79.6 4.02  2.02  9.66
6        1 79.6 4.02  3.82  8.58
7        1 79.6 4.02  5.10  8.36
8        1 79.6 4.02  7.03  7.47
9        1 79.6 4.02  9.05  6.89
10       1 79.6 4.02 12.12  5.94
11       1 79.6 4.02 24.37  3.28
```

第4回 データの特徴を要約・見える化しよう
—— 多次元データの次元縮約とクラスタリング

講師　佐藤 健一

達成目標

- ❑ 複数の変数間の相関係数や距離を求め，多変量解析によって変数間の関係を要約して視覚化する．

キーワード 散布図行列，相関，因子分析，距離，階層型クラスター分析，多次元尺度法，隣接行列，無向グラフ，主成分分析，バイプロット

パッケージ ade4，igraph，mlbench

はじめに

ここでは複数の変数間の関わりの様子を多変量解析の手法を用いて端的に要約する方法を学びます．一般に，データ解析の手順として，素朴な解析から高度な解析へと難度を上げていく場合と，類似の手法を横並びにして比較しながら検討する場合があると思います．難度を上げる例としては，図表作成のような素朴な解析から2群の比較をする検定，回帰分析への移行を指します．一方，ここで扱う相関係数や距離に基づく同類の解析手法への移行は横並びの手法に該当します．解析手法を個々に学ぶだけでなく解析手法間の関連を把握することで，難度を上げたり下げたり，横並びの手法を変更したり，実際のデータに適した解析手法が選べるようになります．

4.1　データの準備

パッケージ ade4 に収録されている十種競技のデータを使います．?olympic としてヘルプを眺めてみましょう．

```
> library(ade4)
> data(olympic)
> ?olympic
```

```
Olympic Decathlon
Description
  This data set gives the performances of 33 men's decathlon
  at the Olympic Games (1988).
Usage
  data(olympic)
Format
  olympic is a list of 2 components.tab is a data frame with 33 rows
  and 10 columns events of the decathlon: 100 meters (100),
  long jump (long), shotput (poid), high jump (haut),
  400 meters (400), 110-meter hurdles (110), discus throw (disq),
  pole vault (perc), javelin (jave) and 1500 meters (1500).
  score is a vector of the final points scores of the competition.
```

1988年のソウルオリンピックに出場した33名の十種競技の記録が`olympic$tab`であり，また，その合計得点が`olympic$score`です．得点は降順にソートしてあるので，33名の記録も総合的に良かったほうから順に並んでおり，1から3行目がそれぞれ，金メダル，銀メダル，銅メダルの選手であることがわかります．十種競技の記録をデータ`d`として扱います．

```
> d <- olympic$tab
> head(d,3)
```

```
    100 long  poid haut   400   110  disq perc  jave   1500
1 11.25 7.43 15.48 2.27 48.90 15.13 49.28  4.7 61.32 268.95
2 10.87 7.45 14.97 1.97 47.71 14.46 44.36  5.1 61.76 273.02
3 11.18 7.44 14.20 1.97 48.29 14.81 43.66  5.2 64.16 263.20
```

`c(3,4,7,8)`列の列名がフランス語になっているので，英語名に直します．また，データの要約値もみてみましょう．要約値は`summary(d)`とすれば確認できますが，変数が多いので`apply`関数を用いて変数ごとの要約値を行方向に示します．`apply`関数は，繰り返しを行う`for`文と同じ用途で使われることが多く，行列の各行または各列に対して指定した関数を繰り返し適用します．引数は順番に，1) 適用する行列，2) 関数を適用するのが各行なら1，各列なら2，3) 適用したい関数，となります．したがって，`round(t(apply(d,2,summary)),1)`では，`apply`関数を利用して行列`d`の各列に対して`summary`関数を繰り返し適用し，得られた結果を`t`関数で転置した後で，`round`関数を使って小数点第1位まで表示しています．

```
> colnames(d)[c(3,4,7,8)] <- c("shot","high","disc","pole")
> round(t(apply(d,2,summary)),1)
```

```
      Min. 1st Qu. Median  Mean 3rd Qu.  Max.
100   10.6    11.0   11.2  11.2    11.4  11.6
long   6.2     7.0    7.1   7.1     7.4   7.7
shot  10.3    13.2   14.1  14.0    15.0  16.6
high   1.8     1.9    2.0   2.0     2.0   2.3
400   47.4    48.3   49.1  49.3    50.0  51.3
110   14.2    14.7   15.0  15.0    15.4  16.2
disc  34.4    39.1   42.3  42.4    44.8  50.7
pole   4.0     4.6    4.7   4.7     4.9   5.7
jave  49.5    55.4   59.5  59.4    64.0  72.6
1500 256.6   266.4  272.1 276.0   286.0 303.2
```

競技は順に，100: 100 m 走，long: 走幅跳，shot: 砲丸投，high: 走高跳，400: 400 m 走，110: 110 m ハードル，disc: 円盤投，pole: 棒高跳，jave: やり投，1500: 1500 m 走，です．c(1,5,6,10) 列は走る競技ですが，記録であるタイムは小さい値ほど良い記録なので，ほかの投げる記録などに合わせて正の方向に大きいほど良い記録になるように，走る記録を負にします．

```
> index <- c(1,5,6,10) # 走る記録を負にする
> d[,index] <- -d[,index]
> head(d,1)
```

```
     100 long  shot high   400    110  disc pole  jave    1500
1 -11.25 7.43 15.48 2.27 -48.9 -15.13 49.28  4.7 61.32 -268.95
```

それでは，競技種目間にどのような関係があるか，いくつかの解析手法を用いて明らかにしていきましょう．

4.2　散布図と直線回帰

種目ごとの散布図を行列形式で並べた図を**散布図行列**とよびます．散布図行列は pairs 関数で描けます．

```
> pairs(d,col="red",pch=19,cex=0.7)
```

図 4.1 の散布図行列の左から 3 列目の散布図はすべて shot が横軸になっています．また，上から 7 行目の散布図の縦軸は disc になります．つまり，7 行 3 列目の散布図の横軸は shot，縦軸は disc です．この散布図に着目して直線回帰を適用します．

```
> plot(d$shot,d$disc,xlab="shot",ylab="disc",cex=1.5)
> (res <- lm(disc~shot,d))
```

```
Call:
lm(formula = disc ~ shot, data = d)

Coefficients:
(Intercept)         shot
     10.887        2.251
```

shot の記録が 1 m 増えると，disc の記録は 2.3 m 増える傾向があります．

```
> abline(res,col="red")
```

図 4.2 において，あてはまった直線は disc $= 10.9 + 2.3 \times$ shot と書けます．

そして，相関係数を求めると，強い相関があることがわかります．

```
> cor(d$shot,d$disc)
```

```
[1] 0.8063522
```

もし shot と disc の相関係数が 1 なら，どちらか 1 つの種目からもう一方が (誤差 0 で) 予測できることになり，両方の種目を行う必要はなくなりますね．

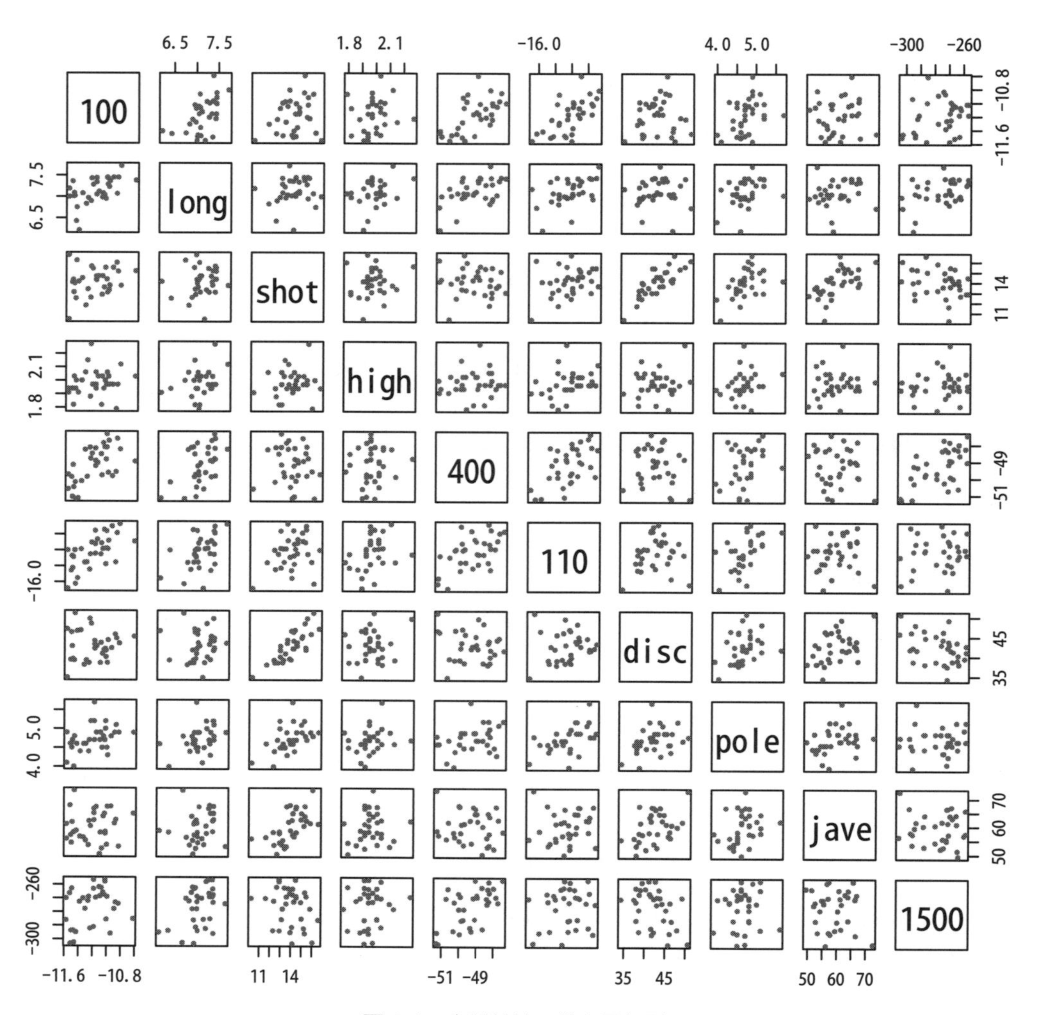

図 4.1　十種競技の散布図行列

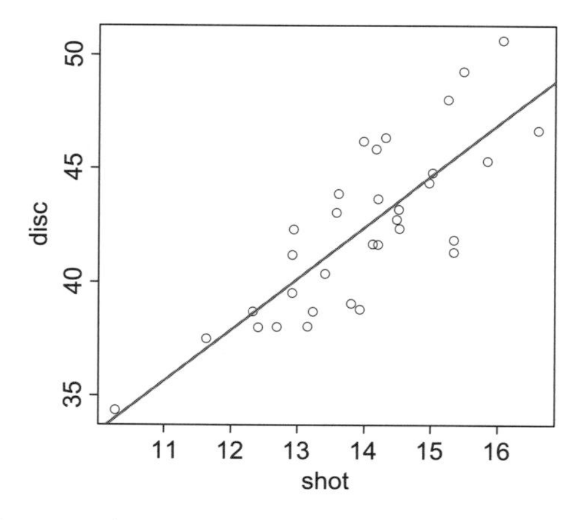

図 4.2　横軸を `shot` (砲丸投) 縦軸を `disc` (円盤投) とした散布図と回帰直線

4.3　相関行列と因子分析

散布図行列でみるよりも，種目ごとの相関係数を行列形式で表す**相関行列**のほうが直線傾向を端的に要約できます．cor 関数を使って，データフレーム d に含まれる変数間の相関係数を求めてみましょう．

```
> corx <- cor(d)
> round(corx,3)
```

```
       100  long   shot  high    400   110   disc  pole   jave   1500
100  1.000 0.540  0.208 0.146  0.606 0.638  0.047 0.389  0.065  0.261
long 0.540 1.000  0.142 0.273  0.515 0.478  0.042 0.350  0.182  0.396
shot 0.208 0.142  1.000 0.122 -0.095 0.296  0.806 0.480  0.598 -0.269
high 0.146 0.273  0.122 1.000  0.088 0.307  0.147 0.213  0.116  0.114
400  0.606 0.515 -0.095 0.088  1.000 0.546 -0.142 0.319 -0.120  0.587
110  0.638 0.478  0.296 0.307  0.546 1.000  0.110 0.522  0.063  0.143
disc 0.047 0.042  0.806 0.147 -0.142 0.110  1.000 0.344  0.443 -0.402
pole 0.389 0.350  0.480 0.213  0.319 0.522  0.344 1.000  0.274  0.031
jave 0.065 0.182  0.598 0.116 -0.120 0.063  0.443 0.274  1.000 -0.096
1500 0.261 0.396 -0.269 0.114  0.587 0.143 -0.402 0.031 -0.096  1.000
```

相関行列から，最も大きい相関係数は shot と disc の 0.806 であることがわかります．同様に shot の 3 行目をみると jave との相関係数も 0.598 と比較的大きく，また，jave と disc にも 0.443 と弱い相関があります．このことから，投げる種目には相互に相関関係がありそうです．因果関係を考えれば，「投げる」ことが上手な人は shot，disc，jave の記録が高い，ともいえそうです．つまり，3 つの観測変数には観測されないけど「投げる」という共通の因子が存在していて，その因子の影響で 3 つの観測変数が相関をもちながら共に上がったり下がったりする，と考えることができます．このように**共通因子** (潜在因子) の存在を仮定して観測値間の相関を説明する手法として**因子分析**が知られています．ここでは共通因子数を 3 と仮定して，factanal 関数を用いて因子分析を行います．

```
> myk <- 3
> res <- factanal(covmat=corx, factors=myk)
> res$loadings
```

```
Loadings:
     Factor1 Factor2 Factor3
100   0.784
long  0.609           0.262
shot  0.207   0.969  -0.119
high  0.253
400   0.724  -0.205   0.374
110   0.826   0.122
disc          0.785  -0.264
pole  0.544   0.376
jave          0.614
1500  0.264  -0.219   0.937

               Factor1 Factor2 Factor3
SS loadings      2.669   2.191   1.185
Proportion Var   0.267   0.219   0.118
Cumulative Var   0.267   0.486   0.604
```

共通因子の各種目への影響の強さは**因子負荷量**として算出されます．たとえば，`res$loadings` を見ると，`Factor2` の因子負荷量の大きい種目は 0.969 の `shot`，0.785 の `disc`，0.614 の `jave` となります．`Factor2` は投げる種目に共通の因子と考えることができそうなので，「投力」と解釈できそうです．同様に `Factor1` の因子負荷量が高いのは，`100`，`long`，`400`，`110` なので，`Factor1` は「走力」，`Factor3` は `1500` と `400` が高めなので「持久力」と解釈できるでしょう．このように共通因子の解釈は分析者が行う必要があります．

因子分析について 2 点補足をします．まず，因子分析は変数を共通因子ごとに分類する手法ではないので，1 つの種目が複数の共通因子の影響を受けていても構いません．実際，`pole` は `Factor1` と `Factor2` のどちらの因子負荷量も高く，走力と投力の両方が `pole` の記録に影響を与えているといえそうです．棒を持って走った後で，棒を押すことで高く飛ばすことからも，この結果は理に適っています．また，因子分析は後で紹介する主成分分析と混同されることが多いですが，因子分析では共通因子から各種目への影響を因子負荷量として求めるのに対して，主成分分析では，各種目の記録を主成分に縮約するために主成分負荷量を求めるという違いがあります．

4.4　相関係数と距離

データ間の相関係数はよく耳にすると思いますが，データ間の距離は馴染みがないかもしれません．相関係数に関係する解析手法としては第 1 回で紹介した回帰分析，第 2 回のカイ 2 乗検定，あるいは，因子分析などがあります．相関係数と距離の関係がわかると次節以降の距離に基づく解析手法が理解しやすくなります．

まず，理論的な説明をしてから同じことを R による計算で示します．理論的な説明をスキップして R による計算から読んでも構いません．

4.4.1　理論編

まず，数直線上の距離について簡単に説明します．2 つの数 x と y に対して距離 $d(x, y)$ を絶対値を用いて次のように定義します．

$$d(x, y) = |x - y| = \begin{cases} x - y, & x - y \geqq 0 \\ -(x - y), & x - y < 0 \end{cases}$$

たとえば，$d(3, 2) = 3 - 2 = 1$，また，$d(2, 3) = -(2 - 3) = 1$ となります．平方根を用いると，距離は以下のように表すこともできます．

$$d(x, y) = \sqrt{(x - y)^2}.$$

次に，2 次元空間における 2 点 $\boldsymbol{x} = (x_1, x_2)$ と $\boldsymbol{y} = (y_1, y_2)$ の距離を考えます．図 4.3 のように，ピタゴラスの定理を使うことで，$d(\boldsymbol{x}, \boldsymbol{y})^2 = (x_1 - y_1)^2 + (x_2 - y_2)^2$ が成り立つので 2 点間の距離は

$$d(\boldsymbol{x}, \boldsymbol{y}) = \sqrt{(x_1 - y_1)^2 + (x_2 - y_2)^2}$$

と求めることができます．

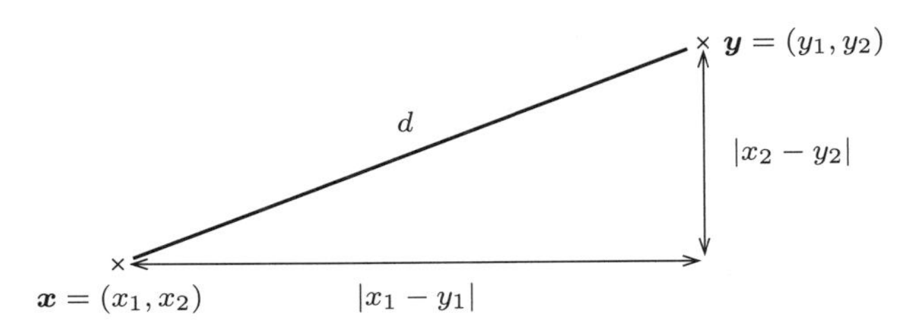

図 4.3　2 次元座標におけるピタゴラスの定理の模式図

さらに，n 次元のデータ $\boldsymbol{x} = (x_1, x_2, \ldots, x_n)$ と $\boldsymbol{y} = (y_1, y_2, \ldots, y_n)$ の距離を

$$d(\boldsymbol{x}, \boldsymbol{y}) = \sqrt{(x_1 - y_1)^2 + (x_2 - y_2)^2 + \cdots + (x_n - y_n)^2}$$

と定めます．この距離をユークリッド距離とよびます．データ数が $n = 1$ および $n = 2$ の場合が，それぞれ，数直線上の距離および 2 次元空間の 2 点間の距離に一致します．

さて，2 つのデータの距離を求めましたが，標準化されたデータであれば相関係数との関係式を容易に求めることができます．$\boldsymbol{x}$ と $\boldsymbol{y}$ の平均が 0，分散が 1 なので，

$$\frac{(x_1 - \bar{x})^2 + \cdots + (x_n - \bar{x})^2}{n - 1} = \frac{{x_1}^2 + \cdots + {x_n}^2}{n - 1} = 1$$

したがって，${x_1}^2 + \cdots + {x_n}^2 = n - 1$，同様に ${y_1}^2 + \cdots + {y_n}^2 = n - 1$．また，標準化データに対する相関係数は，$r(\boldsymbol{x}, \boldsymbol{y}) = (x_1 y_1 + \cdots + x_n y_n)/(n - 1)$ と書けます．これらを用いると

$$d(\boldsymbol{x}, \boldsymbol{y})^2 = 2(n - 1) - 2(n - 1) r(\boldsymbol{x}, \boldsymbol{y})$$

が成り立ちます．ここで，分散は R の計算に合わせて不偏分散を使い，$n - 1$ で割る方式を用いました．こうして，横軸に相関係数，縦軸に距離の 2 乗をとれば，負の傾きをもつ直線関係が得られます．つまり，相関係数が 1 に近いほど距離は小さくなります．

4.4.2　計算編

十種競技のデータを標準化して，距離と相関係数の関係を確認します．`scale` 関数を用いると複数の列に対して一度にデータの標準化を行うことができます．

```
> z <- scale(d)
> round(head(z,3),3)
```

```
     100  long  shot   high   400    110  disc   pole  jave  1500
1 -0.220 0.975 1.129  3.057 0.352 -0.160 1.862 -0.118 0.342 0.519
2  1.341 1.041 0.746 -0.135 1.465  1.162 0.539  1.078 0.422 0.221
3  0.067 1.008 0.168 -0.135 0.922  0.471 0.351  1.377 0.859 0.940
```

実際に，各データ列が標準化されたことを確認するために `apply` 関数を用いて平均が 0，分散が 1 になることを確かめます．

```
> apply(z,2,mean)
```

```
          100          long          shot          high           400
 3.320898e-15 -1.249817e-15 -1.331269e-16  1.412272e-16 -2.828414e-15
          110          disc          pole          jave          1500
-2.286418e-16  6.282065e-16  4.865374e-16  2.700748e-16  1.254033e-15
```

```
> apply(z,2,sd)
```

```
 100 long shot high  400  110 disc pole jave 1500
   1    1    1    1    1    1    1    1    1    1
```

標準化された十種競技のデータの各列において距離を求めるために，dist 関数を使います．dist 関数は行列に対して行ごとの距離を計算するので，ここでは，t(z)，つまり，関数 t を使って転置行列[1)]に変換し，z の列間の距離を求めます．

```
> distz <- dist(t(z))
> round(as.matrix(distz),3)
```

```
       100  long  shot  high   400   110  disc  pole  jave  1500
100  0.000 5.428 7.120 7.393 5.022 4.811 7.809 6.253 7.737 6.877
long 5.428 0.000 7.411 6.821 5.569 5.780 7.831 6.450 7.237 6.220
shot 7.120 7.411 0.000 7.496 8.370 6.714 3.520 5.769 5.074 9.011
high 7.393 6.821 7.496 0.000 7.642 6.661 7.387 7.096 7.522 7.530
400  5.022 5.569 8.370 7.642 0.000 5.390 8.550 6.603 8.468 5.139
110  4.811 5.780 6.714 6.661 5.390 0.000 7.545 5.534 7.745 7.405
disc 7.809 7.831 3.520 7.387 8.550 7.545 0.000 6.480 5.971 9.474
pole 6.253 6.450 5.769 7.096 6.603 5.534 6.480 0.000 6.815 7.873
jave 7.737 7.237 5.074 7.522 8.468 7.745 5.971 6.815 0.000 8.377
1500 6.877 6.220 9.011 7.530 5.139 7.405 9.474 7.873 8.377 0.000
```

また, dist 関数ではオプションで距離の種類を決めることができますが, 既定値は, method="euclidean", ユークリッド距離になります．第6回では2値データに対する距離として，ジャッカード距離，method="binary"を紹介します．

こうして，図4.4のように横軸に相関係数，縦軸に距離の2乗をとれば，負の傾きをもつ直線関係が成り立つことがわかります．

```
> plot(as.matrix(corx),as.matrix(distz)^2)
> n <- nrow(z)
> abline(a=2*(n-1),b=-2*(n-1),col="red")
```

相関行列の対角成分1を除けば相関係数の最大値は shot と disc の 0.806 で，そのときの距離が $3.520^2 = 12.390$ となっています．なお，縦軸を距離とした場合には直線ではなくなりますが，いずれにしても関係式は存在し，相関係数が1に近いと距離は小さくなります．

4.5　階層型クラスター分析

これまで相関係数を用いて種目間の関係をみてきましたが，ここでは距離を用います．2個のデータの組が2次元散布図の1点として表せるように，n 個のデータの組も n 次元空間上の1点として

1) プレセミナー P2.8 節を参照.

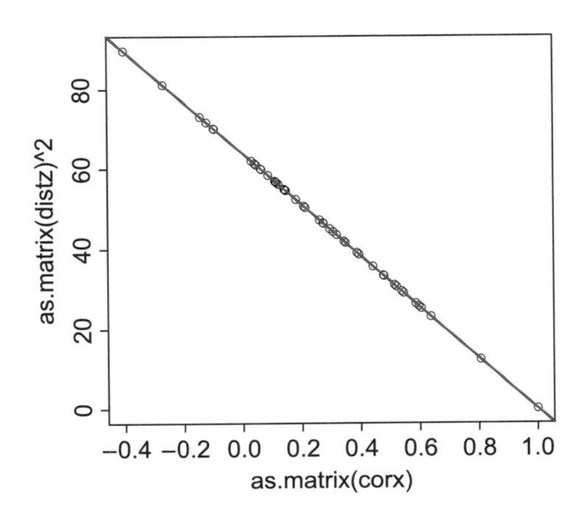

図 4.4 標準化データにおける相関係数とユークリッド距離の 2 乗

表すことができます．十種競技の各種目は 33 人のデータをもっているので，33 次元空間上の 10 個の点として考えることができます．その 10 点の距離の情報を視覚化することで種目間の近さを把握しましょう．**階層型クラスター分析**は，各データ点の近傍の情報からクラスター (cluster, ぶどうの房や塊を意味する) を形成してデータを分類する，クラスタリングの方法です[2)]．その手順からボトムアップ型のクラスター分析とよばれます．これは距離行列を `hclust` 関数に渡すことで実行できます．

```
> res <- hclust(distz)
> plot(res)
```

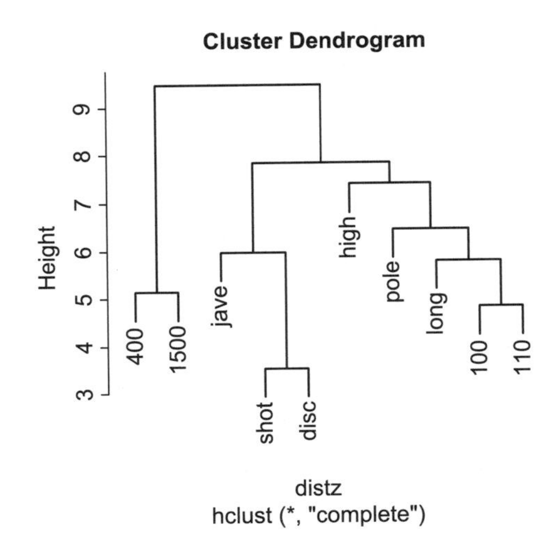

図 4.5 階層型クラスター分析によるデンドログラム

階層型クラスター分析では，まず近い点を探します．距離行列から変数間の距離の最小値は `shot` と `disc` の距離 3.520 です．こうして，`shot` と `disc` を距離 3.52 で結合します．次は，`100` と `110` が距離 4.811 で結合します．このようにしてできる図 4.5 は木を逆さまにしたような形になっていて，

2) 文献 [12] には階層型クラスター分析を含めて医療系の統計解析手法が網羅的に解説されています．

デンドログラム (樹形図) とよばれます．下のほうから順に眺めると，確かに shot と disc がはじめに，距離 3.52 で結合します．さて図をみると shot と disc が結合した後で jave が結合しているのですが，この距離は自明ではありません．つまり，shot と disc を 1 つのクラスター (cluster：塊，ぶどうの房) とみた場合に，jave との距離をどのように測るか指定する必要があります．クラスターとの距離の測り方は method オプションで指定します．既定値は complete で，最遠距離法 (完全連結法) を示します．この場合は，jave からみてクラスター内 {shot，disc}の最も遠いほうの距離を結合距離とします．つまり，jave と shot の距離が 5.074，jave と disc が 5.971 なので，jave は遠いほうの距離 5.971 で結合します．そのほかにも結合方法としてウォード法は ward.D2 で指定でき，クラスター間の分散を大きく，クラスター内の分散が小さくなるように結合します．結果的に離れたクラスターをみつけやすくなる利点があります．

出来上がったデンドログラムを基に種目を 3 つのグループに分類してみます．**rect.hclust** 関数はぶどうの房を切るように，指定した結合距離で切ったり，クラスターの個数を指定することで，いくつかのグループに分類できます．

```
> myk <- 3
> resh <- rect.hclust(res,k=myk,border=1:myk+1)
```

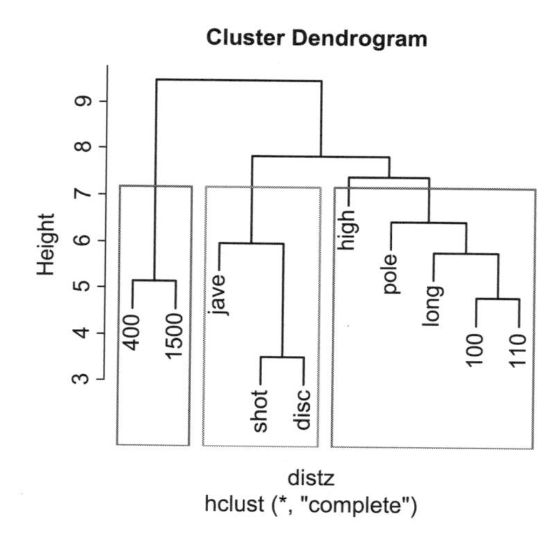

図 4.6　階層型クラスター分析による変数の分類

```
> resh
```

```
[[1]]
 400 1500
   5   10

[[2]]
shot disc jave
   3    7    9

[[3]]
 100 long high  110 pole
   1    2    4    6    8
```

図 4.6 では，クラスターの個数を 3 と指定しています．結果は十種競技の列番号を使って {5, 10}，{3, 7, 9}，{1, 2, 4, 6, 8} のように 3 つのグループが求められます．それぞれ，持久走，投げる種目，走る種目，としてまとめることができそうです．なお，`rect.hclust` 関数だけでなく，7.6 節で紹介する `cutree` 関数を使っても同じようにクラスターに分類できます．

階層型クラスター分析では，1 つの個体は必ずどこか 1 つのクラスターにのみ所属します．このような性質をもつクラスタリングはハードクラスタリングとよばれます．一方，後ほど 7.2 節で紹介する混合正規分布のように 1 つの個体が確率的に複数のクラスターに所属する場合にはソフトクラスタリングとよばれます．

ここでは，階層型クラスター分析を紹介しましたが，7.1 節で紹介する *k*-means 法は非階層型クラスター分析とよばれ，データを俯瞰してクラスターをみつけてから分類を行うトップダウン型のクラスター分析になります．階層型と非階層型の計算量について説明します．階層型では距離行列が必要なために変数が増えると計算量が多くなります．たとえば，10 種競技なら 10 行 10 列の行列の成分のうち対角成分を除いて，さらに対称行列であることから，$(10^2 - 10)/2 = 45$ 回，33 次元ベクトルに対して距離を計算します．データ点の周りの細かい情報が不要でクラスタリングだけが目的であれば，非階層型の *k*-means 法のほうが早く計算できます．

4.6　多次元尺度法と主成分分析

ここでは，高次元のデータを低次元に縮約する手法として，多次元尺度法と主成分分析を紹介します．

4.6.1　多次元尺度法

階層型クラスター分析と同様に，**多次元尺度法** (Multi Dimensional Scaling, MDS) も距離行列に対する分析手法になります．`cmdscale` 関数で実行でき，距離を近似する各点の 2 次元空間における位置座標を求めます[3]．なお，横軸と縦軸の幅が同じになるように，それぞれに使う変数を合わせてとりうる値の範囲を `range` 関数で取得して，両軸の範囲 `xlim`，`ylim` に指定しています．図 4.7 をみてください．

```
> res <- cmdscale(distz)
> mylim <- range(res[,1:2])
> plot(res,type="n",xlim=mylim,ylim=mylim,main="MDS")
> text(res,rownames(res))
```

1 つの種目は 33 人のデータをもつので，33 次元空間の点として扱えますが，種目は 10 個なので，$10 - 1 = 9$ 次元の空間があれば，距離行列から位置座標を正確に復元できます．しかし，9 次元空間に復元できてもそのままでは視覚化ができません．私たちが眺めるなら，2 次元，あるいは 3 次元に落とす必要があります．一般に，高次元に存在するデータを低次元で記述することを**次元縮約**とよびます．多次元尺度法では相対的な位置関係を求めるだけでなく，さらにその位置関係をなるべく保つ低次元

[3] `cmdscale` のオプションで `k=3` とすれば 3 次元空間における位置座標を求めることができます．

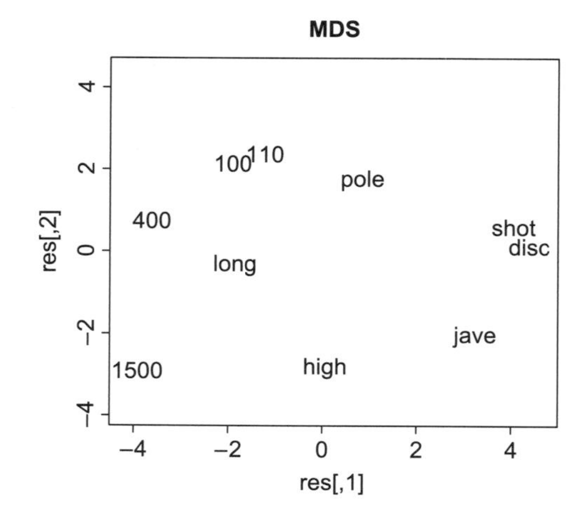

図 4.7　距離行列から復元された多次元尺度による十種競技の配置

空間での各点の座標を求めます．その意味で，図 4.7 は正しい位置関係を示すものではありません．

さて，図 4.7 の平面で復元された種目の位置は，元の 33 次元における位置をどの程度保っているでしょうか．その程度を調べるために，横軸に元の 33 次元における種目間の距離，縦軸に配置された 2 次元における種目間の距離の散布図を図 4.8 に示します．

```
> distz2 <- dist(res)
> plot(distz,distz2,xlab="D33",ylab="D2")
```

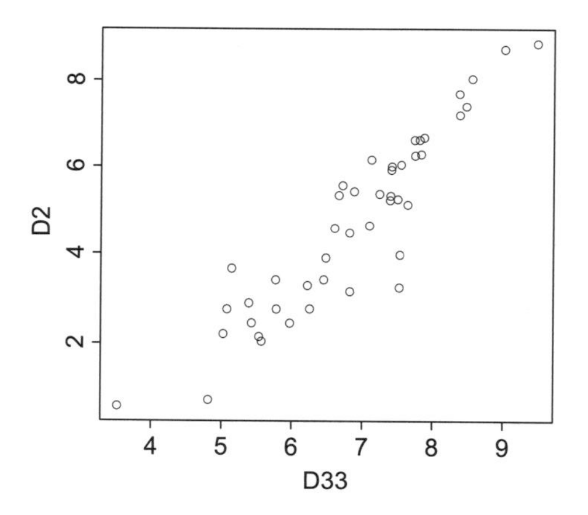

図 4.8　十種競技の 33 次元空間上の種目間距離と多次元尺度による 2 次元空間の種目間距離の対応

図から元の次元で近いものは，2 次元でも近い傾向があります．実際，相関係数は 0.921 と強い相関関係が認められます．ここでの相関係数は次元縮約の良さを示す指標となります．

```
> cor(as.vector(distz),as.vector(distz2))
```

```
[1] 0.9212052
```

なお，多次元尺度法は全体の位置関係を概観できますが，距離をきちんと保存しているわけではありません．一方で，同じ距離行列から描ける階層型クラスター分析によるデンドログラムは元の次元における各点の近くの距離を正しく記述できますが，全体的にどのような位置関係なのかはわかりません．その意味で 2 つの手法は相互補完的に利用できます．

4.6.2 主成分分析

次元縮約を目的として，**主成分分析** (Principal Component Analysis, PCA) は多次元尺度法よりもよく使われています．**prcomp** 関数を使えば主成分分析によって元の 33 次元のデータを 2 次元に縮約することができます．

```
> res <- prcomp(t(z))
> mylim <- range(res$x[,1:2])
> plot(res$x[,1:2],type="n",xlim=mylim,ylim=mylim,main="PCA")
> text(res$x[,1:2],rownames(t(z)))
```

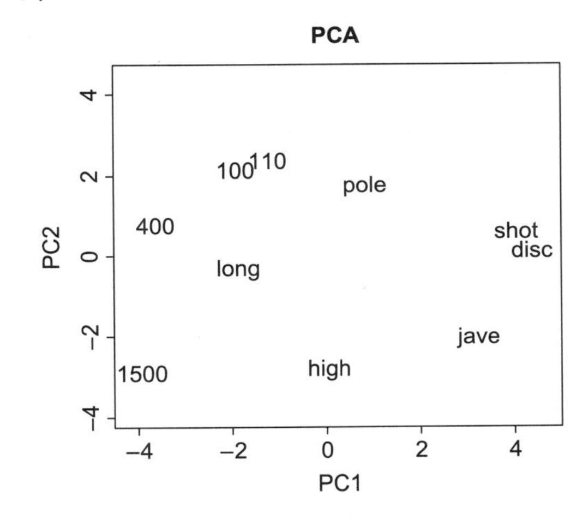

図 4.9 主成分分析による十種競技の 2 次元配置．多次元尺度法の結果と一致する．

図 4.9 は図 4.7 の多次元尺度法による配置と一致します．つまり，標準化されたデータに対して，ユークリッドの距離を用いた多次元尺度法の結果と主成分分析の結果は一致します．主成分分析については 4.8 節で詳しく説明します．

4.7 隣接行列と無向グラフ

距離行列の情報をなるべく保ったまま視覚化する方法として階層型クラスター分析と多次元尺度法を紹介しました．ここでは，距離行列を単純化することで，端的に視覚化することを考えます．まず，33 次元における種目間の距離に閾値を与えて，その距離よりも小さければ「近い」，大きければ「離れている」，として考えます．ここでは，距離行列の成分の下側 25%点 (5.97109) を閾値として使います．そして，その閾値を用いて，距離行列を 2 値化します．つまり，距離が閾値以下なら 1，大きければ 0 とします．

```
> (cutoff <- quantile(distz,0.25))
```

```
    25%
5.97109
```

```
> distz01 <- 1*(as.matrix(distz)<=cutoff)
> diag(distz01) <- 0
> distz01
```

```
     100 long shot high 400 110 disc pole jave 1500
100    0    1    0    0   1   1    0    0    0    0
long   1    0    0    0   1   1    0    0    0    0
shot   0    0    0    0   0   0    1    1    1    0
high   0    0    0    0   0   0    0    0    0    0
400    1    1    0    0   0   1    0    0    0    1
110    1    1    0    0   1   0    0    1    0    0
disc   0    0    1    0   0   0    0    0    1    0
pole   0    0    1    0   0   1    0    0    0    0
jave   0    0    1    0   0   0    1    0    0    0
1500   0    0    0    0   1   0    0    0    0    0
```

shot の行に着目すれば，1 をとるのは disc と pole と jave，また，jave の行をみると shot と disc が 1 になります．投げる 3 種目 disc，pole，jave は互いに近く，disc は pole にも近いです．このように，変数間の近さを示した行列は隣接行列とよばれます．**隣接行列**は文字通り隣接する位置関係を記述できます[4)]．

igraph パッケージを利用すると隣接行列から頂点と辺で構成される**無向グラフ**が比較的簡単に作れます[5)]．種目を頂点，種目間の近さを辺で示します．種目間が近ければ線でつなぎ，離れていれば線を描きません．第 6 回でさらに詳しい使い方を紹介します．

```
> library(igraph)
> g <- graph.adjacency(distz01,mode="undirected")
> set.seed(123)
> plot(g)
```

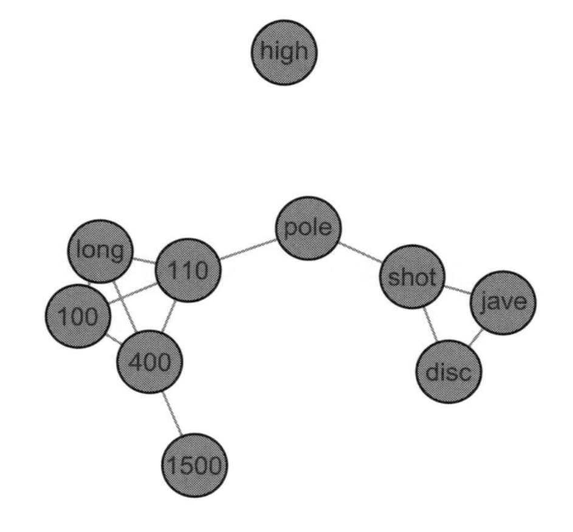

図 4.10　十種競技の無向グラフ

図 4.10 は種目間の関係をとても端的に示しており，投げる 3 種目は互いにつながっていて，shot

4) たとえば，47 都道府県の接する関係は 47 行 47 列の隣接行列で表現できます．

5) 文献 [9] に igraph パッケージ，文献 [20] に無向グラフの説明があります．

は pole に，そして pole は 110 につながります．その後，走る種目 {110, 100, long, 400} は互いにつながっていて，400 は 1500 につながります．1 つだけ，high はほかの種目とつながっていません．もちろん，この図は隣接行列を作成したときの閾値に依存します．閾値を上げるとつながる種目は増え，すべての種目をつなげることもできます．一方，閾値を下げると各種目はほかの種目とつながらなくなり，すべての線をなくすこともできます．したがって，解釈のしやすい閾値をみつけることが重要です．無向グラフの線の片側，あるいは両側に矢印を付けて因果関係や時間順序などの関係を加味して視覚化することも可能です．方向がある場合には有向グラフとよばれ，隣接行列は非対称行列になります．

4.8　次元縮約としての主成分分析

これまでは種目に着目していましたが，ここからは個人データに着目して，得意な種目の違いなど個人の特徴をみてみましょう．1 人のデータは 10 種目あるので 10 次元です．1 人のデータが (shot, disc) の 2 次元ならすべての個体を散布図として描くことができますが，10 次元では描けません．データの次元をうまく減らすという観点から主成分分析をもう少し詳しくみていきます．

4.8.1　2 次元のデータを 1 次元に縮約する

主成分分析がどのような手法か説明するために，1 人のデータが 2 種目しか観測されていない場合を考えます．標準化されたデータ z の 3 列目と 7 列目，つまり，shot と disc の 2 列のデータを抜き出して z37 と名前を付けます．そして，個人番号 (一般には，個体番号) を使って，散布図を描きます．

```
> z37 <- z[,c(3,7)]
> myr <- range(z37)
> plot(z37,type="n",xlim=myr,ylim=myr)
> text(z37,rownames(z37))
```

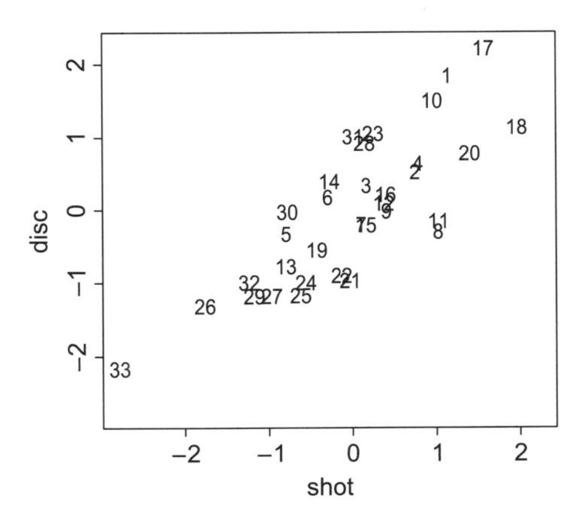

図 4.11　標準化された shot と disc を用いた 33 選手の散布図

図 4.11 をみてください．2 つとも得意な人は 18 番目あるいは 17 番目辺りでしょうか，また，2 種

目とも苦手なのは33番目といえそうです．このように2次元の散布図を描くことで同時に2種目の傾向を個体ごとに把握することができます．しかし，あえて，2次元より低い1次元，つまり，数直線上にデータを落とすことを考えます．次元の低い空間にデータを落とすことを情報学的には次元縮小，統計学的には次元縮約とよびます．

まず，2次元空間のデータを1次元空間に落とすわけですが，現在のデータが標準化データであることを考えると2次元空間の原点は1次元空間の原点に対応するのが自然です．したがって，原点からの方向を与えることで1次元空間の軸は定まります．x軸からの角度を変数`deg`に代入して，角度をラジアンに変換した値を`theta`とします．たとえば，0度は0，90度は`pi/2`（ここで，`pi`はRにおける円周率を表し，約3.141593です），180度は`pi`，360度は`2*pi`となります．また，x軸からの角度`theta`を使えば，新しい軸の方向は原点から`(cos(theta),sin(theta))`への方向ベクトルで与えられ，`arrows`関数により，図4.12で示すように矢印として描けます．

```
> deg <- 45 # 軸の向きを X 軸に対する角度で与える
> theta <- pi*deg/180
> plot(z37,xlim=myr,ylim=myr,col="blue")
> # 軸の向き
> (r <- c(cos(theta),sin(theta)))
```

```
[1] 0.7071068 0.7071068
```

```
> arrows(x0=0,y0=0,x1=r[1],y1=r[2],col="red",lwd=3)
```

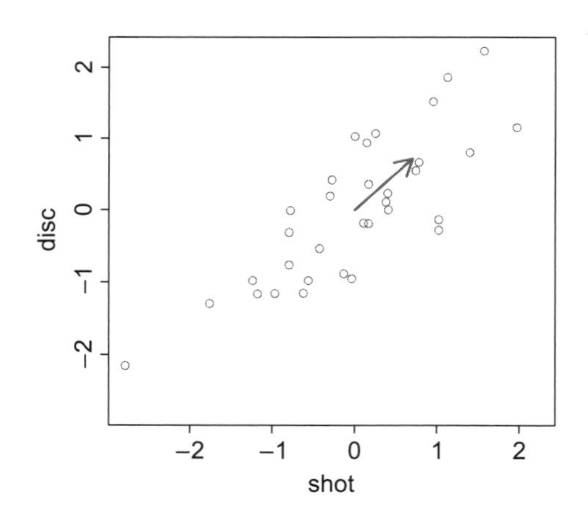

図4.12　2次元散布図を射影する軸の向き

たとえば，45度（つまり，`pi/4`）の方向ベクトルは(0.707, 0.707)，また，特別な場合として`x`軸の正の方向は$(1, 0)$，`y`軸の正の方向なら$(0, 1)$です．なお，三角関数の性質からどんなθに対しても$\cos^2\theta + \sin^2\theta = 1$が成り立つので，この方向ベクトルは長さ1の単位ベクトルです．

矢印の方向を新しい軸とする場合，軸は原点を通る直線となります．図4.13をみてください．傾きは方向ベクトル`(cos(theta),sin(theta))`を用いて，`y`の増加量を`x`の増加量で割った，`sin(theta)/cos(theta)`となります．つまり，45度であれば，傾き$0.707/0.707 = 1$の直線になります．そして，2 列のデータ z37 の各点をこの新しい軸上に落とすために，各点から直線に垂線をおろします．垂線の足の位置が新しい軸での値となります．新しい軸を主成分軸 (あるいは，単に主成分)，その軸上での値を主成分得点とよびます[6]．矢印に直交する方向から光を当て，各点から軸上に落ちた影を新しい値とすることに該当します．このような次元縮約は射影とよばれます．

```
> # 垂線を下す軸
> abline(a=0,b=r[2]/r[1],col="red")
> # 主成分軸と主成分得点
> PC1 <- as.vector(z37 %*% r)
> for(i in 1:nrow(z37)){
    arrows(x0=z37[i,1],y0=z37[i,2],
           x1=PC1[i]*r[1],y1=PC1[i]*r[2],length=0.1)
  }
```

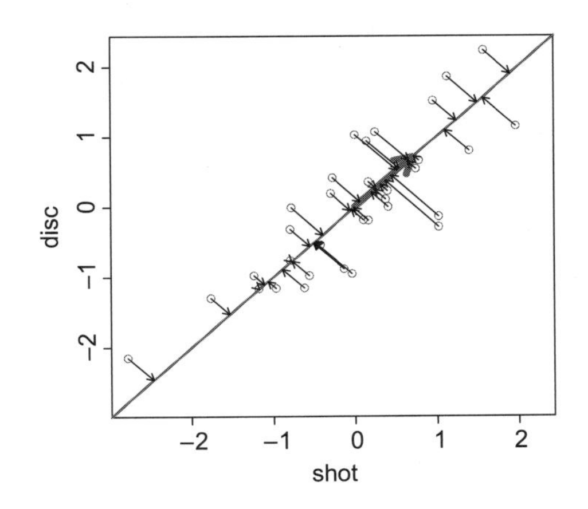

図 4.13 各点から矢印が示す軸に下した垂線の足

なお，射影に関する補足になりますが，元のデータの座標を (z1,z2) とすれば，主成分 (PC1) は矢印の方向，r <- c(cos(theta),sin(theta)) の射影成分となるので，

z1*cos(theta)+z2*sin(theta)

と内積で書けます．すべての主成分については行列の積を用いて，

PC1 <- as.vector(z37 %*% r)

とすれば一度に求まります．

さて，主成分軸の方向を与えれば，軸上の主成分得点 (PC1) が求められることがわかりましたが，どの方向を主成分軸とすればよいのでしょうか？ 統計学では，すべての個体が等しい値をもつような変数は，個体を区別するための情報をまったくもたない変数と考えます．すなわち，それは分散が 0 となる変数です．逆に，分散が大きい変数は，個体を区別するための情報を多くもっていると解釈できます．こうして，主成分分析では，主成分得点の分散が最大になるように主成分軸を求めます．元の 2 次元データは標準化データでしたので，それぞれの軸の分散を合計すると，$1+1=2$

[6] 正確には，後述するように主成分分析を行った結果として得られる軸を主成分軸とよびます．

となります．そして，主成分得点の分散はこの元の分散の合計値 (ここでは 2) 以下の値になります．

実際，主成分軸の角度を与えながら主成分得点の分散を求めると，45 度としたときが主成分得点の分散が最大値 1.806 をとります．これは，元の 2 つの軸における分散 2 に対して $1.806/2 = 0.903$，つまり，90.3%です．

```
> var(PC1)    # 主成分の情報量 (分散)
```

```
[1] 1.806352
```

```
> var(PC1)/2 # 寄与率
```

```
[1] 0.9031761
```

主成分がもつ分散の割合を寄与率とよび，寄与率はその軸がもつ情報量として解釈されます．なお，主成分軸の角度を 0 度，および 90 度とした場合には，主成分軸は，それぞれ，x 軸および y 軸となり，標準化データの性質から，どちらも寄与率は $1/2 = 0.5$ となります．

また，分散を最大化する主成分軸を第 1 主成分軸とよび，2 次元であればこれに直交する形で第 2 主成分軸を求めることができます．第 1 主成分軸の角度が 45 度だったので，第 2 主成分軸の角度は $45 + 90 = 135$ 度となります．また，第 2 主成分の分散は元の分散 2 から，第 1 主成分の分散を引いて，$2 - 1.806352 = 0.1936478$，同様に寄与率は $1 - 0.9031761 = 0.0968239$，9.7%と算出できます[7]．なお，標準化された 2 変数データに対しては，正の相関をもつときはいつでも 45 度が主成分軸に，また，負の相関をもつときはいつでも 135 度が主成分軸になることが数学的に証明できます．

ここまで手作業で 2 次元データの主成分を探索してきましたが，主成分分析は prcomp 関数で簡単に実行できます[8]．

```
> res <- prcomp(z37)
> res$rotation # 軸の向き
```

```
            PC1        PC2
shot -0.7071068 -0.7071068
disc -0.7071068  0.7071068
```

```
> head(res$x) # 主成分得点
```

```
         PC1         PC2
1 -2.11505770  0.51860275
2 -0.90889250 -0.14608045
3 -0.36703787  0.12959656
4 -1.01909156 -0.08896787
5  0.78018106  0.34139129
6  0.07617437  0.34465656
```

7) 直交軸の取り方が変わるだけでデータ点を表すベクトルの長さは変わらないので，ピタゴラスの定理から軸ごとの成分の平方和も一定 (今の場合 2) です．そして，各軸におけるデータの平均が 0 なので，成分の平方和は各軸の分散の和と等しくなります．

8) prcomp 関数はデフォルトで，center = TRUE, scale. = FALSE となっており，変数ごとの標準化はせず，平均が 0 になるように中心化してから主成分分析を適用します．詳しくはヘルプをご確認ください．

`res$rotation` は，第 1 主成分得点 (`PC1`) および第 2 主成分得点 (`PC2`) を算出するときに，2 次元データ (`shot`, `disc`) に掛ける係数ベクトルです．つまり，

$$\texttt{PC1} = -0.707 \times \texttt{shot} - 0.707 \times \texttt{disc}, \qquad \texttt{PC2} = -0.707 \times \texttt{shot} + 0.707 \times \texttt{disc}$$

と書けます．第 1 主成分軸の `x` 軸との角度は 45 度ですが，その真逆の $45 + 180 = 225$ 度もまた同じ軸を示すので主成分軸の角度といえます．

そして，**主成分得点**は `res$x` で求められます．図 4.14 の横軸は第 1 主成分，縦軸は第 2 主成分です．

```
> myr <- range(res$x)
> plot(res$x,type="n",xlim=myr,ylim=myr)
> abline(h=0,col=2)
> abline(v=0,col=2)
> text(res$x,rownames(z37))
```

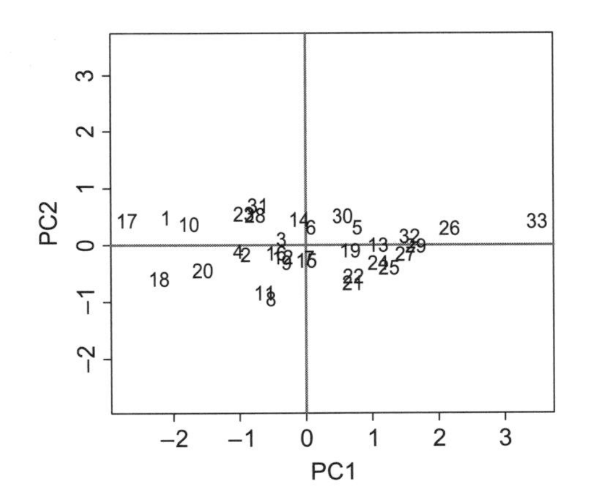

図 4.14　2 次元データ (`shot`, `disc`) に対する主成分分析

第 1 主成分の分散が大きく，第 2 主成分の分散が小さいのが一目瞭然です．しかし，第 1 主成分軸上での個体の番号をみると先ほどと順番が逆になっています．順位の高い個体データが第 1 主成分軸の正の側にあるほうが解釈はしやすいですが，係数ベクトルの正負が逆になると，このように主成分での個体の順番が逆転するので注意が必要です．主成分軸としては同じなので，係数ベクトル $(-0.707, -0.707)$ の符号を変えて，$(0.707, 0.707)$ として計算しなおせば解釈しやすい図になります．

主成分の良さ (importance) は寄与率 (proportion of variance) あるいは，**累積寄与率** (cumulative proportion) により求められます．

```
> summary(res)$importance
```

```
                            PC1       PC2
Standard deviation     1.344006 0.4400543
Proportion of Variance 0.903180 0.0968200
Cumulative Proportion  0.903180 1.0000000
```

第 1 主成分の標準偏差は 1.3440，寄与率は 0.9032 です．また，第 2 主成分まで使えば，累積寄与率は 1 となり，100%の情報をもちます．

最後に，第 1 主成分得点と変数ごとの相関係数を求めてみましょう．

```
> cor(res$x[,1],z37)
```

```
          shot       disc
[1,] -0.9503558 -0.9503558
```

第 1 主成分得点と shot および disc には強い負の相関があることがわかります．一般に，主成分得点と変数ごとの相関係数は**主成分負荷量**とよばれ，主成分の標準偏差に変数ごとの係数ベクトルを掛けたものと一致します．

```
> sd(res$x[,1])*res$rotation[,1]
```

```
          shot       disc
[1,] -0.9503558 -0.9503558
```

このように，係数ベクトルは主成分負荷量と比例するため，主成分負荷量として解釈されることがあります．

4.8.2　10 次元のデータを 2 次元に縮約する

個人ごとの十種競技のデータは 10 次元ですが，主成分分析を適用して 2 次元に縮約したものを図 4.15 に示します．

```
> res <- prcomp(z)
> plot(res$x[,1:2],type="n",main="PCA")
> text(res$x[,1:2],rownames(z))
```

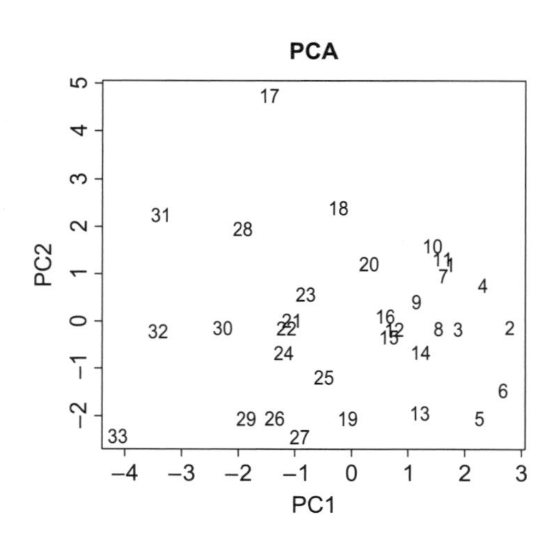

図 4.15　10 次元データに対する主成分分析の結果

主成分分析の累積寄与率は第 10 主成分まで求められます．図 4.16 にその棒グラフを示します．

```
> round(summary(res)$importance,3)
```

```
                         PC1   PC2   PC3   PC4   PC5   PC6   PC7   PC8   PC9  PC10
Standard deviation     1.849 1.614 0.971 0.937 0.746 0.701 0.656 0.554 0.517 0.319
Proportion of Variance 0.342 0.261 0.094 0.088 0.056 0.049 0.043 0.031 0.027 0.010
Cumulative Proportion  0.342 0.602 0.697 0.785 0.840 0.889 0.932 0.963 0.990 1.000
```

```
> barplot(summary(res)$importance[3,],main="Cumulative Proportion")
```

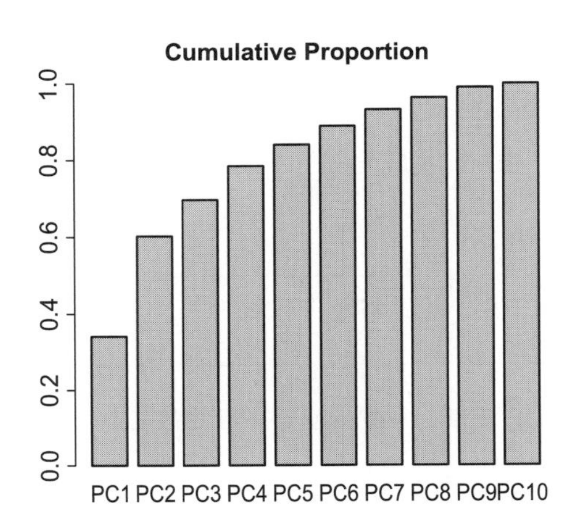

図 4.16 10 次元データに対する主成分分析の累積寄与率

図 4.15 の散布図は第 1 主成分と第 2 主成分を用いたものであり，2 つの主成分を使った場合の累積寄与率は 0.602 です．目安として，累積寄与率が 0.8 以上なら縮約しても情報が保たれているといわれています．散布図を描くために次元縮約したので情報が足りなくても軸を増やすことはできませんが，次元縮約の手法として用いる場合には第 5 主成分までを用いれば累積寄与率も 0.840 と 8 割を超えるので，元の 10 次元と比べても遜色ない情報をもっているといえそうです．ただし，第 3 主成分以降の累積寄与率の増加幅は小さくなっています．

また，場合によっては，`PC1` と `PC2` の散布図以外にも `PC1` と `PC3` あるいは，`PC2` と `PC3` などの散布図において興味深い図が得られる可能性もあります．3 つの主成分の散布図は `library(rgl)` の `plot3d` 関数などで視覚化できますが，みる角度の調整なども必要なので手間がかかります．そのような場合には，`shiny` パッケージを使って角度に対応するスライダーなどの GUI (グラフィカルユーザーインターフェース) を配置してインタラクティブな操作ができると便利です．

第 1 主成分と第 2 主成分の係数ベクトルは `res$rotation` として取り出せます．

```
> round(res$rotation[,1:2],2)
```

```
      PC1   PC2
100  0.42 -0.15
long 0.39 -0.15
shot 0.27  0.48
high 0.21  0.03
400  0.36 -0.35
110  0.43 -0.07
disc 0.18  0.50
```

```
pole 0.38  0.15
jave 0.18  0.37
1500 0.17 -0.42
```

したがって，各主成分は，

$$\begin{aligned}\mathtt{PC1} &= 0.42 \times 100 + 0.39 \times \mathtt{long} + 0.27 \times \mathtt{shot} + 0.21 \times \mathtt{high} + 0.36 \times 400 \\ &\quad + 0.43 \times 110 + 0.18 \times \mathtt{disc} + 0.38 \times \mathtt{pole} + 0.18 \times \mathtt{jave} + 0.17 \times 1500\end{aligned}$$

$$\begin{aligned}\mathtt{PC2} &= -0.15 \times 100 - 0.15 \times \mathtt{long} + 0.48 \times \mathtt{shot} + 0.03 \times \mathtt{high} - 0.35 \times 400 \\ &\quad - 0.07 \times 110 + 0.50 \times \mathtt{disc} + 0.15 \times \mathtt{pole} + 0.37 \times \mathtt{jave} - 0.42 \times 1500\end{aligned}$$

のように書くことができます．また，主成分ごとの係数の平方和は 1 となります．

```
> colSums(res$rotation^2)
```

```
 PC1  PC2  PC3  PC4  PC5  PC6  PC7  PC8  PC9 PC10
   1    1    1    1    1    1    1    1    1    1
```

主成分ごとの係数を図示して，主成分を構成する主な変数をみてみましょう．

```
mybarplot <- function(x,mymain){
  mycol <- ifelse(x>0,2,4)
  barplot(x,col=mycol,main=mymain)
}
mybarplot(res$rotation[,1],"PC1")
mybarplot(res$rotation[,2],"PC2")
```

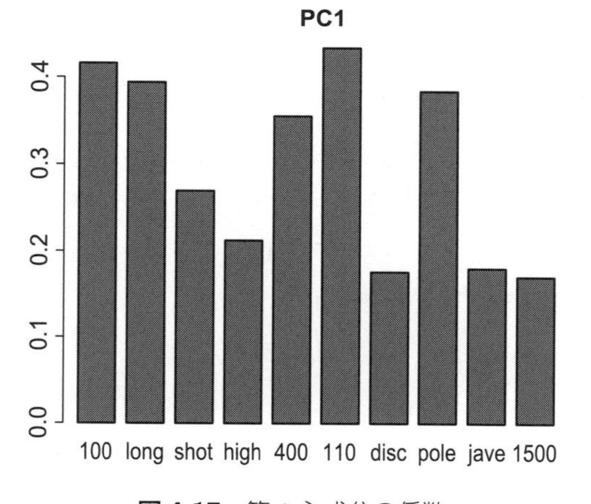

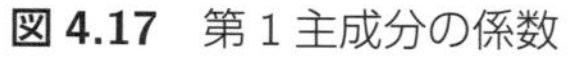
図 4.17　第 1 主成分の係数

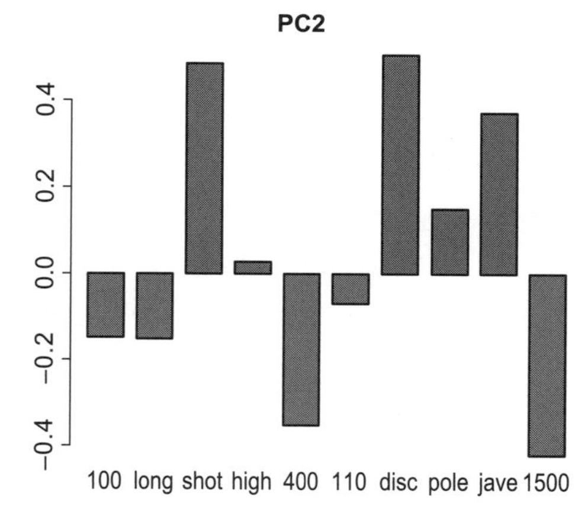

図 4.18　第 2 主成分の係数

図 4.17 の第 1 主成分の係数はすべての種目で正となっていて，走る種目の影響が強いことがわかります．一方で，図 4.18 の第 2 主成分の係数は投げる種目において正の値となっていて，また，持久力の必要な 400 および 1500 において，負の大きな値になっています．

さらに，関数 **biplot** (バイプロット) を使えば，主成分とその係数ベクトルを同時に視覚化できます．図 4.19 をみてください．主成分を用いて個体番号を配置した上に，異なる座標軸をもつ第 1 主成分と第 2 主成分の係数ベクトルを矢印で重ね描きします．

```
> biplot(res,scale=F)
```

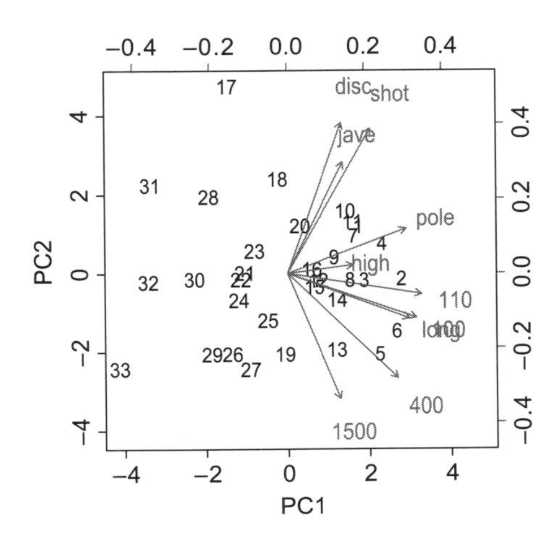

図 4.19　10 次元データに対するバイプロット

下と左の軸の目盛は主成分得点，上と右の目盛は係数のものです．走る種目の係数ベクトルは横軸方向の正の方向に大きな成分をもっており，投げる種目の係数ベクトルは縦軸の正の方向に，また，持久力の必要な種目は縦軸の負の方向に大きな成分をもつことがわかります．たとえば，図 4.19 の上部に位置する 17 番目の選手について，種目ごとの順位を調べてみましょう．**rank** 関数は昇順での順位を求めるので，**-d** に適用することで降順での順位を求めます．

```
> drank <- apply(-d,2,rank)
> id <- 17
> drank[id,]
```

```
100 long shot high  400  110 disc pole jave 1500
 26   31    2   13   33   32    1   14    1   32
```

17 番目の選手は，良い記録として，**shot** は 2 番目，**disc** と **jave** は 1 番目，悪い記録として，走幅跳は 31 番目，400 m 走は 33 番目，110 m ハードルは 32 番目，1500 m 走は 32 番目，があり，得手不得手が特徴的です．念のため，17 番目の主成分得点も示します．

```
> res$x[id,1:2]
```

```
      PC1       PC2
-1.451921  4.771437
```

最後に，少し発展的な話題に触れます．図 4.19 のバイプロットにおいて係数ベクトルが矢印で示されていますが，種目間の相関係数と矢印の角度には図 4.20 のような関係があります．

```
> R12 <- res$rotation[,1:2]
> index <- upper.tri(corx)
> cosR12 <- 0*corx
> p <- nrow(R12)
> for(i in 1:(p-1))for(j in (i+1):p)
    cosR12[i,j] <- sum(R12[i,]*R12[j,])/
    (sum(R12[i,]^2)*sum(R12[j,]^2))^0.5 # 内積から cos を求める
> acosR12 <- acos(cosR12)*(180/(2*pi)) #  cos の値から角度に変換
> plot(as.vector(corx[index]),as.vector(acosR12[index]),col=2,
   xlab="相関係数",ylab="係数ベクトルの角度")
```

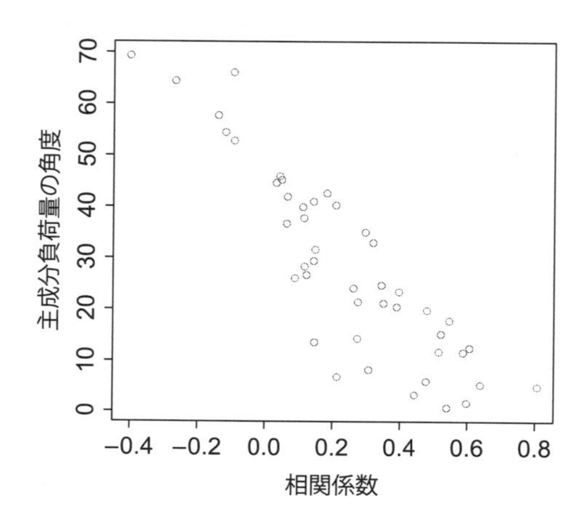

図 4.20　相関係数と図 4.19 における係数ベクトルの矢印どうしがなす角度

図 4.20 から種目間の相関係数が高い場合には，種目間の係数ベクトルのなす角度が小さくなる傾向があることがわかります．たとえば，投げる種目間の相関係数は大きく，バイプロットにおける矢印のなす角度は小さいことからも確かめることができます．対応するスクリプトの説明は煩雑になるので割愛します．

第 4 回のまとめ

- ✔ 標準化データに対するユークリッド距離は相関係数と関係式をもつ．
- ✔ 距離行列があれば階層型クラスター分析や多次元尺度法が適用できる．
- ✔ 隣接行列は無向グラフとして視覚化できる．
- ✔ 主成分分析によってデータを低次元に縮約できる．

4.9 課題

mlbench パッケージに含まれる PimaIndiansDiabetes2 は女性の糖尿病に関する 9 つの検査データです．検査項目は順に，pregnant: 妊娠回数，glucose: 血糖値，pressure: 拡張期血圧，triceps: 上腕三頭筋部皮下脂肪厚，insulin: インスリン[9]，mass:BMI，pedigree: 糖尿病血統関数，age: 年齢，diabetes: 糖尿病クラス変数，です．

```
> library(mlbench)
> data(PimaIndiansDiabetes2)
> index <- complete.cases(PimaIndiansDiabetes2)
> d <- PimaIndiansDiabetes2[index,]
> y <- ifelse(d$diabetes=="pos",1,0)
> x <- d[,-9]
```

欠損値を含まない行を complete.cases を用いて抽出し，d とおきます．そして，9 列目の diabetes が pos: 陽性であれば 1, そうでなければ 0 をとる変数を y，diabetes を除く変数をあらためて x とします．そして，y を目的変数，x に含まれるすべての変数を説明変数とするロジスティック回帰を行います．

```
> res <- glm(y~.,x,family="binomial")
> summary(res)
```

```
Call:
glm(formula = y ~ ., family = "binomial", data = x)

Deviance Residuals:
    Min       1Q   Median       3Q      Max
-2.7823  -0.6603  -0.3642   0.6409   2.5612

Coefficients:
              Estimate Std. Error z value Pr(>|z|)
(Intercept) -1.004e+01  1.218e+00  -8.246  < 2e-16 ***
pregnant     8.216e-02  5.543e-02   1.482  0.13825
glucose      3.827e-02  5.768e-03   6.635 3.24e-11 ***
pressure    -1.420e-03  1.183e-02  -0.120  0.90446
triceps      1.122e-02  1.708e-02   0.657  0.51128
insulin     -8.253e-04  1.306e-03  -0.632  0.52757
mass         7.054e-02  2.734e-02   2.580  0.00989 **
pedigree     1.141e+00  4.274e-01   2.669  0.00760 **
age          3.395e-02  1.838e-02   1.847  0.06474 .
---
Signif. codes:  0 ‘***’ 0.001 ‘**’ 0.01 ‘*’ 0.05 ‘.’ 0.1 ‘ ’ 1

(Dispersion parameter for binomial family taken to be 1)

    Null deviance: 498.10  on 391  degrees of freedom
Residual deviance: 344.02  on 383  degrees of freedom
AIC: 362.02

Number of Fisher Scoring iterations: 5
```

9) ヘルプを確認すると，ブドウ糖負荷試験 2 時間後のインスリン値（インスリン抵抗性の指標）であることがわかりますが，ここでは簡単に，インスリンと記述します．

一般に，距離の近い変数を同時に回帰に投入すると説明変数の効果を正しく評価できないことがあります．そこで，近い変数を調べて同時に投入しないように工夫します．このとき，以下の 1)–2) に取り組みましょう．

1) x のすべての変数を標準化して z とおき，z に対してユークリッド距離を用いた最遠距離法による階層型クラスター分析を行い視覚化する．そして，4 つのクラスター，{glucose, insulin}，{pregnant，age}，{triceps，mass，pressure}，{pedigree} に分類できることを確認する．
2) 1) の 4 つのクラスターから 1 つずつ説明変数を選んでロジスティック回帰を行うことで，4 つの回帰係数の p 値が 0.05 未満となることを確認する．ただし，上のロジスティック回帰の結果から，pressure は説明変数として使わない．なお，ロジスティック回帰で用いる説明変数のデータについては，z ではなく x を用いること．

第5回
2分類の予測の精度を吟味しよう
—— 精度を基にした判別ルールと分類木

講師　杉本 知之

達成目標

- ❏ ロジスティック回帰を用いた判別 (分類) 方法や，教師あり学習で広く用いられている分類木 (決定木) を理解しながら使うことができる．
- ❏ 判別方式の性能の良さを比べるための指標とその特徴を理解して利用できるようになる．

キーワード クロス集計表，ロジスティック判別，正判別率，感度，特異度，ROC 曲線，CART

パッケージ `pROC`, `rpart`, `partykit`, `MASS`[1)]

データファイル titanic.csv

はじめに

今回は，2 値データに対する判別 (分類) の方法を学びます．この内容の基本として，まずは第 2 回で扱ったロジスティック回帰を用いた判別方法を学び，そして，教師あり学習で広く用いられている決定木分析を分類問題に適用した方法，いわゆる分類木を学びます．これらの方法を扱いながら，判別方式の性能の良さを比べるための指標として，正判別率，さらに感度，特異度とその総合指標としての ROC 曲線を理解していきます．ここでは，**判別**や**分類**というよく似た言葉が出てくるので，混乱を避けるためにそれらの用語をあらかじめ整理しておきましょう．判別も分類も，データの「グループ分け」を行うので，意味合いとしてはほぼ同じですが，統計関係者 (統計学を専攻する人) は，統計学における多変量解析の伝統的な分野の 1 つである**判別分析**で使うことから，判別 (discriminant) という用語を好んで使う傾向にあります．一方で，統計学に馴染みのない人には，分類という用語がわかりやすく，分類を好んで使う傾向にあります．実際に，工学系では，この種の問題を「判別」よりも「分類」とよぶことが多いですし，そのようなことから統計関係者も「分類」という言葉に直して会話することも多いです．ただし，一口に「分類」といっても，大きく 2 つの異なるアプローチ，つまり

- 「教師 (外的基準)あり学習による分類」・・・・・判別分析

1) 標準でインストール済み．

- 「教師 (外的基準)なし学習による分類」・・・・・クラスタリング分析

があるので，これらを区別することが必要です．前者の**教師あり学習**は，今回学ぶ内容であり，「分類に対する正解・不正解の結果を教師データとして用意したもとで，どのような正解・不正解に対する分類ルールをつくるか」という問題を扱うものです．分析手法の対応関係では「教師あり学習の分類」は，統計学の判別分析と同じ問題を扱い，「教師なし学習の分類」では，クラスタリング分析と同じ問題を扱います．今回学ぶ分類の方法は，統計学での判別分析に該当するため，分類 (ルール) という表現も，判別 (ルール) という言葉で表すことが多いです．まずは，正解・不正解の2値データを教師データとして扱い，2値データの分析に有用なロジスティック回帰を用いて，どのように判別ルールを作っていくかを理解することを目標にして話を進めていきます．

5.1　データの準備

今回はすべての例で，タイタニック号の乗船データ titanic.csv (サポートサイトで配布) を使います．まずは，`read.csv` コマンドを以下のように使って，この CSV データを R に読み込ませましょう．

```
> d <- read.csv("titanic.csv",stringsAsFactors=T)
```

ここで，これまで必要のなかったオプション「`stringsAsFactors=T`」を付けているのは，読み込んだ文字型のデータを**因子型**に自動的に変換するためです[2)]．これまでと同様に，`read.csv` で読み込ませたデータをデータフレーム `d` に保存しましたので，まずはどのようにデータが認識されたかを確認してみましょう．

```
> head(d)
```

```
  Class  Sex   Age Died
1   3rd Male Child    1
2   3rd Male Child    1
3   3rd Male Child    1
4   3rd Male Child    1
5   3rd Male Child    1
6   3rd Male Child    1
```

これは20世紀最大級の沈没事故時にタイタニック号に乗船していた2201人からなるデータです．`Class` は旅客等級 {`Crew`, `3rd`, `2nd`, `1st`} を表す変数で，`Crew` は乗務員，`3rd`, `2nd`, `1st` は乗船していた客室の等級を表します．`Sex` は性別 {`Male`, `Female`}，`Age` は年齢区分 {`Adult`, `Child`} を表し，15歳以上なら `Adult`，15歳未満なら `Child` です．`Died` {1,0} はタイタニック号の沈没事故で死亡したなら1, 生存だったなら0で表された2値変数です．沈没事故が起きたときに救命ボートに乗って生存できた人もいましたが，全員が救命ボートに乗れたわけではないので大変な惨事になりました．

---

2) `read.csv` のオプション `stringsAsFactors=T` の説明: Rに限らずほかの言語でもそうですが，データの入った各オブジェクトには，変数の型という属性をもっています．変数の型とは，主には，数値型 (numeric)，文字型 (character) からなりますが，そのほかに，因子型 (factor) という型もあります．数値型と文字型の違いは明らかですが，因子型は慣れるのに少し時間が必要です．Rにおいて，変数の型が因子型とは，見た目は文字型と同じですが，順番をもたせた文字型のデータというものです．数値型は，数値の大小がそのまま順番として与えられますが，文字型データには，基本，順番がありません．そのような文字型データにあえて順番を割り当てたものが因子型データになります．

このデータの要約を summary 関数でみておきましょう.

```
> summary(d)
```

```
  Class         Sex            Age             Died      
 1st :325   Female: 470   Adult:2092   Min.   :0.000  
 2nd :285   Male  :1731   Child: 109   1st Qu.:0.000  
 3rd :706                              Median :1.000  
 Crew:885                              Mean   :0.677  
                                       3rd Qu.:1.000  
                                       Max.   :1.000  
```

2 値変数 Died の平均から約 68%の人が死亡したこと，名義変数 Class から乗務員が 885 人という結構な数がいたことがわかります．ここでは，名義変数として，Class，Sex，Age の 3 つがあるわけですが，たとえば，名義変数 Age では Adult が Child よりも順番的に先に表示されていることに注目しておいてください.

今回は read.csv 関数のオプションに stringsAsFactors=T を入れることで，いったん読み込んだ文字型のデータを因子型に自動的に変換しています．このデータでは，変数 Died 以外は文字型データで，Class では 3rd とか Crew，Sex では Male・Female，Age では Child・Adult が含まれています．統計学ではいわゆる名義変数とよばれますが，これらに順番をもたせて**因子型データ**として認識させたということです．とはいえ，性別に順番というのはおかしいですが，とりあえず順番を割り振っておくことで，男性，女性のどちらかを回帰分析の説明変数の参照値 (ダミー変数でゼロを割り当てる水準) に設定できるので便利なことがあります.

ただし，文字型データから因子型への変換を機械に任せると，ある一定の規則に沿って自動的に順番を割り当てます．その規則は，基本的に辞書型というもので，アルファベット順，最初に数値が含まれていたら数の大小の順番などになります．先ほど，名義変数 Age で，Adult が Child よりも先に表示されたのは，アルファベット順に従って自動的に順番が割り当てられたことによります．この自動的な順番の割り当ては，便利な場合もありますが，いつでも有難いわけではないです．第 1 回でも行いましたが，名義変数に順番付けを行う方針として，たとえば，より低リスクにある場合を低い水準に設定したい場合があります．今回の場合では，Adult よりも Child のほうが低リスクにありそうなので，Child のほうを参照値にしたいです．そうすると，Adult と Child の因子型の順番を入れ替える必要があるので，その練習をしてみます．次のコマンドを打ち込みましょう.

```
> head(d$Age)
```

```
[1] Child Child Child Child Child Child
Levels: Adult Child
```

```
> levels(d$Age)
```

```
[1] "Adult" "Child"
```

head(d$Age) で Age データの最初の 6 行を表示させましたが，ここで同時に「Levels: Adult Child」と表示されていることに注目してください．これが因子型として現在割り当てられた Age

の水準 (レベル) の順番になります．因子型データの順番付けを確認したいときは，levels(変数) のコマンドを使ってもよいです．では，「Adult < Child」の順番付けを変更してみましょう．次のようにコマンド relevel(変数) を実行させます．

```
> d$Age <- relevel(d$Age,ref="Child") # Child=0, Adult=1
> levels(d$Age)
```

```
[1] "Child" "Adult"
```

levels 関数で順番付けを確認すると「"Child" "Adult"」に変わり，Child の順番が先になりました．relevel(変数) の中で使ったオプション ref="Child"は，Child を参照値に設定させる命令であり，適用すれば，Child が最も小さい順番に位置づけられます．ちなみに，因子の水準が3つ以上あって順番をもっと細かく設定したい (たとえば，水準 B < 水準 A < 水準 C) 場合には，factor 関数を次のように用います：

```
データ <- factor(データ, levels=c("水準B","水準A","水準C"))
[例: d$Age <- factor(d$Age, levels=c("Child","Adult")) ]
```

グラフや表などで自動的に表示される項目の順番を変更したい場合には，factor 関数をこのように用いて因子型データの順番付けを再設定すればよいです．特に，回帰モデルの説明変数に名義変数を用いる場合，R では，自動的にダミー変数化されて回帰分析が実行されるので，名義変数の参照値さえ設定しておけばよいといえます．そういった場合の参照値の入れ替えだけであれば，relevel(変数) の利用は便利です．

5.2　クロス集計表，多次元分割表

回帰分析を学ぶと，それをいきなり使おうとする人もいますが，そのようなモデル分析に入る前に，データの整理を行って傾向を十分に把握しておくことが必要です．そうしないと，モデル分析の結果を解釈することができません．今回の目的はタイタニック号のデータから生死 (目的変数：Died) を分けた要因を調べ，生死の予測モデルを作成することにありますが，第2回で紹介した **xtabs** 関数を使って，データの整理をしておきましょう．変数 Class だけを使うと，先ほどの summary 関数と同じ単一変数の結果が得られます．

```
> xtabs(~Class,d)
```

```
Class
 1st  2nd  3rd Crew
 325  285  706  885
```

次に，2つの変数 Class，Died を使って，4 × 2 分割表を作ります．

```
> xtabs(~Class+Died,d)
```

```
      Died
Class    0   1
  1st  203 122
  2nd  118 167
```

```
3rd  178 528
Crew 212 673
```

観測度数をみると，Class が 1st であれば生存数のほうが多いですが，2nd，3rd の順に死亡数のほうが多くなっています．また，乗務員では 1/4 程度の生存が確認できます．今回はさらに性別，年齢の変数もありますので，この 4 × 2 分割表をさらに細かく分けた分割表を作ってみましょう．使い方としては，xtabs 関数に，分割表に取り入れたい変数を + でつないで追加していくだけで，次のように実行させることができます．

```
> xtabs(~Class+Sex+Age+Died,d)
```

```
, , Age = Child, Died = 0
      Sex
Class  Female Male
  1st       1    5
  2nd      13   11
  3rd      14   13
  Crew      0    0
…省略…
, , Age = Adult, Died = 1
      Sex
Class  Female Male
  1st       4  118
  2nd      13  154
  3rd      89  387
  Crew      3  670
```

Age，Died のすべての組み合わせに対する部分集団で，4 × 2 分割表を作成してくれるのですが，全体の結果をみるのはかなり大変なので，結果の一部を省略しました．しかし，このような分割表をよりみやすくフラットにまとめてくれるものとして **ftable** 関数があります．次のコマンドを実行してみましょう．

```
> f <- xtabs(~Class+Sex+Age+Died,d)
> ftable(f)
```

```
                   Died   0   1
Class Sex    Age
1st   Female Child        1   0
             Adult      140   4
      Male   Child        5   0
             Adult       57 118
2nd   Female Child       13   0
             Adult       80  13
      Male   Child       11   0
             Adult       14 154
3rd   Female Child       14  17
             Adult       76  89
      Male   Child       13  35
             Adult       75 387
Crew  Female Child        0   0
             Adult       20   3
      Male   Child        0   0
             Adult      192 670
```

この出力結果は，左から変数 `Class` の水準 `1st`，`2nd`，`3rd`，`Crew` の順に，次に `Sex` の `Female`，`Male`，最後に `Age` の水準 `Child`，`Adult` で分類されたもとで，変数 `Died` で縦方向に分割・集計された多次元分割表の形式でまとめられます．このような形の分割表を手動でつくるのはかなり大変ですが，このコマンドを使えば瞬時に作成してくれますので，作業効率が相当に高まります．

上記の集計結果は，複数の 2×2 分割表の集まりなので，各 2×2 分割表内の部分集団で死亡リスクのオッズ比を求めることができます．ただし，`Class` が `1st` か `2nd` であれば，性別が男性か女性のいずれの部分集団であっても，オッズ比の計算の分母がゼロなので，`Child` を基準にみた `Age` のオッズ比 $\widehat{OR}_{\texttt{Age}}$ は ∞ になります．`Class` が `Crew` のときは乗務員に子供はいないので，ゼロ／ゼロという計算不能なケースもみられます．このようなオッズ比の極端な値は，データを細かく部分集団に分けるに従ってよく起こります．そのほかの部分集団，たとえば，`Class` が `3rd` の女性の部分集団での `Age` のオッズ比は

$$\widehat{OR}_{\texttt{Age}} = \frac{14 \cdot 89}{17 \cdot 76} \fallingdotseq 0.96$$

となり1に近いので，ここでは `Child` と `Adult` には大きな違いはみられないことがわかります．一方で，`Class` が `3rd` の男性の部分集団のオッズ比を求めると

$$\widehat{OR}_{\texttt{Age}} = \frac{13 \cdot 387}{35 \cdot 75} \fallingdotseq 1.97$$

となり，`Class` が `3rd` の人々における `Age` による死亡リスク (オッズ比) は，男性のほうが女性より2倍程度大きいことがわかります．全データ集合に対してロジスティック回帰を実施すれば，このような様々な部分集団ごとのオッズ比の傾向が平均化されて，`Class`，`Age`，`Sex` といった各要因の全体的な傾向を求めることができます．

5.3　ロジスティック回帰，一般化線形モデル

第2回で目的変数が2分類 (0-1) データのときの回帰モデルの代表として**ロジスティック回帰**を学びました．回帰分析は，目的変数の要因分析や予測モデル作成に有用なツールであり，線形回帰 (第1回) とロジスティック回帰 (第2回) が使いこなせれば多くの問題に対する分析が十分に可能になります．いろいろと使っていけば，次第に慣れてきてイメージや理解が深まっていくはずです．

前節で，タイタニック号のデータの傾向をある程度整理したので，ロジスティック回帰により各要因の全体的な傾向を調べ，予測モデルを構築していきましょう．ここでは，目的変数を `Died`，説明変数を `Class`，`Sex`，`Age` とするロジスティック回帰モデルを考えます．3つの説明変数を扱うので，ロジスティック回帰モデル (個人 i の対数オッズの線形モデル) は

$$\log\left(\frac{p_i}{1-p_i}\right) = a + b_1 \times \texttt{Class}_i + b_2 \times \texttt{Sex}_i + b_3 \times \texttt{Age}_i \tag{5.1}$$

と書けそうです．実は，このモデル式 (5.1) を少し修正する必要があるのですが，それは後ほど説明します．ここに，a は切片項，b_1, b_2, b_3 は各変数に対する回帰係数です．p_i は目的変数が1である確率，今回は，$p_i = P(\texttt{Died}_i = 1)$ で，各個人 i の死亡確率を表します．復習ですが，R でのロジスティック回帰モデルのあてはめは，`glm` 関数を

```
glm(目的変数 ~ 説明変数1 + 説明変数2, family="binomial", data=データフレーム)
```

の形で用います．第2回では，説明変数は1つでしたが，今回は複数の説明変数を扱います．説

明変数が複数になっても線形回帰の適用と同様です (目的変数の後に「~」をおき, 用いる説明変数を「+」でつなぐ). なお, ロジスティック回帰を使用する場合には, glm 関数のオプションに family="binomial"を指定する必要がありますが, これは忘れやすいので注意しましょう. 次のコマンドを打ち込んで, 目的変数：Died, 説明変数：Class, Age, Sex のロジスティック回帰のあてはめを実行しましょう：

```
> res <- glm(Died~Class+Sex+Age,family="binomial",d)
```

なお, R では, データフレーム内にある目的変数以外のすべての変数を説明変数として用いる場合には, ドット記号「.」で省略できるので, 今回は

```
> res <- glm(Died~.,family="binomial",d)
```

と書いても同じあてはめになります. この省略記法は, 今回のようなケースに限らず説明変数の選択を考える際でも便利です. たとえば, subset 関数でもともとのデータの変数列の部分抽出をして, この部分抽出されたデータをあてはめるデータフレームとしてやれば,「目的変数~.」の記述で説明変数の様々な組み合わせに対しても利用できるようになります.

では, summary 関数で上記のロジスティック回帰のあてはめ結果 res の詳細をみてみましょう.

```
> summary(res)
```

```
Call:
glm(formula = Died ~ ., family = binomial, data = d)
Deviance Residuals:
    Min       1Q   Median       3Q      Max
-2.1278  -0.6858   0.6656   0.7149   2.0812
Coefficients:
            Estimate Std. Error z value Pr(>|z|)
(Intercept)  -3.1054     0.2982 -10.414  < 2e-16 ***
Class2nd      1.0181     0.1960   5.194 2.05e-07 ***
Class3rd      1.7778     0.1716  10.362  < 2e-16 ***
ClassCrew     0.8577     0.1573   5.451 5.00e-08 ***
SexMale       2.4201     0.1404  17.236  < 2e-16 ***
AgeAdult      1.0615     0.2440   4.350 1.36e-05 ***
---
Signif. codes:  0 '***' 0.001 '**' 0.01 '*' 0.05 '.' 0.1 ' ' 1
(Dispersion parameter for binomial family taken to be 1)
    Null deviance: 2769.5  on 2200  degrees of freedom
Residual deviance: 2210.1  on 2195  degrees of freedom
AIC: 2222.1
Number of Fisher Scoring iterations: 4
```

このあてはめの回帰係数の部分をみると, Class に対応する係数が Class2nd, Class3rd, ClassCrew の 3 つあります. なぜ変数 Class のところに回帰係数が 3 つあるのかについて説明します. Class はもともと, 文字変数 {1st, 2nd, 3rd, Crew} を因子型にしただけのデータでした. この因子水準は 4 つあって, 1st < 2nd < 3rd < Crew の順番をもちますが, これに対して, たとえば, 0, 1, 2, 3 という数値を割り当てるわけでないのです. ちなみに, 0, 1, 2, 3 という数値を説明変数 Class に割り当てると, Class に対する回帰係数は 1 つです. 回帰係数が 3 つに分かれて出てきたのは, R では変数の型が因子として登録されている状態で, glm 関数や lm 関数などの回帰モデル関数に投入す

ると，以下の表のようなダミー変数 (0-1 からなるデータ) が自動的に生成されて，回帰モデルのあてはめ計算が行われるからです．4 水準あれば，「変数名+水準名」のルールに基づいて，`Class1st`，`Class2nd`，`Class3rd`，`ClassCrew` と名前付けされた 4 つの**ダミー変数**が作成されます．

変数 Class		因子の水準名			
		1st	2nd	3rd	Crew
作られるダミー変数	Class1st	1	0	0	0
	Class2nd	0	1	0	0
	Class3rd	0	0	1	0
	ClassCrew	0	0	0	1

これらのダミー変数は，各個人が属している `1st`，`2nd`，`3rd`，`Crew` のいずれかの水準に 1 を割り当てます．では，4 つのダミー変数に対する回帰係数の推定結果が出てくるのではないかとなりますが，あてはめ結果に `Class1st` に対する結果がないです．実は，4 変数を全部使うと変数の使いすぎの状態となり，回帰のあてはめができなくなります．簡単な例として，たとえば，性別のように女性・男性の 2 水準をもつ場合，男女の区別をするためのダミー変数は 1 つあれば十分です．実際に，`summary(res)` のあてはめ係数を参照すると，`SexMale` や `AgeAdult` という項目がみられますが，これも `Class` と同様に，`Sex` や `Age` も因子型の変数なので，「変数名+水準名」のルールに基づいて

$$\mathtt{SexMale}_i = \begin{cases} 1, & \mathtt{Sex}_i = \mathtt{Male} \\ 0, & \mathtt{Sex}_i \neq \mathtt{Male} \end{cases}, \quad \mathtt{AgeAdult}_i = \begin{cases} 1, & \mathtt{Age}_i = \mathtt{Adult} \\ 0, & \mathtt{Age}_i \neq \mathtt{Adult} \end{cases}$$

という形でスコア化されています．これらからわかるように，m 個の水準をもつ因子型変数を識別するために必要なダミー変数の個数は，全水準数から 1 個少ない $(m-1)$ 個です．つまり，いずれかの水準を参照値 (常にゼロの値をとる) として用いる必要があり，今回の例では，`1st` の人々が，`Class2nd`，`Class3rd`，`ClassCrew` の変数のすべてでゼロの値をとりますので，ほかのクラスの人々に対する基準として解釈できます．

以上のことを踏まえると，最初に紹介したモデル式 (5.1) は，やや不十分な表現であって，より正しく書くと

$$\log\left(\frac{p_i}{1-p_i}\right) = a + b_1\mathtt{Class2nd}_i + b_2\mathtt{Class3rd}_i + b_3\mathtt{ClassCrew}_i + b_4\mathtt{SexMale}_i + b_5\mathtt{AgeAdult}_i \tag{5.2}$$

となります．ここに，係数 b_1, b_2, b_3 は，それぞれ，`Class` が `1st` の人々からみた，`2nd`，`3rd`，`Crew` の人々の対数オッズの増加量を表し，同様に，係数 b_4, b_5 は，それぞれ，`Female` からみた `Male` の，`Child` からみた `Adult` の対数オッズの増加量を表します．上記の `summary(res)` の結果から，もしくは `res$coefficients` を打ち込むと

```
> res$coefficients
```

```
(Intercept)   Class2nd   Class3rd  ClassCrew    SexMale   AgeAdult
 -3.1053798  1.0180950  1.7777622  0.8576762  2.4200603  1.0615424
```

という結果なので，ロジスティック回帰のあてはめによって，各係数 b_1，b_2，b_3，b_4，b_5 が

$$b_1 = 1.0180950,\ b_2 = 1.7777622,\ b_3 = 0.8576762,\ b_4 = 2.4200603,\ b_5 = 1.0615424$$

と推定されたこと，いずれの係数も正の値なので，各個人 i の死亡確率 p_i を増やす方向に働いていることがわかります．そして，これらの因子に対応する p 値はかなり小さいので，有意性を十分に示す根拠が得られたこともわかります．

ただし，ロジスティック回帰での係数の解釈は，第 2 回でも解説したように，モデル自体が式 (5.2) のように，対数オッズの線形モデリングなので，回帰係数そのままの大きさでは解釈しづらいです．そこで，より解釈のしやすい指標である**オッズ比**に直して考えてみましょう．オッズ比になおすには，ロジスティック回帰の回帰係数を指数変換するだけでよいので，コマンド exp(res$coefficients) を適用します．ただし，この表示は小数点以下が多く，数値の大きさがみづらいので，round 関数を用いて数値を適当に丸めましょう．

```
> round(exp(res$coefficients),2)
```

```
(Intercept)    Class2nd    Class3rd   ClassCrew     SexMale    AgeAdult
       0.04        2.77        5.92        2.36       11.25        2.89
```

これらの値は各説明変数が 1 単位増加したときのオッズ比の変化量 (ほかの説明変数は固定したもとで) を表すことも第 2 回で説明しました．復習ですが，たとえば，Age が Adult と Child の場合に，それぞれ式 (5.2) を適用して，それらの差をとると，次のような関係が得られます．

$$\begin{cases} \log(Odds_{\texttt{Adult}}) = a + b_1\texttt{Class2nd}_i + b_2\texttt{Class3rd}_i + b_3\texttt{ClassCrew}_i + b_4\texttt{SexMale}_i + b_5 \times 1 \\ \log(Odds_{\texttt{Child}}) = a + b_1\texttt{Class2nd}_i + b_2\texttt{Class3rd}_i + b_3\texttt{ClassCrew}_i + b_4\texttt{SexMale}_i + b_5 \times 0 \end{cases}$$

$$2\text{ 式の差} = \log\left(\frac{Odds_{\texttt{Adult}}}{Odds_{\texttt{Child}}}\right) = b_5 \implies OR_{\texttt{Age}} = \frac{Odds_{\texttt{Adult}}}{Odds_{\texttt{Child}}} = \exp(b_5)$$

つまり，ロジスティック回帰を用いて，Age のオッズ比が $\widehat{OR}_{\texttt{Age}} = e^{\hat{b}_5} \fallingdotseq 2.89$ と推定されたことになります (第 2 回と同様に OR の推定値を $\widehat{OR}$ と書きます)．前節 5.2 節では，いくつかの部分集団で Age のオッズ比を求めましたが，今回のオッズ比は，全データにロジスティック回帰をあてはめて得られたので，データ全体に対して Age が死亡に与える平均的リスクを表しています．以下に，ほかの要因についても，今回のオッズ比の推定結果をまとめておきます：

$$\widehat{OR}_{\texttt{Class2nd}} = \exp(\widehat{b_1}) \fallingdotseq 2.77, \quad \widehat{OR}_{\texttt{Class3rd}} = \exp(\widehat{b_2}) \fallingdotseq 5.92,$$
$$\widehat{OR}_{\texttt{ClassCrew}} = \exp(\widehat{b_3}) \fallingdotseq 2.36, \quad \widehat{OR}_{\texttt{Sex}} = \exp(\widehat{b_4}) \fallingdotseq 11.25.$$

オッズ比は，どの要因でも 2 倍を超えており，どの要因も死亡に大きな影響を与えたことがわかります．中でも，性別のオッズ比は約 11 倍と最も大きいことから，男性の死亡リスクが非常に高かったこと，旅客等級 2nd，3rd のオッズ比はそれぞれ，1st に比べて 2.8 倍，5.9 倍であり，旅客等級と共に死亡リスクが上昇したことも確認できます．

5.4　ロジスティック判別

5.4.1　予測確率の計算と分布

前節でロジスティック回帰のあてはめを行いましたので，いよいよ**ロジスティック判別**を行ってみます．ここでは，死亡か生存の2分類の判別ルールの作成を，少し後で出てくる式 (5.4) に従って，基本的に**予測確率**に基づいて実施します．前節で用いたロジスティック回帰のモデル式 (5.2) から，各個人 i の死亡確率 p_i は

$$p_i = \frac{\exp(a + b_1\texttt{Class2nd}_i + b_2\texttt{Class3rd}_i + b_3\texttt{ClassCrew}_i + b_4\texttt{SexMale}_i + b_5\texttt{AgeAdult}_i)}{1 + \exp(a + b_1\texttt{Class2nd}_i + b_2\texttt{Class3rd}_i + b_3\texttt{ClassCrew}_i + b_4\texttt{SexMale}_i + b_5\texttt{AgeAdult}_i)}$$

と直せますが，各係数は未知なので，データから推定された値で代用します．そこで，各係数の推定値をハット付きで表し，それらを代入することで求められる $\widehat{p}_i$，すなわち

$$\widehat{p}_i = \frac{\exp(\widehat{a} + \widehat{b}_1\texttt{Class2nd}_i + \widehat{b}_2\texttt{Class3rd}_i + \widehat{b}_3\texttt{ClassCrew}_i + \widehat{b}_4\texttt{SexMale}_i + \widehat{b}_5\texttt{AgeAdult}_i)}{1 + \exp(\widehat{a} + \widehat{b}_1\texttt{Class2nd}_i + \widehat{b}_2\texttt{Class3rd}_i + \widehat{b}_3\texttt{ClassCrew}_i + \widehat{b}_4\texttt{SexMale}_i + \widehat{b}_5\texttt{AgeAdult}_i)} \tag{5.3}$$

が p_i の予測値であって，この $\widehat{p}_i$ を個人 i の予測 (死亡) 確率として利用します．まずは，この予測確率が，死亡者と生存者のグループ間で，どのように異なるかグラフで確認してみます．次のコマンドを打ち込みましょう．

```
> res$fitted.values
```

```
        1         2         3         4         5         6
0.7488414 0.7488414 0.7488414 0.7488414 0.7488414 0.7488414  …以下省略
```

この res$fitted.values は，ロジスティック回帰のあてはめ結果を保存した res から予測確率 (式 (5.3) の値) をとってくる命令です．2201 人のすべての予測死亡確率が表示されますが，一部のみ表示しています．次に，2201 人全員の中で実際に死亡した人々だけの予測確率を部分抽出します．その準備として，次のコマンドを打ち込んでみてください．

```
> d$Died==1
```

```
[1]  TRUE  TRUE  TRUE  TRUE  …以下省略
```

Died=1 が真であれば TRUE，偽であれば FALSE が返ってきます．R では，代入のときはイコール1つですが，このような条件式で用いるイコール記号は「Died==1」のように，イコールが2つ必要になります (プレセミナー参照)．res$fitted.values の中からこの「d$Died==1」が TRUE のときだけの要素を部分抽出する命令である次のコマンドを実行してみましょう．

```
> (x1 <- res$fitted.values[d$Died==1])
```

```
        1         2         3         4         5         6
0.7488414 0.7488414 0.7488414 0.7488414 0.7488414 0.7488414  …以下省略
```

これで x1 に実際に死亡した人々 (1490 人) だけの予測確率が保存されました．次の3行を打ち込んでみると，図 5.1 のようなグラフが描かれます．

```
> hist(x1, freq=F, breaks=5, ylim=c(0,3))
> z <- (0:100)/100
> lines(z,dnorm(z,mean(x1),sd(x1)),col="red")
```

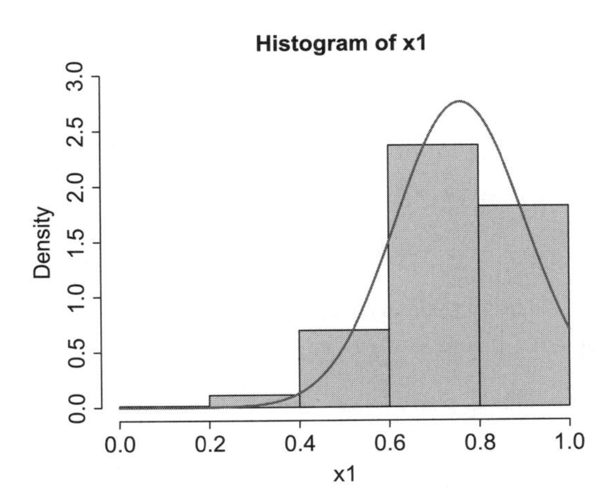

図 5.1 死亡グループの予測確率 $\hat{p}_i$ のヒストグラム (密度表示) と正規分布の重ね合わせ

最初の行の `hist(x1)` では `x1` のデータ (予測確率) のヒストグラム (度数分布) を作成しています．このヒストグラム表示のオプション `freq=F` は，y 座標の単位を度数ではなく密度表示で表す指定 (ヒストグラムの総面積が 1 になるように高さを調整)，`breaks=5` はヒストグラムの階級数を 5 とする指定，`ylim=c(0,3)` は y 座標を 0 から 3 の範囲で描く指定をしています．2 行目では，数列 $0, 1, \cdots, 100$ を 100 で割って，0.01 刻みで 0 から 1 までのデータを作り，`z` に保存しました．3 行目では，点を線で結んで重ね描きを行う `lines` 関数を用いて，x 座標に `z` をとり，y 座標に `dnorm(z,mean(x1),sd(x1))` をとって曲線の重ね描きをしています．なお，この y 座標の `dnorm(z, 平均,SD)` は，**正規分布**の密度関数の値を返す関数で，以下の式

$$\mathrm{dnorm}(\mathrm{z}, 平均, \mathrm{SD}) = \frac{1}{\sqrt{2\pi \times \mathrm{SD}^2}} \exp\left(\frac{-(\mathrm{z} - 平均)^2)}{2 \times \mathrm{SD}^2}\right)$$

に従って計算します．正規分布の密度関数は，ベル形状の関数ですが，平均と SD (標準偏差) でその形が決定されます．図 5.1 では，`x1` のデータの平均と SD を，それぞれ，`mean(x1)` と `sd(x1)` で求めて，それらの値 (`mean(x1)`≒ 0.76, `sd(x1)`≒ 0.14) を `dnorm(z, 平均,SD)` の中に代入して描いています．

つまり図 5.1 は，`x1` のデータ (予測確率) が正規分布に従うことを仮定して，その密度関数を重ねて描いたものです．なお，ここで正規分布を用いたのは，データの背後にある何らかの理論分布を例示するために，連続な確率分布として最もよく知られている分布だからという理由だけです．0 から 1 の間に数値をとる予測確率のヒストグラムに対して，正規分布のあてはめは非常に良いとはいえませんが，それなりのイメージにはなりますので，以降の予測性能の話にこの正規分布のグラフを例として用いていきます．図 5.1 では，「`d$Died==1`」によって死亡した人々だけの予測確率をとりましたが，逆に生存した人の予測確率は「`d$Died==0`」でとれます．死亡者と生存者の 2 つのグループに対する予測確率の分布をみてみましょう．次のコマンドを一気に適用してみましょう．

```
> plot(z,dnorm(z,mean(x1),sd(x1)),col="red",type="l",xlim=c(0,1),
    main="予測値分布",xlab="死亡確率",ylab="密度")
> x0 <- res$fitted.values[d$Died==0]
> lines(z,dnorm(z,mean(x0),sd(x0)),col="blue")
> rug(res$fitted.values[d$Died==1],col="red")
> rug(res$fitted.values[d$Died==0],col="blue",side=3)
> legend("left",lty=c(1,1), col=c("red","blue"),
    legend=c("死亡: Died=1","生存: Died=0"),title="観測値")
```

これらの適用の結果，図 5.2 のグラフが作成されます．図 5.1 では，ヒストグラムに

```
lines(z,dnorm(z,mean(x1),sd(x1)))
```

で密度関数を重ね描きしましたが，図 5.2 では重ね描きをしないため，上記のコードの最初の 1-2 行目で，重ね描き用の `lines` 関数を `plot` 関数に置き換えて同じグラフを描いています．3 行目は，`x1` を作成した `Died==1` の部分を `Died==0` に置き換えることで，実際に生存した人々だけの予測確率を `x0` に保存しています．4 行目は，図 5.1 で `x1` に適用した `lines` 関数を，`x0` に置き換えて適用し，予測確率の分布に正規分布をあてはめ，その密度関数を重ねて描いています．5-6 行目は，少し凝ったグラフをつくる 1 つの工夫として，`rug` 関数を次の書式

```
rug(データ, side=○) # side=1(下),3(上)
```

で用いて，プロット軸上のデータのある部分にひげを付けます．7-8 行目は，次の書式

```
legend(位置, legend=c(Text1,Text2),lty=c(1,1),col=c("red","blue"))
```

で `legend` 関数を用いることで，説明書きのテキスト `Text1` と `Text2` に対して，それぞれ，赤色 (`col="red"`) の実線 (`lty=1`)，青色 (`col="blue"`) の実線 (`lty=1`) の装飾によって凡例を与えるコマンドです．グラフ作成の 1 つの醍醐味は，いかに誤解なく，わかりやすく伝わるものを作成するかであり，凡例を付けるのはそのために必須のものと考えましょう．

さて，図 5.2 をあらためてみてみると，死亡グループの予測確率は，平均 0.76 の辺りに比較的小さくばらついていますが，生存グループの予測確率は，平均 0.5 に対して，大きくばらついている様子がわかります．

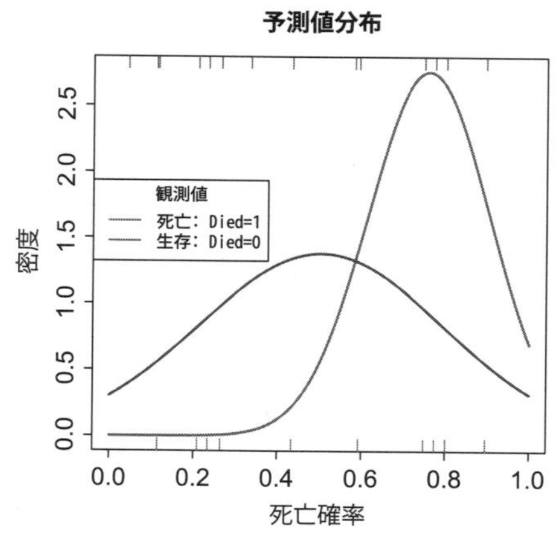

図 5.2　予測確率 $\hat{p}_i$ の分布に対する正規分布あてはめ (赤: 死亡グループ, 青: 生存グループ)

5.4.2　判別ルールの設定とその評価

ここからは図 5.2 を使って，**判別ルール**をどのように設定するか，そして，その判別ルールをどのように評価するかを解説していきます．ここでの判別ルールとは (実際の結果が生存か死亡のいずれであっても)，予測確率 $\widehat{p}_i$ が，ある**閾値** (カットオフ値) 以上であれば死亡，その閾値未満であれば生存と判定するルール，つまり

$$\text{判別ルール} = \begin{cases} \text{死亡}, & \widehat{p}_i \geqq \text{閾値} \\ \text{生存}, & \widehat{p}_i < \text{閾値} \end{cases} \tag{5.4}$$

のような 2 分類のルールになります．この判別ルールを決める閾値は，目的に合わせていろいろな値を設定できますが，閾値 = 0.5 としたときのイメージを図 5.3 に与えます．

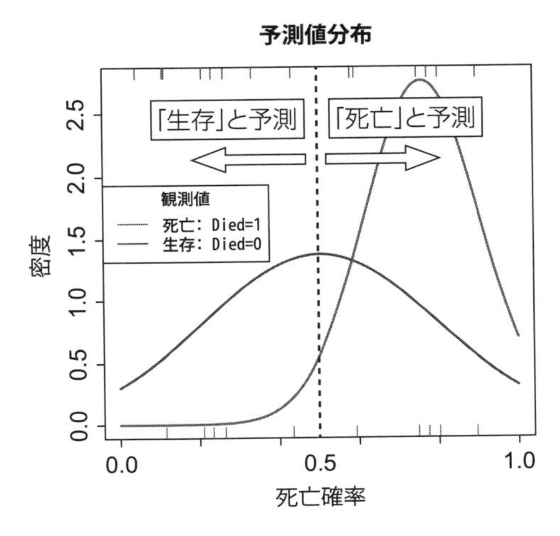

図 5.3　予測確率の分布の正規分布あてはめ (図 5.2 と同じ) と閾値 0.5 の判別ルール

このような判別ルールを設定するなら，その判別の性能がどのくらい良いかも評価すべきです．そのような判別性能を評価するために，判別 (検査) の結果と実際の結果を，表 5.1 のような 2 × 2 分割表の形で整理して考えると便利です．いったん，タイタニック号のデータを離れ，医療系で馴染みがある表 5.1 の検査の例で説明していきます．表 5.1 は，ある疾患をもつかどうか検査を行った検査結果と，実際にその疾患にかかっていたかどうかを確定させてまとめた 2 × 2 分割表になっています．

表 5.1　判別ルールと判別 (検査) 結果の 2 × 2 分割表

		検査 (予測)		計
		陰性	陽性	
疾患	なし	a (真陰性)	b (偽陽性)	$a+b$
(実際)	あり	c (偽陰性)	d (真陽性)	$c+d$

表 5.1 の a, b, c, d は各セルに該当する人数を表します．検査の性能評価では，検査の良さを測る指標として**感度・特異度**

$$\text{感度 (Sensitivity)} = \frac{d}{c+d}, \quad \text{特異度 (Specificity)} = \frac{a}{a+b}$$

が使われています．感度は実際に「あり」を正しく検査で「あり」と判定する割合 (確率)，特異度は実際の「なし」を正しく検査で「なし」と判定する割合で，これらは両方とも高いほうがよいです．これとは別に，判別ルールの総合的な性能指標として，**正判別率**・誤判別率

$$\text{正判別率} = \frac{a+d}{a+b+c+d}, \quad \text{誤判別率} = \frac{b+c}{a+b+c+d}$$

もあります．これらの指標は後ほどあらためて議論していきます．判別ルール (5.4) の結果は，いつでも表 5.1 のように正誤分類の分割表にまとめられます．タイタニック号のデータであれば，「あり」を「死亡」,「なし」を「生存」に置き換えて，判別ルール (5.4) に従って分類するということです．実際に，閾値を 0.5 として判別ルール (5.4) を適用した場合の判別結果を分割表にしてみましょう．次のコードを実行してください．

```
> p <- 0.5 # 閾値を0.5として判別する
> Predicted <- ifelse(res$fitted.values>=p,1,0)
> f <- xtabs(~d$Died+Predicted)
> print(f)
```

```
      Predicted
d$Died    0    1
     0  349  362
     1  126 1364
```

表 5.2 は，この分類結果をさらに少しみやすくまとめたものです．

表 5.2　閾値 0.5 での判別ルールの予測結果

		判別 (予測)		計
		生存	死亡	
実際	生存	349	362	711
	死亡	126	1364	1490

オブジェクト f に正誤分類の 2×2 分割表を保存しましたので，次のコマンドで正判別率を求めてみます．

```
> # 正判別率
> r <- 100*sum(diag(f))/sum(f)
> print(r)
```

```
[1] 77.82826
```

diag(行列) は行列の対角成分 (ここでは 349 と 1364) を取り出す関数，sum はすべての成分の合計をとる関数でしたので，計算の結果，この判別ルールの正判別率は約 77.8%であることがわかります．正判別率は総合的な的中率ですが，感度や特異度を使えば，さらに細かく判別性能の善し悪しをみることができます．なお，特異度 (真陰性率) の代わりに「1 − 特異度」(偽陽性率) のほうで用いることが多いので，ここでも 1 − 特異度 を計算させます．次のコマンドを実行して，感度，1 − 特異度 を計算しましょう．

```
> #tp      感度 = 真陽性率 P(予測値=1|観測値=1)
> #fp 1-特異度 = 1-真陰性率 = 偽陽性率 P(予測値=1|観測値=0)
> tp <-   f[2,2]/(f[2,1]+f[2,2])
> fp <- 1-f[1,1]/(f[1,1]+f[1,2])
> tp; fp
```

```
[1] 0.9154362
[1] 0.5091421
```

閾値を 0.5 とした，このロジスティック判別において，感度は約 92%と比較的良好ですが，1 − 特異度は約 51%ということで生存グループは半分位しか予測が当たらないことがわかります．

5.5　閾値の変更：感度と 1 − 特異度

前節 5.4.2 項では閾値を 0.5 に設定して判別しましたが，閾値は常に 0.5 にする必要はありません．感度や特異度の値を考慮して，閾値を設定するのが一般的です．たとえば，がんの検査では，がんでない人をがんと間違えるのと比べ，がん罹患者をがんでないと間違えるほうが深刻です．がんでない人をがんと間違えても，より詳しい検査をするとがんではなかったというほうが，その逆の間違いよりもデメリットが小さいです．したがって，この場合，感度はできるだけ高いほうが良い一方で，1 − 特異度 はある程度大きな値であっても許容されます．閾値を変化させることで，偽陽性率が増えても真陽性を高めることができますし，またその逆も可能です．閾値の選択を検討することで，利用目的に応じた感度や特異度の選択が行えます (図 5.4 参照)．

また，検査方式は 1 つだけではなく，複数の方法があるでしょう．そのような場合では，閾値の設定だけでなく，より良い検査方式を選択する，もしくはみつけ出すプロセスも必要になります．つまり，閾値は必ずしも 0.5 に固定する必要はなく，いろいろと変化させて検討するほうが理に適っています．また，判別の閾値をいろいろと変化させることで，検査全体の総合性能として，どの検査が優れているかを検討できるようになります．

では，タイタニック号のデータに戻り，ロジスティック回帰のあてはめに基づく判別 (ロジスティック判別) に対して，閾値をいろいろ変化させて検査性能がどのように変わるかみてみましょう．まずは閾値の候補となる値を，0.1〜0.8 までの 0.1 刻みのベクトルの形にして，次のように用意します．

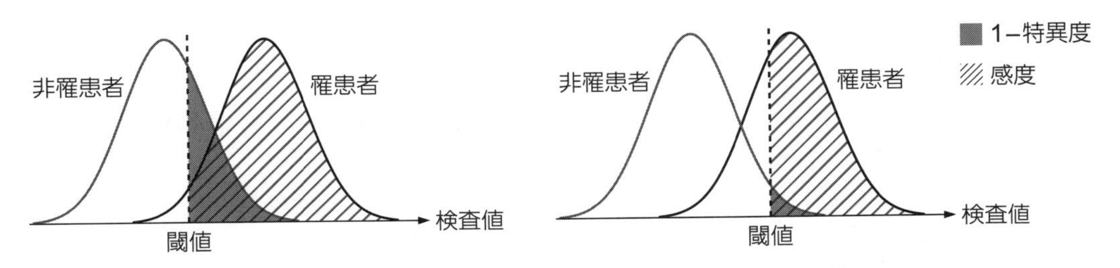

図 5.4　罹患者と非罹患者の検査値の分布と閾値の設定による 1 − 特異度 と感度の変化

```
> (p <- 1:8/10)
```

```
[1] 0.1 0.2 0.3 0.4 0.5 0.6 0.7 0.8
```

0.9 も入れたいところなのですが，今回のデータでは，閾値を 0.9 にすると全員が死亡と予測されてしまい，例示用の簡単なプログラムではエラーが起きるので，簡単のため，0.8 までにしています．この閾値の候補ベクトルの各成分 1 つ 1 つに対して，先ほど閾値 0.5 の場合に行った計算を，閾値の設定のみ変えて適用させます．つまり，繰り返し文 (for 文) を適用して閾値だけが変化するようにすればよく，次のコマンドのようになります．

```
> tp <- c()
> fp <- c()
> for(j in 1:8){
    Predicted <- ifelse(res$fitted.values >= p[j],1,0)
    f <- xtabs(~d$Died+Predicted)
    tp[j] <- f[2,2]/(f[2,1]+f[2,2])
    fp[j] <- 1-f[1,1]/(f[1,1]+f[1,2])
  }
> cbind(p,tp,fp)
```

```
       p        tp        fp
[1,] 0.1 1.0000000 0.9985935
[2,] 0.2 0.9973154 0.7834037
[3,] 0.3 0.9751678 0.6230661
[4,] 0.4 0.9751678 0.6160338
[5,] 0.5 0.9154362 0.5091421
[6,] 0.6 0.8362416 0.4135021
[7,] 0.7 0.8362416 0.4135021
[8,] 0.8 0.3630872 0.1251758
```

最初の 1-2 行「tp <- c(); fp <- c()」はこれまで何度か紹介しましたが，tp, fp をベクトルとして使っていくことを R に認識させる初期化の作業です．あとは閾値 $p = 0.5$ の場合の計算を for(j in 1:8){}で挟んで閾値のみ変化させているだけですが，各 j で計算される感度，$1 -$ 特異度をそれぞれ tp[j], fp[j] に保存しています．最後に，cbind で 3 つのベクトル p, tp, fp を横につないだ行列として出力させています．

tp, fp の値をみると，閾値が 0.5 のときは前節と同じ結果 (感度: 約 92%，$1 -$ 特異度: 約 50%) であること，閾値が大きくなるにつれて，感度も $1 -$ 特異度 も徐々に減少していくことが確認できます．閾値を変化させて，感度と $1 -$ 特異度 を求めることができたので，それをグラフにしてみましょう．plot 関数を使って，fp を x 軸 (横軸)，tp を y 軸 (縦軸) にして描くことにします．つまり，次のコマンドを実行します．

```
> plot(fp,tp,type="l",xlim=c(0,1),ylim=c(0,1),
    xlab="偽陽性率=1-特異度",ylab="真陽性率=感度")
```

オプション type="l"で点を折れ線でつなぎ，xlim=c(0,1)，ylim=c(0,1) により，x 軸と y 軸の範囲を 0～1 として描く命令を与え，x 軸，y 軸のラベルを，xlab="偽陽性率=1-特異度"，ylab="真陽性率=感度"とつけました．実際のグラフ化では，とりあえずシンプルに描いてみてから，さらにみやすくわかりやすいグラフを目指して，こういったオプションを必要に応じて追加していくことになるでしょう．このままではまだ素っ気ないので，どの閾値を用いて各点の感度，特異度が計算されたかわかるように，次のコマンドを使って，閾値のテキストも図に追加しておきましょう．

```
> text(x=fp,y=tp,labels=p,col="red")
```

このコマンドの適用の結果，図 5.5 のようなグラフが作成されます．閾値を下げていくと，感度と $1-$ 特異度 が上昇する様子が確認できます．

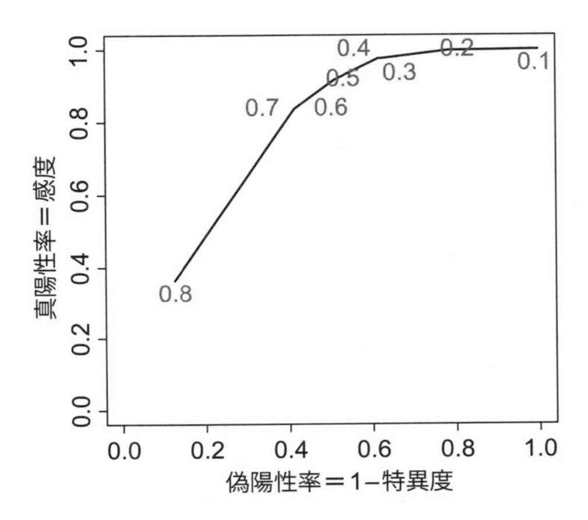

図 5.5　ロジスティック判別：閾値を変化させたときの感度と $1-$ 特異度 のグラフ

5.6　ROC 曲線

図 5.5 で描いた，閾値を動かして生じる感度と $1-$ 特異度 の変化のグラフは，**ROC** (Receiver Operating Characteristic: 受信者操作特性) **曲線**とよばれます．通常は，閾値の変化をもっと小刻みに動かして，もっと細かく変化するグラフを用います．このような ROC 曲線を用いれば，何らかの形で作成した判別モデル (検査) の総合的な性能を評価することができます．なお，R では，この ROC 曲線を描くための便利なライブラリが用意されています．ここではまず最初に，pROC というライブラリを紹介します[3]．最初にこのライブラリを読み込ませておきましょう．

```
> library(pROC)
```

ROC 曲線を描くために，このライブラリ内の roc 関数を，次の書式

roc(実際の 2 値観測値 ~ 対応する予測確率，データフレーム)

で適用させます (今回はデータフレームを使わないので省略します)．このデータでは，実際の 2 値観測値ベクトルは d$Died であり，予測確率ベクトルは，ロジスティック回帰で求めた予測確率 $\widehat{p}_i$ とします．この $\widehat{p}_i$ の値は，res$fitted.values によってとってこれます．そこで，次のようなコマンドを打ち込みましょう．

[3] install.packages("pROC") によりインストールを済ませておきましょう．

```
> roc1 <- roc(d$Died~res$fitted.values)
```

```
Setting levels: control = 0, case = 1
Setting direction: controls < cases
```

roc 関数を適用させて，roc1 という名前を付けたオブジェクトに ROC 曲線を描くための情報を保存しました．この段階では，ROC 曲線を描くための情報を保存しただけなので，そこから必要な情報を取り出します．names を roc1 に適用すると次のようになります．

```
> names(roc1)
```

```
 [1] "percent"    "sensitivities" "specificities"      "thresholds"
 [5] "direction"  "cases"         "controls"           "fun.sesp"
 [9] "auc"        "call"          "original.predictor" "original.response"
[13] "predictor"  "response"      "levels"
```

これらの中で，感度は roc1$sensitivities で，特異度は roc1$specificities で取り出せます．plot 関数を使って，x 座標に $1-$ 特異度，y 座標に感度を与えれば，ROC 曲線を描くことができます．

```
> plot(1-roc1$specificities,roc1$sensitivities,type="l",
    col="red",xlab="偽陽性率=1-特異度",ylab="真陽性率=感度")
> lines(fp,tp,col="blue")
```

上記のコマンドを適用すれば図 5.6 のグラフが作成されます．なお，この 3 行目のコマンドの lines 関数では，図 5.5 で描いた tp，fp の折れ線グラフをこの図へ重ね描きしています (図 5.6 の青色の線)．図 5.6 に赤色で描かれた ROC 曲線は，より細かい閾値の変化を与えていますので，青色の線と若干ずれるところもありますが，ほぼ同じであることが確認できます．なお，細かく閾値を変化させたものとほとんど変わらないのは，今回のデータでは，5 個すべてが 2 値化された説明変数を用いたロジスティック回帰だったので，予測確率のとりうる値が $2^5 = 32$ 個に限定されているからです．

次に，この ROC 曲線をどのように使っていくのかを説明します．とりわけ，ROC 曲線の曲線下

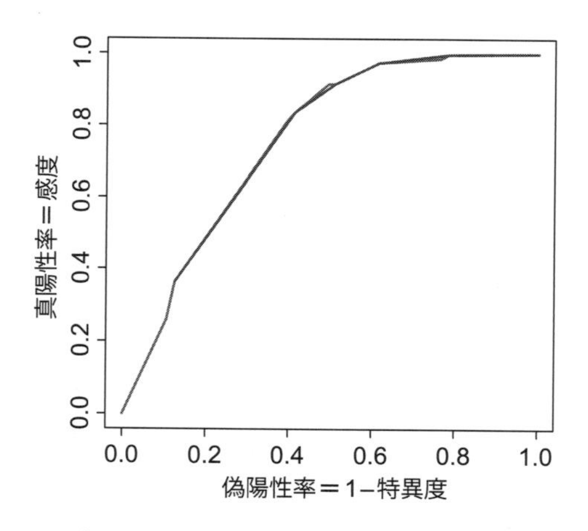

図 5.6　ロジスティック判別：ROC 曲線と図 5.5 の重ね描き

面積は重要な指標であり，判別ルールの性能評価でよく使用されています．ある病気の発症の有無を検査で評価する図 5.4 のような例を取り上げて，極端な例を 2 つ考えてみましょう．

まずは完璧な検査についてです．図 5.7 を参照しながら説明します．図 5.7 は検査値 (横軸) に対する発症者と非発症者の分布を表しています．**完璧な検査**とは，発症なしとありの人々を 100%区別できるものです．発症なしと発症ありの人々の分布は，図 5.7 の上図左側のようになっていて，ちょうど重なるところがない検査の場合です．そうすると，閾値 (カットオフ値) を①から②に動かしても，発症ありの人はありと判定されるので，感度は常に 1 のままです．閾値を②から③に動かすと，発症なしをなしと判定するので特異度は 1 のまま，感度も相変わらず 1 のままです．閾値を③から④に動かせば，特異度は 1 のままですが，感度は徐々に減少します．というわけなので，ROC 曲線は図 5.7 上図の右側のように，感度と 1 − 特異度 の平面上で最上部と左部の縁を描きます．

次に，まったく意味のない検査を考えましょう．まったく意味のない検査というのは，発症している人々と発症していない人々を，まったく判別できないということで，図 5.7 の下図左側のようになっていて，検査値の分布としては完全に重なっているということになります．そのため，閾値がどの点にあっても，常に，感度と 1 − 特異度 は同じ値になります．つまり，この場合の ROC 曲線は図 5.7 下図の右側のように，感度と 1 − 特異度 の平面上で原点を通る傾き 1 の直線になります．

これらの 2 つの例は極端ですが，実際の検査は，図 5.4 のように，これらの中間の状態で，発症者と非発症者の分布にある程度の何らかの重なりがあるのが普通です．より良い検査方式をみつけて，発症者と非発症者の分布をできるだけ離したいのですが，常にそうできるとは限りません．完璧でない検査の場合の ROC 曲線は，完璧な検査，まったく意味のない検査の場合の ROC 曲線の間のどこかを通る曲線になります (ただし，まったく意味のない検査よりも悪い場合では，原点を通る傾き 1 の直線よりも下回ることもあります)．したがって，ROC 曲線の**曲線下面積** (**AUC**：Area Under Curve) は，まったく意味のない検査では AUC = 0.5，完璧な検査では AUC = 1 となり，それ以外では，通常，0.5 から 1 の間の値をとることがわかります．そのため，ROC 曲線の AUC を

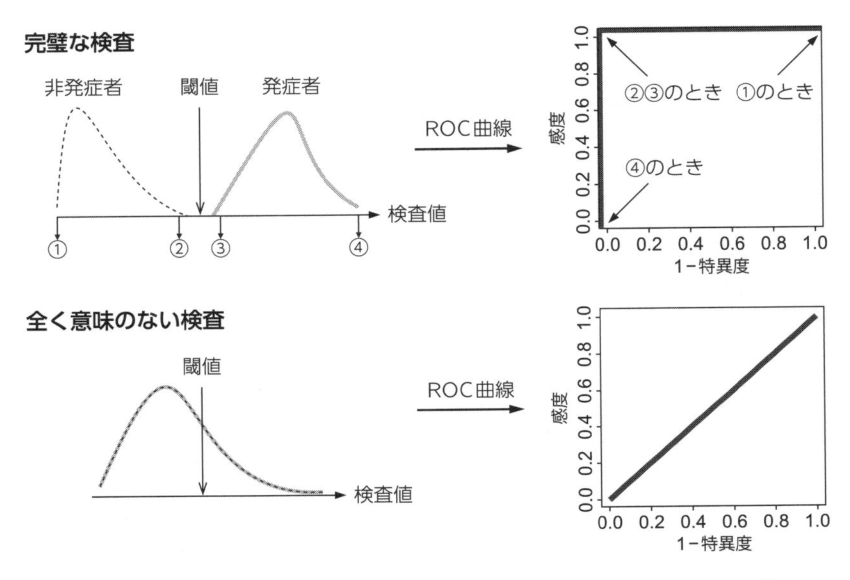

図 5.7 完璧な検査とまったく意味のない検査の分布と対応する ROC 曲線

求めて，その値が大きいほうが総合的に性能の良い検査方式であると評価することができます．あくまで目安としての指針ですが，AUC の性能としては，次のように考えるとよいと思います：

$\mathrm{AUC} \leqq 0.5$:　　意味のない判別
$0.7 \leqq \mathrm{AUC} < 0.8$:　　受容可能な (Acceptable) 判別
$0.8 \leqq \mathrm{AUC} < 0.9$:　　優れた (Excellent) 判別
$0.9 \leqq \mathrm{AUC}$:　　卓越した (Outstanding) 判別　(Hosmer–Lemeshow, 2000)

検査の例を使って説明しましたが，検査値をロジスティック判別の予測確率に置き換えればまったく同じように考えられます．このような ROC 曲線の AUC を判別ルールの性能に対する総合指標として利用することが多いです．R では，`roc` 関数を適用した結果をオブジェクト `roc1` に保存していますので，次のように `roc1$auc` と打ち込んでみましょう．

```
> roc1$auc
```

```
Area under the curve: 0.7597
```

AUC の情報が出力され，図 5.6 の ROC 曲線の AUC は，0.7597 ということがわかります．

満足のいく検査や判別方式がみつかれば，あとは，現実的な問題解決に対して，感度と特異度のどちらをどの程度優先するかを決めて適切な閾値を検討します．両方とも優劣を付けないということであれば，感度 + 特異度を最大にするような閾値を選ぶという考え方もあります (この場合，ROC 曲線上でどのような点になるか考えてみてください) が，医療の世界では，そのように機械的に決めてよい状況は少ないと思います．

タイタニック号のデータの場合，感度 + 特異度を最大にする閾値は 0.60 から 0.74 (感度: 約 84%, 1 − 特異度: 約 59%) の範囲にあります．感度 + 特異度を最大にする閾値を選ぶ場合，この範囲にあればどれを選んでも同じですが，通常，中間値 (0.67) を候補とするでしょう．特異度を重視したい場合，たとえば，特異度 80%以上確保したいということであれば，その中で感度が最も高くできる閾値の中間値 0.79 を選ぶとよいでしょう．

5.7　CART, 分類木, 決定木

5.7.1　概要

本節では，**CART** (Classification and Regression Trees) や**決定木**とよばれる分析手法を学び，適用していきます．2 値判別問題に適用した決定木のことを分類木といいます．まず図 5.8 を用いて，決定木の概要を簡単に説明します．図 5.8 は，気温と湿度の組み合わせによって暑いと感じたか否かを，暑いと感じた場合を三角の点で，そうでない場合を丸い点で示した散布図です．さて，このデータに基づいて，気温が何度以上で，湿度が何%以上なら暑いと感じるだろうかというルールを作りたいとします．

データから予想するに，気温 30 度以上なら湿度によらず暑いと感じる人が多いですが，30 度以下では湿度によっては暑いと感じたり，そうでもないこともあるため，ルールは必ずしも単純ではありません．計算機を使えば，図 5.8 の点線のような最適な線形的なルールなどを簡単に計算できますが，我々人間が行動するときは，もともとの個別の変数に基づくシンプルな場合分けルールの

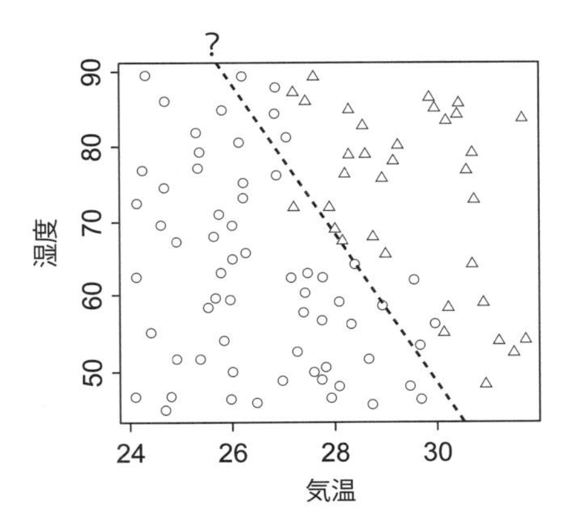

図 5.8 気温と湿度の組み合わせによって暑いと感じた (三角) か否か (丸)

組み合わせで決めることが多いです．そこで，ここでは説明変数の関数などは考えずに，説明変数そのものの値の大小だけに基づいてルールを構成してみようと思います．そのメリットとして解釈のしやすさが生まれます．

図 5.8 では，たとえば，気温が 30 度以上か未満で分岐を考えます．30 度以上なら「暑い」と感じる人が多いです．次に気温が 30 度未満なら湿度が 65%以上か未満で分かれて，65%未満なら「暑くない」と感じる人が多いです．一方 65%以上なら，さらに分岐が生じて，27 度以上なら「暑い」と感じる人が多いが，27 度未満なら「暑くない」と感じる人が多いというルールです．このようなルールによって，最終的に 4 つの場合分けが得られますが，説明変数は気温と湿度の 2 次元なので，図で描くと図 5.9 のように 4 つの領域に分割された形で描けます．この例では，分岐ルールがデータを完璧に分けたものになっていますが，実際には，個人差によって基準は変わってくると思いますので，あくまでも 1 つのモデルと考えてください．図 5.9 のように判別ルールを作っていく方法が決定木分析の考え方になります．

決定木の別の例として図 5.10 をみてみましょう．決定木という名称は，始点の集団全員を「根」，途中の分岐を「枝」，途中の部分集団を「節 (ノード)」，終端の部分集団を「葉」と見立てた樹木図をつくることに由来しています．この例では全員 100 名の「根」から出発して，まず男性か女性かで分岐し，次にそれぞれ治療 A, B で分岐しています．決定木の結果は「葉」で解釈することが基本

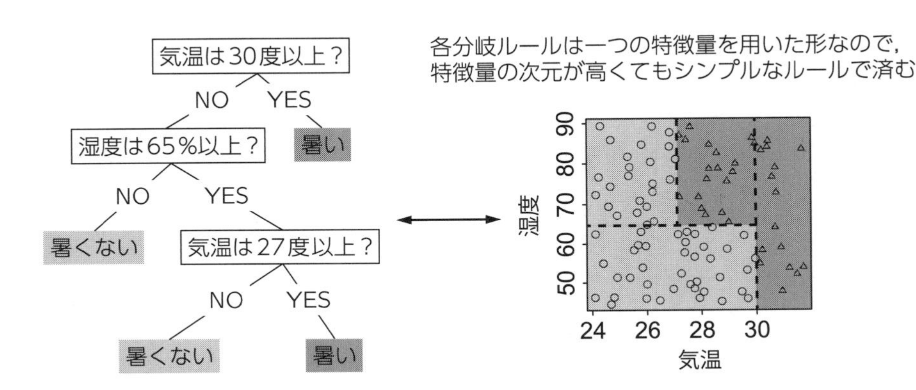

図 5.9 気温と湿度による決定木の作成例

になります．治療で分かれた男性の集団の改善割合が40%，10%より，治療効果で30%ポイントの差があり，女性の集団の改善割合は80%，60%なので，治療効果に20%ポイントの差があります．つまり，男性の改善割合は全体的に低いが，治療による改善割合の差は女性より10%ポイント大きいという解釈ができます．つまり 性別 × 治療 の組み合わせによって効き方が違うという交互作用をみることができます．**交互作用**とは，2つ以上の因子の組み合わせで起こる相乗効果のことです．このように決定木は，データの交互作用などの関係を，樹木図を通して理解し解釈できる方法といえます．

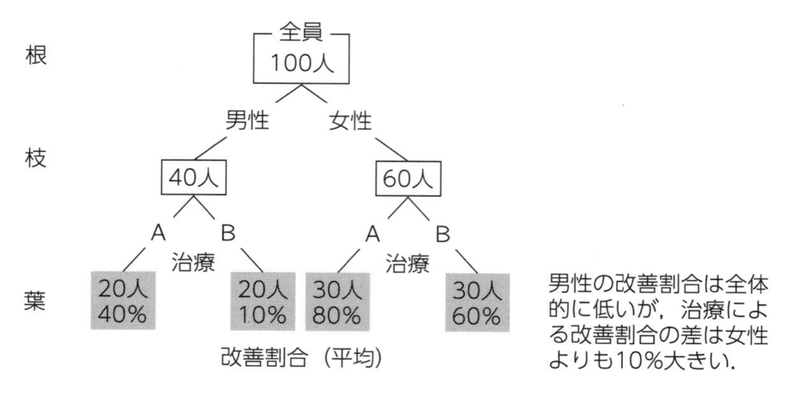

図 5.10　改善の有無を目的とした決定木の作成例

5.7.2　構成方法

図5.10の例では，たとえば，性別ではなく治療方法をはじめの分岐とすることも考えられます．良い決定木とは，主に，(1) 予測が良いこと，(2) 良い解釈ができる (現象の理解のための良い説明ができる) ことが挙げられます．ただし，良い解釈ができることとすれば，解析者の恣意性が入らないとも限りませんし，様々なデータに対する一貫したルールはないといえます．そのため，通常の決定木 (CART) の作成では，予測が良いことに基づいて行われます．ここからは，決定木がどのようにつくられるのかアルゴリズムを手短に紹介します．以下にアルゴリズムの概要をまとめておきますので，まず目を通してください．

ステップ 1　(成長過程)：木を次々と大きくしていく．
　停止基準 1. 分割された部分集団が最小の標本サイズに到達
　停止基準 2. 残差平方和，Gini 指標，誤分類率などの最小基準に到達
ステップ 2　(刈り込み過程)：ステップ1で作った大きな木を，枝が弱い順に刈り込みながら次々と木の減少列を作成する．
ステップ 3　最適な木 (決定木) の選択

まず，最初のステップ1では，木を次々と大きくしていく，すなわち，データを次々と分割していきます．最初は根からスタートして，その各ノードで繰り返し分岐をつくるわけですが，分岐には，説明変数の選択，および連続な説明変数であれば区分点の選択があって，それらの選択の中で，どの

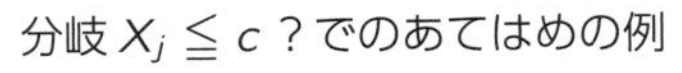

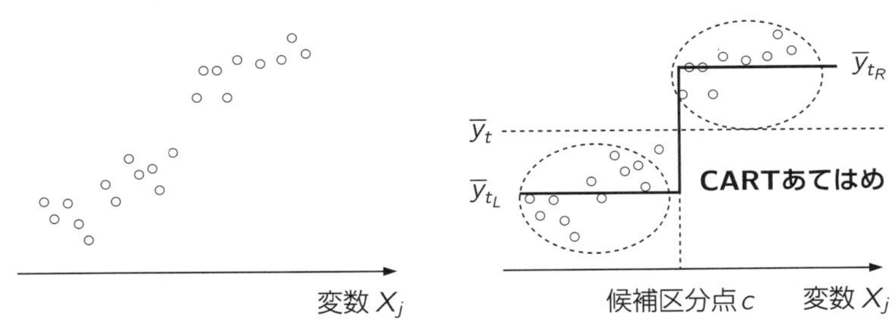

図 5.11　決定木 (CART) の分岐ルールの区分点の選び方の例

分岐が最も誤差を減らすことができるかを求めます．そのため，かなり負荷のかかる計算を行うことになります．どの分岐が最も誤差を小さくできるかについてですが，目的変数が連続データの場合で説明しています．例として，目的変数 Y と説明変数 X_j の散布図が図 5.11 左のようになっていたとします．候補となる区分点をすべて総当たりして，たとえば，図 5.11 右の候補区分点 c のところで 2 分割すると，分割後の平均の差が最も大きくなりそうです．もう少し正確にいうと，分割前にもっている集団の平均 $\bar{y}_t$ からの誤差量と，分割後に得られる 2 つの平均 $\bar{y}_{t_L}$，$\bar{y}_{t_R}$ からの誤差量の差が最も大きくなる分岐を選びます[4]．図 5.11 では，1 つの説明変数に対する分岐ルールですが，これをすべての説明変数に対して行い，各説明変数の中でどの区分点が最も誤差量を減らすかを調べます．

そして，すべての説明変数と区分点からなる分岐の中で，最も誤差量を減らす分岐が採用されます．2 値データの散布図は観察が難しく，ここではイメージをしやすいように連続データを例に使いました．2 値判別問題でも同様に，目的変数のありを $Y = 1$，なしを $Y = 0$ とすれば，ほぼ同じイメージで考えることができ，このときの誤差量には Gini 指標が対応します．このような分岐を用いて，停止基準 1, 2 を満たすまでデータの分割を行います．

ただし，ステップ 1 で作った大きな木が予測において必ずしも良いとは限らないことに注意してください．そこで，次のステップ 2 では，大きな木の中に含まれる予測の良さにあまり寄与しない分岐を刈り込んで得られるいくつかの木を，たとえば図 5.12 のような形で作成します．さらにステップ 3 で，それらの木の中で，どの木が良いといえるかを検証します．つまり，ステップ 2 で作成された木の刈り込み列の中でより予測の良い木を探します．実は複雑すぎる木は，予測性能は良くないことが知られています．木を大きくしすぎると，たまたま起きたパターンや，エラーなどを取り込んでしまうからです．これを**過剰あてはめ現象** (過学習) といいます．

そこで，次のように考えます．木の複雑さの度合いを罰則として考え，木の最適性の規準をつくるために必要になる「木の損失量」を定めます．具体的には，木がもつ誤差量に，木の複雑さの罰則として，木の葉数 × 正の**複雑度パラメータ** α を加えたものを「木の損失量」として定義します．すなわち，式で書くと

$$\text{木の損失量} = \text{木がもつ誤差量} + \text{葉数} \times \text{複雑度パラメータ}\,\alpha \tag{5.5}$$

---

[4] 誤差量について説明します．i 番目のデータの目的変数 Y を Y_i，説明変数 X_j を X_{ij} とすると，分割前にもっている集団の平均 $\bar{y}_t$ からの誤差量は $\sum_i (Y_i - \bar{y}_t)^2$，分割後に得られる 2 つの平均 $\bar{y}_{t_L}$，$\bar{y}_{t_R}$ からの誤差量は $\sum_{\{i:X_{ij} \leqq c\}} (Y_i - \bar{y}_{t_L})^2 + \sum_{\{i:X_{ij} > c\}} (Y_i - \bar{y}_{t_R})^2$ と書くことができます．

のようになります．固定した α の値に対応して，この損失量を最小にする木が求まります．木を大きくすればするほど木がもつ誤差量自体は小さくなりますが，逆に，木の複雑さに対する罰則項はどんどん大きくなります．複雑度パラメータ α は，罰則の大きさを調整するパラメータです．つまり，どの木が良いかということは，式 (5.5) による損失量の導入で，どのパラメータ α がよいか？という問いに置き換えることができます．図 5.12 に書かれた α_k $(k = 0, 1, \ldots, 5)$ の例では，α の値を範囲 α_{k-1} から α_k に設定したときに，木の損失量を最小にする木の例を描いています．大きすぎる木は，基本，過剰あてはめになっていますので，通常は，**交差検証法**[5)]を用いて，α の各値に対応する木の予測性能を求めることで，ちょうどよいパラメータ α を選ぶことができ，予測の良い決定木が選択できます．

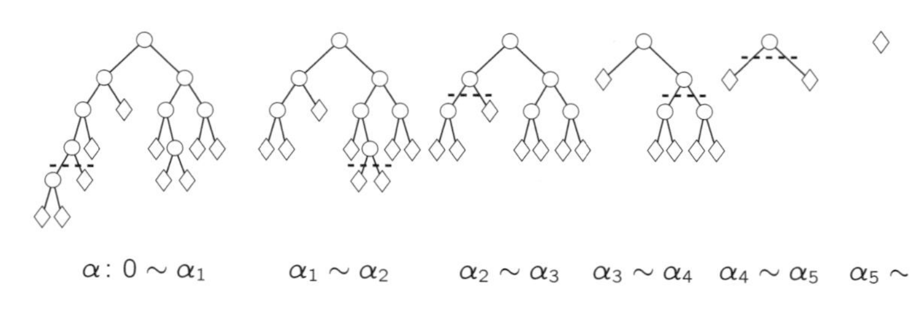

α: $0 \sim \alpha_1$　　$\alpha_1 \sim \alpha_2$　　$\alpha_2 \sim \alpha_3$　　$\alpha_3 \sim \alpha_4$　　$\alpha_4 \sim \alpha_5$　　$\alpha_5 \sim$

図 5.12　いくつかの決定木の例：木の大きさの選び方

5.7.3　適用例

タイタニック号データに決定木の方法を適用してみます．ライブラリは rpart と partykit を使います．次のコマンドを実行させてみましょう．

```
> library(rpart)
> res <- rpart(as.factor(Died)~., data=d, method="class")
> library(partykit)
> plot(as.party(res))
```

上記コマンドの2行目の rpart 関数は，決定木をあてはめる関数で，次の書式

```
rpart(目的変数~説明変数 1+説明変数 2, data=〇
                method="class"#(分類木), "anova"(回帰木), "exp"(生存時間木)
                cp=0.01)      #(cp は複雑度パラメータαのことです)
```

で使います．モデルの指定「目的変数~説明変数 1+説明変数 2」の部分は，ロジスティック回帰の glm 関数と同様です．今回のあてはめでは，データフレーム内にある目的変数以外のすべての変数を説明変数として用いるのでドット記号「.」で省略できます．目的変数 Died は，0 または 1 の 2 値変数であり，ここで作成したい決定木は「分類木」になるので，オプションに method="class"を設定しておきます．4 行目の plot(as.party(rpart のあてはめ結果)) によって決定木が図 5.13 のように出力されます．なお 2 行目で as.factor(Died) として目的変数 Died を因子型変数に変換しているのは，決定木の葉の要約を図 5.13 のように割合の形で表示するためです．目的変数が数値型変数であれば，決定木の葉の要約は箱ひげ図として表示されます．

---

5) 決定木では，K 重の交差検証法をよく用いますが，これは第 8 回でより詳しく説明します．

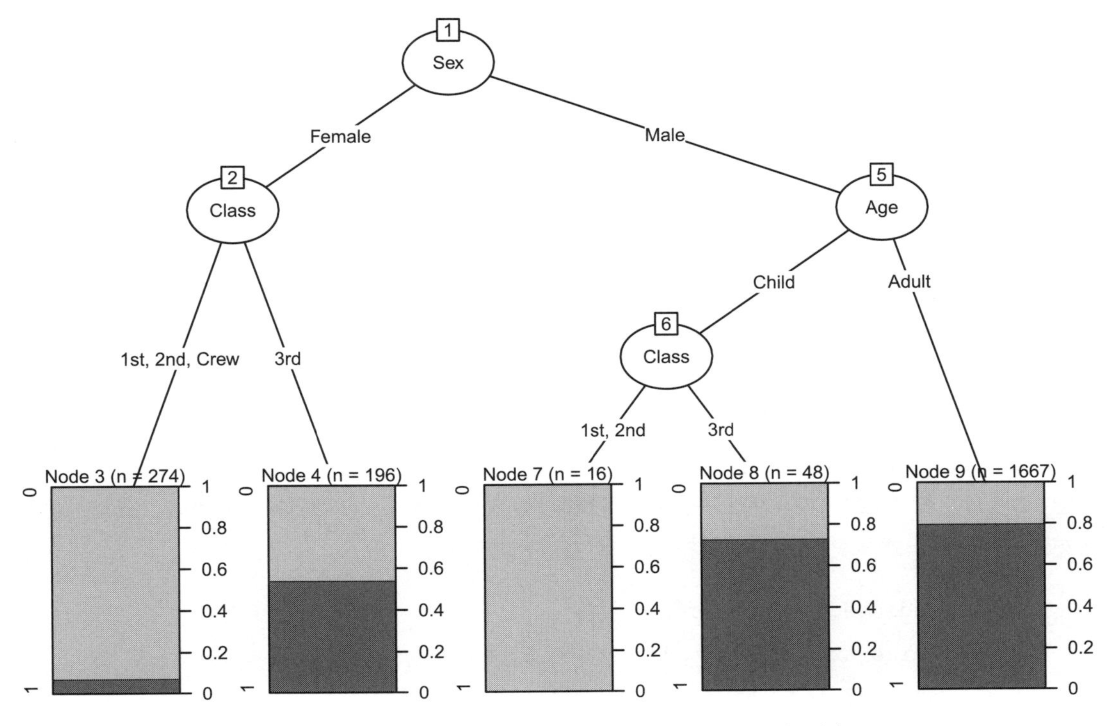

図 5.13　タイタニック号データに対する分類木の適用例

なお，あてはめ結果の res を打ち込めば，決定木のより詳しい数値をとれます．

```
> res
```

```
1) root 2201 711 1 (0.3230350 0.6769650)
  2) Sex=Female 470 126 0 (0.7319149 0.2680851)
    4) Class=1st,2nd,Crew 274  20 0 (0.9270073 0.0729927) *
    5) Class=3rd 196  90 1 (0.4591837 0.5408163) *
  3) Sex=Male 1731 367 1 (0.2120162 0.7879838)
    6) Age=Child 64  29 1 (0.4531250 0.5468750)
     12) Class=1st,2nd 16   0 0 (1.0000000 0.0000000) *
     13) Class=3rd 48  13 1 (0.2708333 0.7291667) *
    7) Age=Adult 1667 338 1 (0.2027594 0.7972406) *
```

図 5.13 をみていくと，全員で 2201 人のデータですが，最初に，性別の分岐が採用されています．次に，女性の集団では，{1st, 2nd, Crew} と 3rd で分割され，女性かつ {1st, 2nd, Crew} では約 93%の生存割合である一方，女性かつ 3rd では約 46%の生存割合ということで非常に大きな差があることがわかります．男性の集団では，Class で分けるよりも，Adult と Child のほうで先に分割されています．Adult 集団では Class にはあまり影響されないが，Child 集団では，Class で分けられ，比較的大きな差があったようです．その結果，Adult で約 20%の生存割合，Child かつ {1st, 2nd} で 100%生存，Child かつ {3rd} で約 27%生存という分類木が作成されました．結果を表示させるときはできれば工夫してまとめておいたほうがよいです．たとえば，表 5.3 のようにまとめると結果をより明確に提示できます．

表 5.3　タイタニック号データの分類木分析のまとめ

性別		年齢		旅客等級			n	死亡率	生存率
女性	男性	子供	大人	1, 2等	Crew	3等			
○		-	-	○	○		274	0.07	0.93
○		-	-			○	196	0.54	0.46
	○	○		○			16	0.00	1.00
	○	○				○	48	0.73	0.27
	○		○	-	-	-	1667	0.80	0.20

決定木の結果についてみてきましたが，最後にこの決定木の予測性能をみておきましょう．ロジスティック回帰のときと同じようにすればよいですが，その際に，予測確率の情報が必要になりました．決定木あてはめの場合，個人の予測確率は，その個人が該当する決定木の葉における Y の平均値 (つまり，タイタニック号のデータでは死亡割合) を用います．R のコマンドでは，predict 関数を使ってとります．次のようにコマンドを打ち込んでみましょう．

```
> tree.Predicted <- predict(res)
> c <- ifelse(tree.Predicted[,2] >=0.5, 1,0)
> f <- table(d$Died, c) # xtabs(~d$Died + c)と同じ
> print(f)
```

```
   c
      0    1
  0 270  441
  1  20 1470
```

```
> 100*sum(diag(f))/sum(f)
```

```
[1] 79.05498
```

上記コマンドの1行目の「predict(rpart のあてはめ結果)」で決定木の予測確率を取り出して tree.Predicted に保存しましたが，この中には生存確率と死亡確率の2列が入っています．2列目に死亡確率が入っているので，Predicted[,2] を今回の予測確率として利用します．2行目は式 (5.4) と同じく，予測 (死亡) 確率が閾値 0.5 を超えると 1，閾値 0.5 を超えないなら 0 とする判別結果を求めています．3行目で table という関数を使いましたが，xtabs 関数を使っても同じ結果が得られます．つまり，table 関数は分割表をつくる変数が2つしかないときに使える xtabs 関数のショートカットと思えばよいです．あとはロジスティック判別のときとまったく同じようにして正判別率を算出しています．決定木による判別ルールの正判別率は約 79.1%と，ロジスティック判別の 77.8%よりも少し良い結果のようです．

なお，rpart 関数のオプション cp (複雑度パラメータ α) のデフォルト値は 0.01 です．cp の値をさらに小さくすると，より複雑な決定木が作られます．逆に，cp を大きくすると，小さな決定木が作られますので，一度，cp に何らかの値を設定してどのような決定木が得られるか確認してみましょう．デフォルト値 cp=0.01 を利用しても，多くの場合でそれなりに適切な結果が得られます．

ただし，上記で説明したように，予測の良さを評価して決定木を選ぶ場合は，交差検証法に基づいてより良い α を検討するのが望ましいです (交差検証法を用いて α を選ぶための R の適用例は文献 [8] を参照).

5.7.4 長所と短所

決定木の長所と短所を以下にまとめておきます.

長所：

1) モデルの解釈が容易，特に，説明変数の交互作用の影響がみやすい
2) 説明変数の個数がサンプルサイズより大きくても実行できる
3) 説明変数の変数型が連続型でも，カテゴリカル型でも同時に解析できる
4) 説明変数の 2 分岐に基づくため，説明変数の単調変換 (大小関係を変えない) をしても同じ決定木が得られる．そのため，極端な外れ値による影響を受けず，ほかの手法でしばしば検討される説明変数の良い変換をみつける必要がない.

2 番目の長所，説明変数の次元がサンプルサイズより大きくても実行できるという特徴ですが，これは通常の回帰分析では不可能な点です．3 番目の長所に関して，今回のタイタニック号データには連続な説明変数を入れていないですが，`Age` を連続的な変数として投入すれば，どの年齢で区切ればよいかという考察ができます．順番がない説明変数でも，決定木では，`Class` での分岐のように，水準の組み合わせで分岐を行うことができます．4 番目の長所に関してですが，かなり外れた極端な説明変数の値があれば，たとえば，線形回帰では回帰係数の値が大きく影響を受けます．一方，決定木では，説明変数による 2 分岐ルールに基づいて構成されるので，説明変数の極端な外れ値によって，決定木あてはめの結果が大きく変わることはないです.

短所：

1) 葉の結果に基づいて予測値を算出するため，線形回帰やロジスティック回帰のように連続的に変化をする予測値を算出しない.
2) 1 つの決定木だけの予測性能はそれほど高くない (第 8 回では複数の木を扱うランダムフォレストを紹介します)．特に，目的変数に (階層構造をもたず) 独立して影響を与える説明変数が多い状況では，この傾向はより顕著になる.
3) 用いる説明変数の変更，データ数の増加やデータの削減といった，わずかな要素でまったく別の樹木に変化することも多い (構造的弱さ).

3 番目の短所ですが，これは，決定木という名前に頑健さのニュアンスがあるため誤解してしまいますが，決定木あてはめを何度か実行すると，説明変数の変更などあてはめ要素のわずかな違いで，別の木が作られることを多く経験しますので，1 つのあてはめで得られた決定木を信用しすぎないようにしましょう．ただ用いる説明変数を加工したり，工夫することで，より安定した決定木をつくることには意味があります.

5.8　判別の性能比較

閾値を0.5とした場合，決定木による判別の正判別率では，ロジスティック判別より少し良い予測結果を得ましたが，それだけで，決定木による判別ルールの性能が良いと判断するのはまだ早いです．ここでは，決定木による判別のROC曲線を描いてみましょう．

```
> roc2 <- roc(d$Died~tree.Predicted[,2])
> plot(1-roc1$specificities,roc1$sensitivities,type="l",
    col="red",xlab="偽陽性率=1-特異度",ylab="真陽性率=感度")
> lines(1-roc2$specificities,roc2$sensitivities,col="blue")
> abline(a=0,b=1,col="gray",lty=3)
> legend("bottomright",lty=c(1,1),
    col=c("red","blue"),legend=c("logistic","cart"))
> roc1$auc;roc2$auc
```

```
Area under the curve: 0.7597
Area under the curve: 0.7263
```

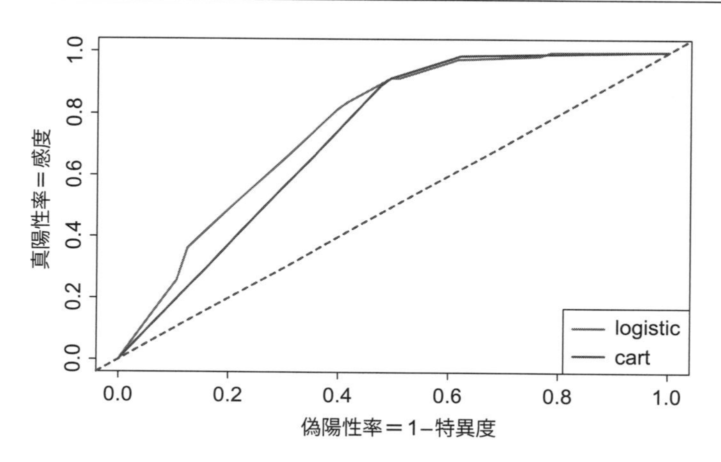

図5.14　ロジスティック判別によるROC曲線(赤)と決定木によるROC曲線(青)

上記コマンドの1行目では，すでに求めた`tree.Predicted`の2列目を予測確率として，`roc`関数を「`roc`(実際の2値観測値~予測確率)」の形で適用し，あてはめ結果を`roc2`に保存しました．すでに描いたロジスティック判別のROC曲線と重ねて描きたいので，2行目のコマンドで，`roc1`に保存したロジスティック判別のROC曲線を先に描いておきます．そして，3行目のコマンドで，`roc2`に保存された決定木分析のROC曲線を重ね描きするので，`plot`関数を使わずに`lines`関数を使ってROC曲線を描きます．さらに，5行目の`abline`で原点を通る傾き1の直線の追加，6-7行目の`legend`で凡例の追加をしています．その結果，図5.14のように重ね描きされたROC曲線が得られます(ロジスティック判別が赤，決定木が青)．閾値0.5での正判別率では，決定木のほうがよかったですが，ROC曲線全体でみると，ロジスティック判別のほうが全体としての性能はよさそうです．予測性能の総合指標のAUCでは，ロジスティック判別が0.7597，決定木が0.7263ということで，わずかではありますが，AUCの規準でみると今回のデータでは，決定木はロジスティック判別より性能が若干落ちるという結果になります．

第5回のまとめ

- ✔ R では，回帰分析の説明変数に因子型変数を用いると，自動的にダミー変数化された回帰あてはめが行われる．因子型変数を用いる場合，あらかじめ，解釈しやすいように参照値を適切に設定しておく．
- ✔ 複数の 2×2 分割表から得られるオッズ比の平均的傾向を求める (推定する) ため，ロジスティック回帰を用いることができる．
- ✔ ロジスティック回帰から得られる予測確率を用いて，判別ルールを作成することをロジスティック判別という．
- ✔ 判別ルールの閾値を変化させて得られる ROC 曲線 (感度と $1 -$ 特異度 のグラフ) を用いて，判別ルールの性能を可視化できる．
- ✔ ROC 曲線の AUC (曲線下面積) は判別ルールの性能を表す総合指標として用いることができる．
- ✔ 決定木を用いれば，データの傾向をわかりやすく理解したり，解釈することができる．
- ✔ 2 値データに対する決定木あてはめを用いた判別ルールは，決定木の葉の集団の平均を用いて作成することができる．

5.9 課題

第 2 回の課題で扱った出生体重のデータ `birthwt` を用います．今回も 4 列目, 7 列目〜10 列目までを除外して使用します．変数 `Age` と `lwt` は，母の年齢と体重，`smoke` は喫煙の有無，`ptl` は早産の経験回数，`low` は出生児の低体重の有無 (有: 1，無: 0) です．母の体重をポンドから kg に変更し，早産 `ptl` が過去に 1 回以上あれば 1，そうでなければ 0 となるようにして利用します．以下のコードを実行して，これらの説明を反映したデータフレーム `d` を用意します：

```
> library(MASS)
> d <- birthwt
> d <- d[,-c(4,7:10)]
> d$lwt <- 0.453592*d$lwt
> d$ptl <- ifelse(d$ptl>=1,1,0)
```

`low` (低体重の有無) を目的変数として，次の課題 1)–4) に取り組みましょう．

1) ロジスティック回帰を用いてリスク因子 (説明変数) の評価を行う．
2) 1) で用いたロジスティック回帰モデルに対して，ロジスティック判別を実行し，その予測性能を評価する．
3) 分類木を用いてリスク因子 (説明変数) を探索し，どのような解釈ができるか考えること．
4) 2), 3) で用いたロジスティック判別と分類木に対して，それらの判別ルールの性能を ROC 曲線を用いて比較する．

第6回
テキスト情報を数値化して活用しよう
—— 統計的テキスト解析

講師　佐藤 健一

達成目標

- ❏ 日本語のテキストを分かち書きして，頻出語句を抽出する.
- ❏ 文書ごとの単語の頻度に基づき，多変量解析やネットワーク分析を用いてテキストを端的に要約し，また関連する背景要因を探索する.

キーワード 分かち書き，文書単語行列，共起ネットワーク，ネットワーク分析，対応分析

パッケージ quanteda, quanteda.textstats, RColorBrewer, quanteda.textplots, wordcloud,igraph, makedummies, MASS[1)]

データファイル h18koe.csv, wiki.csv

はじめに

今回はこれまでに学習した多変量解析や無向グラフを用いてテキストデータの要約の方法を紹介します．クラスの男子生徒 20 人分の身長を計測して，その要約をするなら平均値や標準偏差を使いますが，20 人分の課外学習の感想文を要約するにはどうすればよいでしょうか？ ほかにも観光の感想，市議会の議事録，医療ガイドライン，などテキスト化されているデータは様々なところにみられます．その意味で，数値データだけでなく，テキストデータも扱えるようになるとデータ解析の守備範囲が一気に広がります．同じテキスト解析でも，大量のテキストデータを統計的手法によって要約するのは統計的テキスト解析とよばれますが，スマホに「今日の天気は？」と質問して，返事をするための技術は自然言語処理とよばれ，テキストデータをコンピュータに理解させることを目的とします．両者は互いに補完する関係にありますが，ここでは統計的テキスト解析を紹介します.

---

1) 標準でインストール済み.

6.1　データの準備

沖縄県観光商工部によって，平成18年度観光統計実態調査「沖縄観光客満足度調査」が実施され，そのアンケートに寄せられた自由意見は別冊「観光客の声」としてホームページ[2]に公表されています．公開されているデータは第1回調査から第4回調査が別シートになったExcelデータですが，ここでは，第4回調査を元に作成したh18koe.csv (サポートサイトにて配布) を read.csv 関数を用いて読み込みます．その際に，stringsAsFactors=FALSE を指定して，5列目のテキスト列が因子型に変換されることなく，文字列として読み込まれるようにしています．

```
> dt <- read.csv("h18koe.csv", stringsAsFactors=FALSE)
> colnames(dt)
```

```
[1] "居住地"    "性別"     "年代"     "満足度"    "意見.感想"
```

このデータに含まれる意見.感想列のテキスト文を要約して，どのような単語が使われているか，どのように分類できるか，あるいは，それらは年代などの背景によってどのように特徴づけられるか，みてみましょう．

はじめに，example に98を代入して，98行目のテキストデータを表示します[3]．

```
> mytext_field <- "意見.感想"
> example <- 98
> dt[example,mytext_field]
```

```
[1] "北部までの高速道路を早く完成させて欲しいです。北部の道路が暗いので該当など整備したほうがいい
と思います。美ら海水族館は素晴らしかったです。でも、寂れた感じのテーマパークなどは、改装するなどの
工夫が必要だとおもいました"
```

このテキスト[4]がこの後のステップでどのように処理されていくかに着目してください．

6.2　分かち書き

テキスト解析のためのパッケージとしては RMeCab[5]がよく使われていますが，別途，外部実行ファイルである MeCab のインストールが必要です．ここでは，R のパッケージだけでテキスト解析が完結する quanteda パッケージを使います．どのパッケージを使っても処理の流れは大きく違いません[6]．quanteda の情報を集めた日本語による紹介ページ[7]もあります．

まず，corpus 関数を用いて，テキスト解析の準備を始めます．

```
> library(quanteda)
> corp <- corpus(dt,text_field=mytext_field)
```

---

2) https://www.pref.okinawa.jp/site/bunka-sports/kankoseisaku/12916.html
3) ほかの行のテキストデータでも試してみてください．
4) テキスト中の「該当」は「街灯」の誤りだと思いますが，原文のまま用いました．
5) 文献 [4] に RMeCab の詳しい説明があります．
6) 文献 [16] にはプログラミングを必要としないフリーソフトウェアによるテキスト解析が説明されています．
7) https://quanteda.io/articles/pkgdown/quickstart_ja.html

```
> corp[example]
```

```
Corpus consisting of 1 document and 4 docvars.
text98 :
"北部までの高速道路を早く完成させて欲しいです。北部の道路が暗いので該当など整備したほうがいいと思い
ます。美ら海水族館は素..."
```

「1 document and 4 docvars」というのは，1つの文書と4つの関連する列{居住地，性別，年代，満足度}があることを意味しています．なお，テキスト解析では，データファイルにある1行のテキストを形式的に文書とよぶことがあります．まだ，example 行の文書に変化はありません．次に tokens 関数を使って，文章を単語に区切る，**分かち書き**を行います．

```
> toks <- tokens(corp)
> toks[example]
```

```
Tokens consisting of 1 document and 4 docvars.
text98 :
 [1] "北部"  "まで"  "の"  "高速"  "道路"  "を"  "早く"  "完成"  "さ"  "せ"  "て"  "欲しい"
[ ... and 54 more ]
```

英語ならはじめから空白で単語が区切られているので分かち書きは不要です．テキスト解析に使われる MeCab や ChaSen は日本語の形態素解析を行い，品詞や動詞の原形まで識別することができますが，quanteda は形態素解析をせずに分かち書きを行います．また，quanteda は日本語だけでなくメジャーなすべての言語に対して同じようにテキスト処理を行うことができるというメリットがあります．quanteda については，文献 [31] を参照してください．

6.3 用例確認

前節の toks[example] の結果に「欲しい」という単語がありますが，沖縄観光の感想であることを考えると，観光客の要望を抽出するキーワードになるかもしれません．そこで，kwic 関数を用いて「欲しい」の用例を列挙してみます．window オプションによって前後に表示させる単語数を指定できます．これから，テキストの頻出語だけを抽出して扱うことになりますが，単語だけではどのように本文で利用されているかわかりません．気になる単語をみつけたら，用例について調べるとよいです．

```
> kwic(toks,"欲しい",window=7)
```

```
Keyword-in-context with 27 matches
  [text23, 14]     もっと 景勝 地 巡り を 取り入れ て   | 欲しい | 。
  [text37, 14]             、 美しい 自然 を 残 し て   | 欲しい | 。
  [text45, 17]       美しい 自然 を 守り つづ け て   | 欲しい | と 思い ます。 ( 旅行 者
  [text59, 33]    訪問 の 機会 を たくさん 作 って   | 欲しい | 。
  [text73, 24]      も 自然 を 大切 にし てい って   | 欲しい | 。
  [text98, 12]          道路 を 早く 完成 さ せ て   | 欲しい | です。 北部 の 道路 が 暗い
 [text100, 70]            。 今 の ま まで あっ て   | 欲しい | と 思い ます。 飼料 の 匂い
 [text104, 26]    って ショップ の 数 を 減らし て   | 欲しい | 。 そして いい サービス、 値段 設定
 [text105, 13]     トイレ・ シャワー ) を 整 えて   | 欲しい | 。 国際 通り の 駐車 場 が
 [text105, 33]        、 大きな 駐車 場 を 設け て   | 欲しい | 。 レンタカー の 料金 が 高い。
 [text105, 55]          や キレイ な 海 を 守 って   | 欲しい | 。
 [text129, 20]          の 所要 時間 を 明記 し て   | 欲しい | 。 プラン を 立てる とき に 参考
```

```
[text137, 10]         行先 を わか りや すく し て   | 欲しい | 。
 [text142, 6]                  歩道 を 広 くし て   | 欲しい | 。 モノレール から 見える 首 里 城
[text145, 31]           し つづ け て がん ば って   | 欲しい | 。 次 の 世代 に も 是非
[text150, 12]           ところ の 地図 を 載 せ て   | 欲しい | 。 以前 ありま した、 潜水艦 の
[text156, 73]          「 観光 」 を 考え てい って   | 欲しい | と 思 って い ます。 観光
[text157, 74]         、 暖かい 県民 作り を し て   | 欲しい | 。 そして 美しい 海 を 大切 にし
[text157, 84]     美しい 海 を 大切 にし てい って   | 欲しい | です。
[text159, 12]             の 工事 を 行 わ ない で   | 欲しい | 。 自然 な 沖縄 が 守 られる
[text163, 79]              た 観光 地 を 目指 し て   | 欲しい | 。 人 が 住 んで い ない
[text165, 11]         まで、 フェリー を 動 かし て   | 欲しい | 。
[text196, 27]         を いつ まで も 大切 にし て   | 欲しい | 。
[text213, 62]         美しい 海 を 大切 に 守 って   | 欲しい | と 思い ます。
[text275, 12]         浴場 か 風呂 設備 を 作 って   | 欲しい | 。
[text304, 12]  を もっと ホテル で たくさん 行 って   | 欲しい | 。
 [text327, 8]         沖縄 らしい 自然 を 残 し て   | 欲しい | 。 また、 戦争 体験 地 から
```

6.4　単語の抽出と削除

次に，分かち書きから必要な情報を抽出し，解釈できないような情報を削除します．

```
> toks <- tokens_select(toks, "^[０-９ぁ-んァ-ヶー一-龠]+$",
    valuetype ="regex", padding=T)
> toks[example]
```

```
Tokens consisting of 1 document and 4 docvars.
text98 :
 [1] "北部"  "まで"  "の"  "高速"  "道路"  "を"  "早く"  "完成"
 "さ"  "せ"  "て"   "欲しい"
[ ... and 54 more ]
```

ここでは，tokens_select 関数のオプションを valuetype="regex"として，正規表現を用いた抽出を行っています．**正規表現**とは，記号の組み合わせによって規則性のある文字の集合を表現する方法の1つです[8]．"^[０-９ぁ-んァ-ヶー一-龠]+$"を左端から解読すると，行頭「^」から行末「$」まで，全角数字「０-９」，ひらがな「ぁ-ん」，カタカナ「ァ-ヶー」，漢字「一-龠」[9]のどれか1つ「[]」の繰り返し「+」を抽出します． つまり，ここでは，英数字や記号は削除されます．また，padding=T によって，削除された後でもダブルクォーテーションにより，その位置を残します．これにより，削除行為によって，本来隣り合わない単語が，結果的に隣り合ってしまうことを防ぎます．

続いて，ひらがなだけの単語を削除します．tokens_remove 関数は，tokens_select 関数のオプション selection="remove"の別表現になります．

```
> toks <- tokens_remove(toks,"^[ぁ-ん]+$",valuetype="regex",padding=T)
> toks[example]
```

```
Tokens consisting of 1 document and 4 docvars.
text98 :
 [1] "北部"  ""  ""  "高速"  "道路"  ""  "早く"  "完成"  ""  ""  ""  "欲しい"
[ ... and 54 more ]
```

8) たとえば，次のサイトに詳しい書式が掲載されています．
https://www.megasoft.co.jp/mifes/seiki/

9) 漢字の範囲については議論の余地がありますが，広く利用されている記述を採用しました．

こうして，example 行目から，ひらがなだけの単語はなくなりましたが，残った単語を読んでも何となく意味はわかります．また，特定の単語を指定して削除することも可能です．

```
> toks <- tokens_remove(toks,c("思い","思う","感じ"),
                        valuetype="fixed",padding=T)
```

{ 思う，行く，聞く，話す } など基本動作を示す動詞などは頻度が高いわりに特にイメージが湧かないので削除することが多いです．ここでは，後で確認する頻出単語から解釈の困難な単語をあらかじめ削除しました．また，オプションの valuetype="fixed"は，削除した文字が正規表現ではないことを示します．不要な記号や単語はストップワードとよばれており，英語などのヨーロッパ言語には stopwords("en",source="snowball") のリストが広く使われているようです．日本語については stopwords("japanese",source="marimo") があります．必要に応じて，tokens_remove 関数の pattern オプションで指定してください．

6.5　複合語の選択

辞書に登録されていないが，隣り合って出現する頻度の多い単語を複合語の候補としてリストアップします．

```
> library(quanteda.textstats)
> mymin_count <- 5
> seqs <- textstat_collocations(toks,min_count=mymin_count)
> print(seqs)
```

	collocation	count	count_nested	length	lambda	z
1	観光 地	27	0	2	6.874625	13.237446
2	観光 客	16	0	2	6.249090	11.549632
3	那覇 市内	6	0	2	7.418888	11.439667
4	美しい 自然	7	0	2	5.726792	11.263884
5	美しい 海	8	0	2	5.540429	11.244378
6	何 度	5	0	2	7.269840	10.796758
7	交通 マナー	5	0	2	6.067231	10.494043
8	交通 渋滞	5	0	2	5.976190	10.467050
9	今回 初めて	6	0	2	6.201252	10.268335
10	駐車 場	7	0	2	9.759837	10.102016
11	海 水族館	8	0	2	6.444618	9.927153
12	沖縄 料理	9	0	2	4.430878	9.922462
13	観光 バス	9	0	2	3.620836	9.528502
14	バス ガイド	5	0	2	5.232221	9.403070
15	里 城	8	0	2	10.906720	9.054262
16	団体 旅行	5	0	2	6.545416	8.423005
17	沖縄 県	5	0	2	4.047457	7.463725
18	首 里	9	0	2	12.116558	7.277509
19	国際 通り	7	0	2	11.369413	7.143087
20	プロ 野球	5	0	2	11.570291	6.855388
21	安 心して	6	0	2	10.270593	6.760830
22	素 晴	7	0	2	12.978989	6.383914

一番出現頻度が高いのは「観光　地」の 27 回です．「観光」と「地」は別々に辞書に登録されていますが，「観光地」という単語は辞書にないためにこのような表記の仕方になっています．

textstat_collocations 関数の min_count=mymin_count で，列挙するときの最小出現頻度を指定しています．

また，右端の z 統計量が，複合語としての確度を示します．高い値ほど，複合語である可能性が高いと考えることができます．tokens_compound 関数を用いて，z 統計量が myz より大きい複合語を採用します．z 統計量が高くても出現頻度が低い場合にはテキスト解析の対象から外れることになります．

```
> myz <- 3
> seqs <- seqs[seqs$z>myz,]
> toks <- tokens_compound(toks,seqs,concatenator='')
```

6.6　単語や同義語の置換

さらに，tokens_replace 関数を用いて文字を置換することで，類似の単語をまとめて頻度を高くします．どのように単語をまとめるかは試行錯誤をともないます．

```
> toks <- tokens_replace(toks,
            c("美海水族館","海水族館","料理","食事"),
            c(rep("美ら海水族館",2),rep("沖縄料理",2)),
            valuetype="fixed")
```

沖縄にある大きな水族館は「美ら海水族館」ですが，ひらがなを削除したこともあり，複合語の候補に「海 水族館」として示されています．そこで，「海水族館」，「美海水族館」をまとめて「美ら海水族館」と置換します．また，「料理」，「食事」という単語もありますが，「沖縄料理」という単語もあるので，同義語として「沖縄料理」にまとめて置換します．もちろん，沖縄観光に行った人が毎回，沖縄料理を食べているとは限らないので，やりすぎている可能性もありますが，同義語をまとめることで出現頻度が上がり，注目しやすくなります．この辺の作業は試行錯誤をともないますが，思い切って判断して視覚化などをしながら妥当性を判断するとよいでしょう．

6.7　文書単語行列

テキスト解析の対象となる頻出単語を列挙する作業を終えたので，頻出語を列名とする数値データに置き換えます．具体的には，dfm 関数を用いて分かち書きが格納された toks 変数を，dfm 型に変換します．dfm は document-feature matrix の省略で，文書特徴行列，あるいは**文書単語行列**とよばれます．行が文書で，列が単語，行列の成分が単語の出現頻度を示します．

```
> df <- dfm(toks)
> dim(df)
```

```
[1]  331 1649
```

dim(df) からわかるように，この段階では単語が 1649 個残っています．はじめの 6 行 10 列目までみてみましょう．

```
> df[1:6,1:10]
```

```
Document-feature matrix of: 6 documents, 10 features (76.67% sparse) and
 4 docvars.
       features
 docs        海岸 美化 清掃 航空 運賃 安 那覇 交通 渋滞
   text1   6    1    1    1    1    1  1    1    0    0
   text2  44    0    0    0    0    0  0    0    0    0
   text3  32    0    0    0    0    0  0    0    0    0
   text4  38    0    0    0    0    0  0    0    0    0
   text5  33    0    0    0    0    0  0    0    0    0
   text6   7    0    0    0    0    0  0    0    0    1
```

続いて，dfm_select 関数の min_nchar=mymin_nchar オプションによって，単語の長さが mymin_nchar 以上のものを抽出します．この段階で，「安」のような漢字 1 文字単語は削除されます．

```
> mymin_nchar <- 2
> df <- dfm_select(df,min_nchar=mymin_nchar)
> dim(df)
```

```
[1]  331 1308
```

そして，dfm_select 関数のオプションで min_termfreq=min_termfreq として，出現頻度が min_termfreq 以上の単語を抽出します．この値を変えることで，これ以降に解析対象となる単語数が決まります．単語を図に示すなら多くても 100 個程度が良さそうです．しかし，目的によっては数千，数万の単語を残したほうがよい場合もあります．いずれにしても出現頻度が低い単語は，テキストデータを要約するという意味で関心がなく解析対象から除外することになります．

```
> min_termfreq <- 6
> df <- dfm_trim(df,min_termfreq=min_termfreq)
> dim(df)
```

```
[1] 331 126
```

6.8 ワードクラウド

続いて，頻出単語を視覚化する作業に移ります．この際，重宝するのが色のセット (パレット) です．RColorBrewer パッケージによって，様々なパレットが提供されています．色見本を図 6.1 に示します．

```
> library(RColorBrewer)
> display.brewer.all()
```

それでは，頻出単語の頻度を文字の大きさで視覚化する**ワードクラウド**を描きます．まず，quanteda.textplots パッケージを読み込んで，textplot_wordcloud 関数を使いましょう．

```
> library(quanteda.textplots)
```

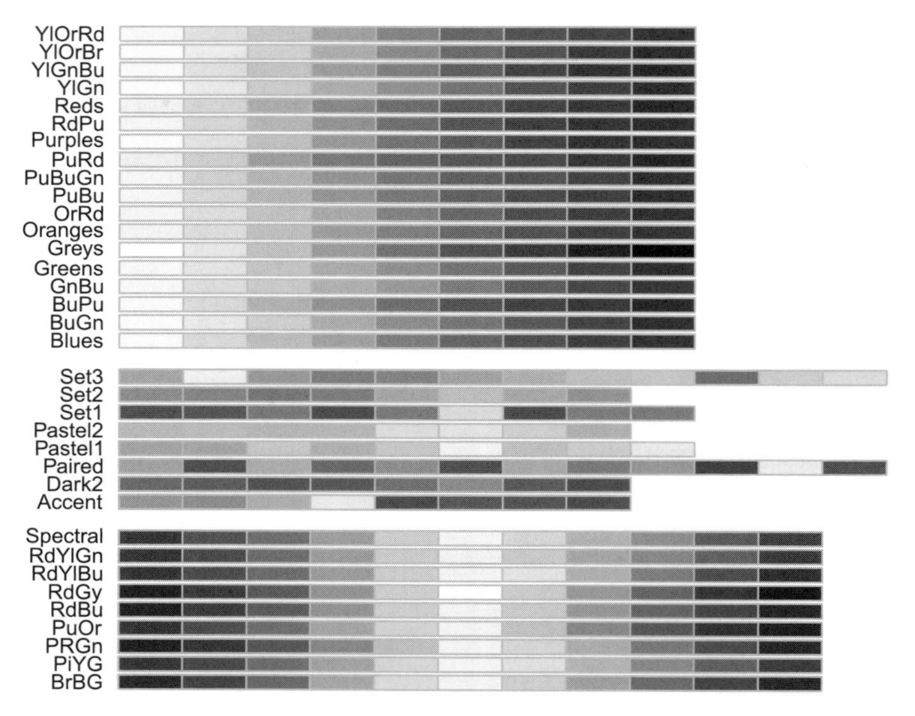

図 6.1　RColorBrewer パッケージに収録された色見本．display.brewer.all() を実行．

```
> set.seed(123)
> textplot_wordcloud(df,random_order=F,
                     rotation=0,
                     color = brewer.pal(8,"Dark2"),
                     min_size=0.5,max_size=6)
```

図 6.2 をみながら，textplot_wordcloud 関数のオプションを説明します．random_order=F として，描画するたびに単語の位置が変わるのを防ぎます．また，rotation=0 としていますが，これはすべての単語が横書きになるようにしています．0.1 と設定した場合には，10%の単語が縦書き (横書き文字を反時計回りに 90 度回転) で表示されます．日本語ではみにくいかもしれません．color を brewer.pal(8,"Dark2") と設定しています．パレットの中の Dark2 を利用して，そのうちの全 8 色を使います．出現頻度に応じて色を適当に割り付けるので，対応する出現頻度がないと使われない色もあります．min_size と max_size で単語の大きさの最小値と最大値を指定します．小さく表示したくない場合には min_size を大きくするとよいです．また，df がもつすべての単語が入りきらない場合などは，max_size を小さくする必要もあります．

さて，図 6.2 をみると「沖縄」「観光」という単語が非常に大きく表示されています．それだけ頻度が高いということですが，沖縄観光に対する自由意見なので，当然の結果ともいえます．もちろん，分かち書きのときにこれらの単語を削除するという手もありますが，これらの単語がないのも不自然です．ワードクラウドに表示される単語や大きさで示される頻度を眺めるだけでも，全体像がみえそうです．これらの中に，分かち書きの前処理で置換した「美ら海水族館」や「沖縄料理」を

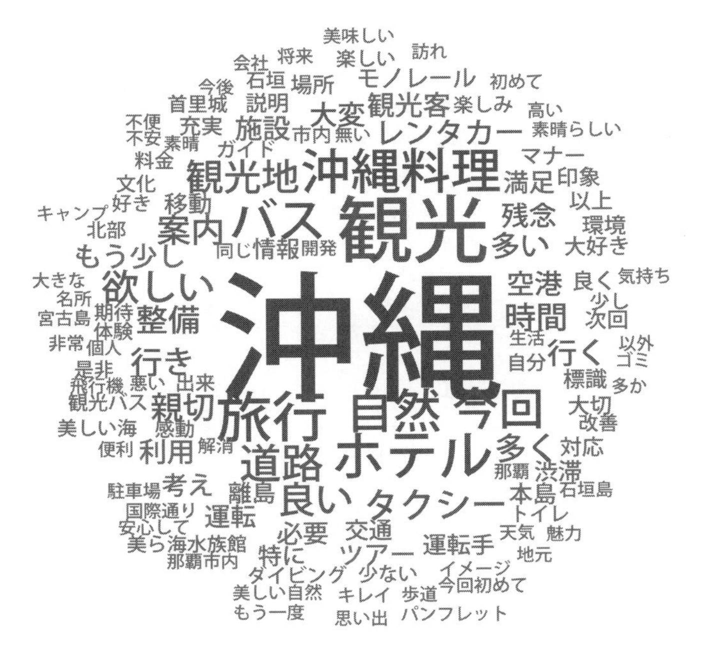

図 6.2　頻出単語によるワードクラウド

みつけることができます．「沖縄料理」は頻度が高いので大きく表示されます．

6.9　数値データへの変換

続いて，as.matrix 関数によって文書単語行列を行列型に変換して，通常の数値データとして扱うことにします．テキストデータから始まりましたが，数値データにすることで第 4 回で紹介した階層型クラスター分析，多次元尺度法などの多変量解析が適用できます．文書が個体，単語が変数に対応します．

はじめに，dim(d) を使って行列のサイズ，行数および列数を確認しましょう．

```
> d <- as.matrix(df)
> dim(d)
```

```
[1] 331 126
```

単語数に対応する列数が 100 を超えてます．第 4 回で扱ったオリンピックの十種競技では列数が 10 でしたが，それに比べても多いです．しかし，概ね同じ解析手法が適用できます．

次のスクリプトでは，colSums 関数で列和，つまり，文書を通した単語ごとの出現頻度を求め，これを使って，列を降順に並び替えています．この出現頻度は，同じ人が 2 回使っていたら 2 回と数える，いわゆる，のべ出現回数になります．出現頻度が高い単語はワードクラウドをみてもわかりますが，「沖縄」，「観光」，「旅行」と続きます．

```
> index <- order(colSums(d),decreasing=T)
> d <- d[,index]
```

```
> d[1:6,1:6]
```

```
       features
docs    沖縄 観光 旅行 ホテル 沖縄料理 自然
  text1    0    0    0      0        0    0
  text2    0    1    0      0        0    0
  text3    1    1    0      0        0    0
  text4    1    0    0      0        0    0
  text5    1    0    1      0        0    0
  text6    0    0    0      0        0    0
```

```
> colSums(d)[1:20] # トップ 20 表示
```

```
     沖縄       観光       旅行     ホテル   沖縄料理       自然       バス
      135         65         46         42         39         37         36
     今回       道路     欲しい     観光地       良い   タクシー       案内
       34         30         27         27         26         24         22
     整備       時間       行き       親切       多く レンタカー
       21         21         20         20         20         19
```

次に，のべ出現回数ではなく，文書ごとの単語の使用の有無から出現頻度を求めます．

```
> d01 <- d
> d01[d01>1] <- 1
> head(colSums(d01))
```

```
    沖縄     観光     旅行     ホテル     沖縄料理     自然
     101       56       35         31           27       35
```

出現の有無を知りたい場合には，頻度頻度が 2 以上でも 1 として数えます．スクリプトでは，d01[d01>1] <- 1 とします．まず， d01>1 によって，成分ごとに 1 より大きければ TRUE，そうでなければ FALSE となる行列が作成されます．その成分が TRUE の箇所に 1 が代入されます．こうして，出現の有無を示す 1 と 0 からなる 2 値行列 d01 が作成されます．その列和の頻度の単位は「人」になります．これにともない，単語の多さの順番も若干変わることに注意しましょう．

6.10　ジャッカード距離

ここから，単語の共起状況を把握します．共起とは 2 つの単語が同時に使われることを指します．ワードクラウドは列和から求められたのべ出現回数に基づく視覚化なので，単語ごとの集計という意味で単変量解析ですが，共起を調べるためには 2 つの単語を用いるので 2 変量解析に該当します．単語の出現の有無は 2 値データなので分割表で示すことができます．ここでは，「沖縄」と「観光」の分割表をみてみましょう．

```
> f <- xtabs(~沖縄+観光,d01)
> print(f)
```

```
        観光
沖縄      0    1
   0   198   32
   1    77   24
```

まず，両方とも出現しない頻度が 198 で最も多く，次に，「沖縄」だけが出現する頻度が 77 人と多いことがわかります．一方で「観光」だけが出現するのは 32 人です．両方の単語が出現する，つまり，共起するのは 24 人なので比較的少ないです．

共起を測る指標としては，2 つの単語の 2 値データから求められる相関係数，あるいは，それと同値なユークリッド距離がありますが，特に 2 値データの場合にはジャッカード (Jaccard) 距離が有用です．ここでは，`d01` データの `c("沖縄","観光")` という 2 列の列ベクトルを抜き出し，`dist` 関数を使ってジャッカード距離を求めます．

```
> dist(t(d01[,c("沖縄","観光")]),method="binary")
```

```
          沖縄
観光 0.8195489
```

ジャッカード距離は `dist` 関数の `method="binary"` で指定できます．既定値はユークリッド距離で `method="euclidean"` です．ヘルプの例を用いてジャッカード距離の求め方を表 6.1 にまとめました．2 つのベクトル $\boldsymbol{x} = (0,0,1,1,1,1)$ と $\boldsymbol{y} = (1,0,1,1,0,1)$ に対して，対応する成分の一方だけが 1 の場合の数が 2，また，少なくとも一方が 1 の数が 5 となるので，ジャッカード距離は $\{$ 一方だけが 1 の数 $\}/\{$ 少なくとも一方が 1 の数 $\} = 2/5$ と算出できます[10]．もちろん，同じベクトルに対しては共起が一致するのでジャッカード距離は 0 となります．類似度の指標として，「$1 -$ ジャッカード距離」をジャッカード係数とよぶことがあります．

表 6.1 ジャッカード距離の例．$\boldsymbol{x}$ と $\boldsymbol{y}$ のジャッカード距離は，2/5 となる．

							合計
$\boldsymbol{x}$	0	0	1	1	1	1	
$\boldsymbol{y}$	1	0	1	1	0	1	
一方だけが 1	1	0	0	0	1	0	2
少なくとも一方が 1	1	0	1	1	1	1	5

なお，ジャッカード距離はベクトルの成分を用いた数式で表すこともできます．ベクトル $\boldsymbol{x} = (x_1, \ldots, x_n)$ と $\boldsymbol{y} = (y_1, \ldots, y_n)$ に対するジャッカード距離は，

$$d(\boldsymbol{x}, \boldsymbol{y}) = \frac{\displaystyle\sum_{i=1}^{n} \{x_i(1-y_i) + (1-x_i)y_i\}}{n - \displaystyle\sum_{i=1}^{n} (1-x_i)(1-y_i)}$$

と書けます．

---

10) ジャッカード距離では 0 と 1 の扱いが非対称です．共起に着目しているため，両方とも使われていない場合の数が分母から除外されています．

続いて，すべての単語間でジャッカード距離を求めます．dist 関数の返り値は dist 型となっているため，いったん，as.matrix を用いて行列型に変換して表示しています．

```
> distz <- dist(t(d01),method="binary")
> f <- as.matrix(distz)
> round(f[1:6,1:6],3)
```

	沖縄	観光	旅行	ホテル	沖縄料理	自然
沖縄	0.000	0.820	0.857	0.891	0.887	0.847
観光	0.820	0.000	0.833	0.855	0.863	0.917
旅行	0.857	0.833	0.000	0.918	0.873	0.923
ホテル	0.891	0.855	0.918	0.000	0.816	0.952
沖縄料理	0.887	0.863	0.873	0.816	0.000	0.931
自然	0.847	0.917	0.923	0.952	0.931	0.000

距離の対称性から行と列を入れ替えた成分は等しく，対称行列となります．単語間の距離が得られたので，第4回で学んだ階層型クラスター分析，多次元尺度法，隣接行列に基づく無向グラフが適用できます．

6.11　階層型クラスター分析

それでは，階層型クラスター分析を用いて，単語の共起に基づくクラスターを確認します．図6.3をみてみましょう．階層型クラスター分析については，4.5節を参照してください．

```
> par(cex=0.8)
> res <- hclust(distz,method="ward.D2")
> plot(res)
```

階層型クラスター分析では，各単語の近傍における共起状況をみることができます．図6.3の下からみて，距離が近い単語が早く結合します．そして，この距離が非常に近い単語どうしも複合語の候補になります．たとえば，{観光地，沖縄，観光，ホテル，沖縄料理，旅行}を含むクラスターは，出現頻度の高い単語で構成され，自由意見のメインテーマであると考えられます．出現頻度が高い単語どうしは，ジャッカード距離も近くなる傾向があるので，クラスターを構成しやすくなります．

6.12　多次元尺度法

階層型クラスター分析では，各単語の近くについて正しく視覚化することができますが，各クラスター間の近さなど，大局的な情報を読み取ることはできません．そこで，4.6節で紹介した多次元尺度法によって平面における最適な点配置を構成します．なお，4.6節では主成分分析と同じ結果になりましたが，ここではユークリッド距離ではなくジャッカード距離を使うため，多次元尺度法を適用した結果と主成分分析を適用した結果は異なるものとなります．共起性を示すという意味では，ジャッカード距離を使った多次元尺度法のほうが適しています．一方で，共起性に拘らなければ，主成分分析や第7回で紹介する次元縮約の手法も利用できます．

```
> res <- cmdscale(distz)
```

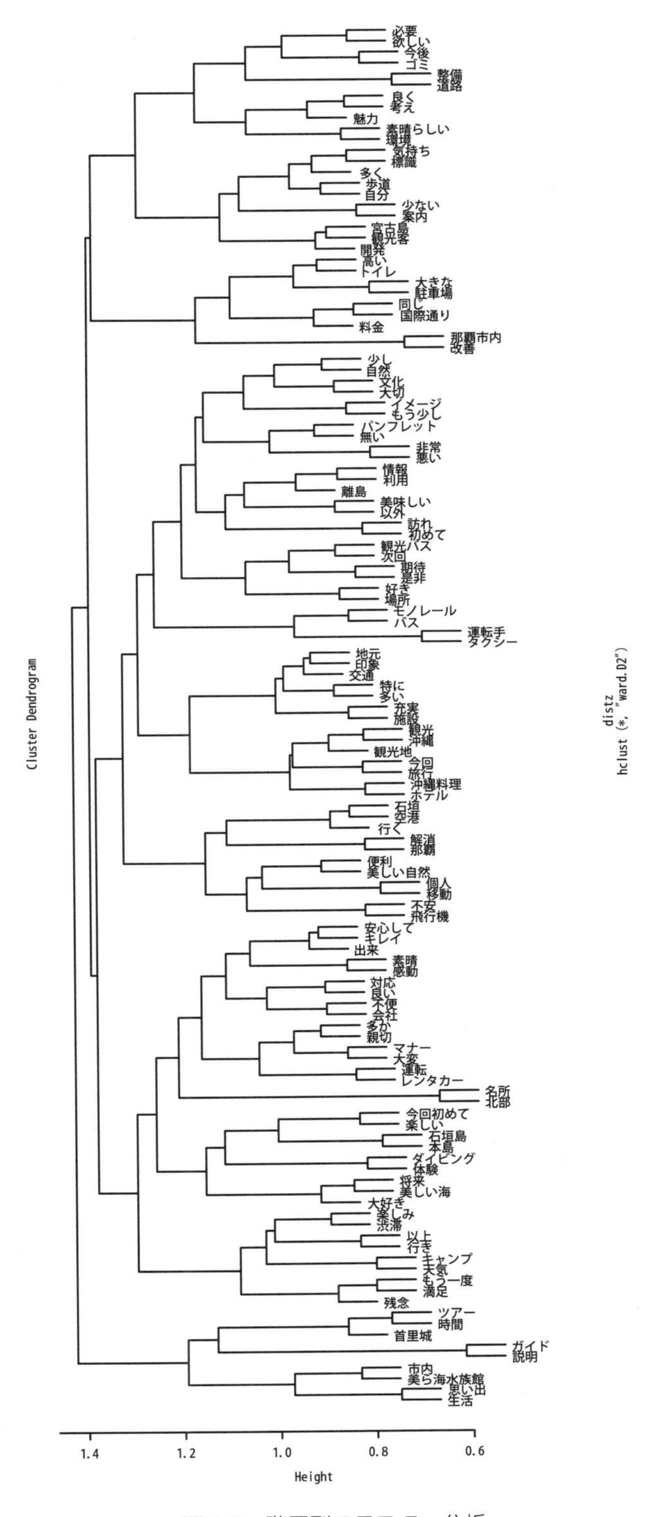

図 6.3　階層型クラスター分析

```
> par(cex=1)
> library(wordcloud)
> set.seed(123)
> textplot(res[,1],res[,2],words=rownames(res),show.lines=F,
          xlim=range(res[,1]),ylim=range(res[,2]))
```

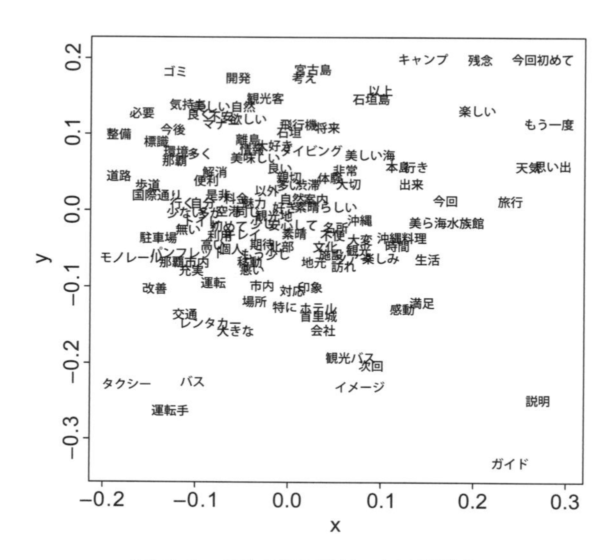

図 6.4　多次元尺度法による視覚化

図 6.4 に多次元尺度法の結果を示します．出現頻度の高い単語はほかの単語と必然的に近くなるため，図の中心部に配置される傾向があります．また，出現頻度を文字の大きさに反映させることも可能です．多次元尺度法では階層型クラスター分析のように局所的な距離を正しく保ちませんが，大局的な単語の共起を確認することができます．近い単語を適当に楕円で囲むと解釈しやすいです．また，単語数が多い場合にはどうしても単語が重なります．これを回避する方法として，`wordcloud` パッケージの `textplot` 関数を用いて若干位置をずらしています[11]．単語の正確な位置はオプション `show.lines=T` によって確認できます．

6.13　隣接行列

階層型クラスター分析や多次元尺度法はジャッカード距離を基に単語の位置関係を局所的にあるいは大局的に視覚化しました．しかし，2 次元の図にすべてを反映することはできません．そこで，割り切って，共起が高い単語に着目することを考えます．具体的には，距離行列に閾値を考え，その値よりも小さければ 1，そうでなければ 0 という 2 値の隣接行列に変換します．

そして，第 4 回で紹介したように隣接行列に基づいて無向グラフを作成します．無向グラフは分野が異なるとネットワーク (図) とよばれ，頂点はノード，線はエッジとよばれます．また，共起に基づくジャッカード距離によるネットワークは，テキスト解析においては**共起ネットワーク**とよば

[11] `textplot` 関数を使って描画する場合にはテキストの位置をずらすために十分なグラフ領域の確保や小さなテキストサイズが必要となります．

れます．閾値を調整して，単語がほどよく線で結ばれることが理想です．

まず，ジャッカード距離に対する閾値を考えます．閾値の候補は距離行列の成分のいずれかになります．そこで，0 を除いた値を昇順に並び替え，threshold とおいてます．

```
> threshold <- sort(as.matrix(distz))
> p <- attr(distz,"Size")
> threshold <- threshold[-(1:p)]
> head(threshold)
```

```
[1] 0.6153846 0.6153846 0.6666667 0.6666667 0.6956522 0.6956522
```

この閾値の候補に対して，エッジ数がどのように変化するか調べます[12]．

```
> m <- length(threshold)
> nedge <- 0*(1:m)
> for(i in 1:m) nedge[i] <- (sum(as.matrix(distz)<=threshold[i])-p)/2
> plot(threshold,nedge,log="xy")
```

図 6.5 から，閾値を上げると 0.9 を超える辺りから急にエッジ数が増えることがわかります．視覚化を目的とするのであれば，エッジ数は多くても 100 程度が良いと思われますが，どの程度のエッジ数にするかはノード数と合わせて調整が必要です．

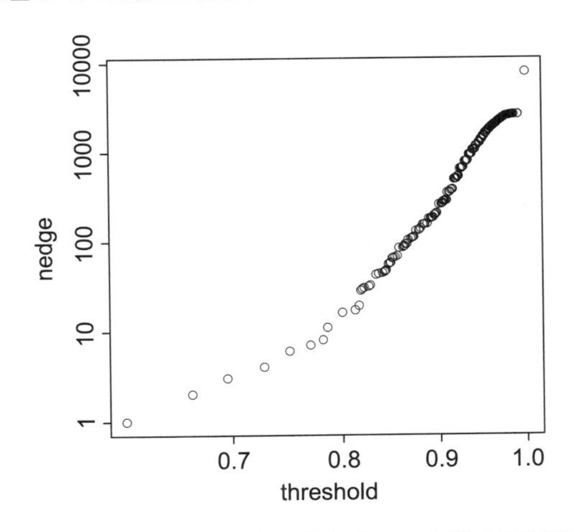

図 6.5 ジャッカード距離の閾値とエッジ数の両対数図

ネットワーク図に描きたいエッジ数を myedge で指定します．すると，mythreshold にそのエッジ数を超えないようにするジャッカード距離の閾値[13]が設定されます．その閾値を用いて，閾値以下なら 1，そうでなければ 0 をとる 2 値行列，隣接行列を作ります．また，対角成分は同じ単語の距離なので，線で結ばれないように 0 としておきます． そして，列和をとり，ほかの単語と近いとされなかった単語はネットワーク上で孤立するので削除します．

---

12) この部分のスクリプトは時間がかかる場合があります．必要に応じてスキップしてください．

13) 閾値は直接指定することもできます．たとえば，mythreshold <- 0.8717949.

```
> myedge <- 110
> mythreshold <- threshold[sum(nedge <= myedge)]
> distz01 <- 1*(as.matrix(distz)<=mythreshold)
> diag(distz01) <- 0
> n <- colSums(distz01)
> distz01 <- distz01[n>0,n>0]
```

6.14　ネットワーク分析

隣接行列があれば，igraph パッケージを用いて簡単に視覚化できます．graph.adjacency 関数を用いて隣接行列からグラフを求め，plot.igraph 関数[14]によってネットワーク図を描きます．図6.6 をみてみましょう．

```
> library(igraph)
> g <- graph.adjacency(distz01,mode="undirected")
> set.seed(123)
> plot.igraph(g,vertex.color="white")
```

igraph は R だけでなく，様々な言語で提供されています[15]．ネットワークを視覚化するためのツールとしては第 1 回で紹介した Graphviz も歴史がありますが，R から使う場合にはパッケージのほかにプログラムのインストールも必要です．一方，igraph は外部ツールを必要とせずにパッケージだけで利用できます．

素朴なネットワーク図でもある程度は単語の共起性を把握することはできます．しかし，みやすくするために，中心性解析とコミュニティ検出というものを行います．このようにネットワークに関する一連の分析をまとめて**ネットワーク分析**とよびます．degree 関数で，各単語の次数 (刺さっているエッジ数) を調べます．次数が高い単語は重要と考えられるため，次数中心性が高いといいます．

```
> mydeg <- degree(g)
> head(mydeg)
```

```
沖縄  観光  旅行  ホテル  沖縄料理  自然
  3     7     5       4         3     2
```

コミュニティ検出では，単語の塊，クラスターをみつけます．ここでは，単語の塊をみつける観点から，ノード間をつなぐエッジの中心性に着目します．つまり，ネットワークを単語間の移動経路に見立て移動に重要なエッジを調べることで，そこを境目にしたネットワークの分割を考えます．具体的には，edge.betweenness.community 関数を用いてエッジの中心性の 1 つとなる媒介中心性を求め，mycom$membership によって，単語が所属するクラスター番号を確認します．なお，コミュニティ検出の方法については，大規模ネットワークのコミュニティ検出に有用な

[14] plot と省略表記できる．
[15] https://igraph.org/

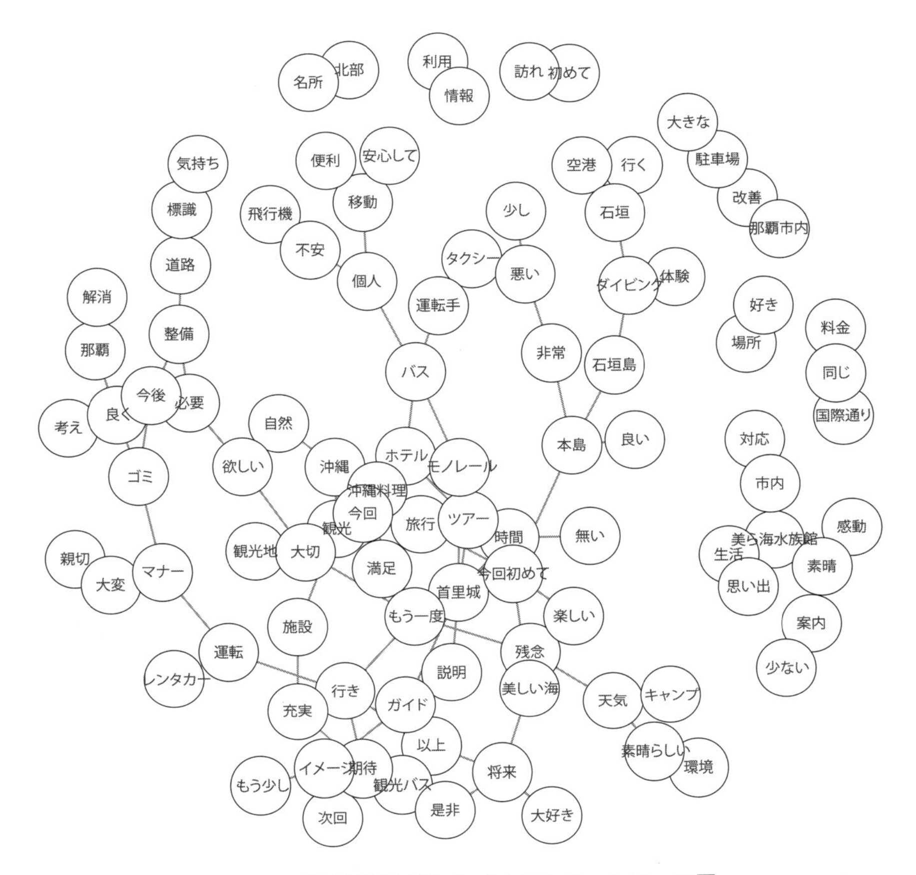

図 6.6　隣接行列を基に作成されたネットワーク図

fastgreedy.community 関数や統計力学に基づく spinglass.community 関数などがあります．

```
> mycom <- edge.betweenness.community(g)
> mycom$membership
```

```
[1]   1  1  1  1  1  1  2  1  3  1  1  4  2  5  3  1  6  7  7  4  4
[22]  8  7  6  9  6  3  7  3  1  1  2  2  4  9  2  1  6  5  3  3  6
[43]  8  7 10  6  6  6  6  4 11  5  4  8 10  4  4  5 12  5  6 13  6
[64]  6  8  1  5  3  1  6  8  8  2  2 14  3  4  6 11 11  5 12 14  3
[85]  3  3  2  2  5 12  1  8  5  4 13  4 12  8  2
```

そして，コミュニティの情報を用いて，色分けを行います．

```
> mycol <- c(brewer.pal(12,"Set3"),
             brewer.pal(8,"Pastel2"),
             brewer.pal(9,"Pastel1"))
> head(mycol)
```

```
[1] "#8DD3C7" "#FFFFB3" "#BEBADA" "#FB8072" "#80B1D3" "#FDB462"
```

色は，RGB: Red，Green，Blue のそれぞれの濃さを 2 桁の 16 進数で表し (00 から FF までの 256 段階)，それを並べた6桁の16進数で表現します．たとえば，赤色は"#FF0000"，紫色は赤色と青色を混ぜて"#FF00FF"となります．RColorBrewer パッケージの Set3 のパレットには12色，Pastel2 には8色，Pastel1 には9色，合計29色用意されているので，コミュニティを色分けするには十分だと思います．

それでは，準備ができたので，共起ネットワークを描きます．

```
> set.seed(123)
> plot.igraph(g,
    vertex.color=mycol[mycom$membership],
    vertex.frame.color=NA,
    vertex.label.color="black",
    vertex.size=10+15*mydeg/max(mydeg),
    layout=layout.fruchterman.reingold)
```

図6.7では，次数の大きさをノードの大きさで表し，コミュニティをノードの色で示します．ジャッカード距離を2値化した隣接行列に基づいた端的な図になっており，多次元尺度法と比較してもみやすいと思います．テキスト解析を掲載する論文などでは，階層型クラスター分析や多次元尺度法よりも，情報量が少なくてもみやすい共起ネットワークが好まれる傾向があります．相手が理解できるという観点に立てば，情報が多いほど良いわけではなく，簡素でも理解しやすい共起ネットワークがちょ

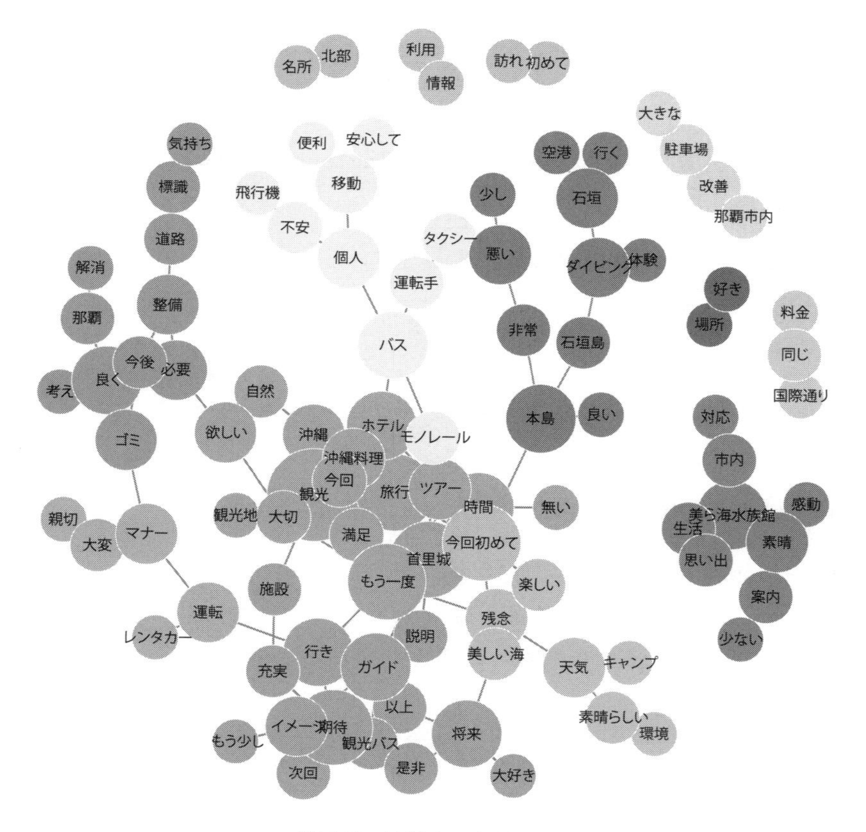

図6.7　共起ネットワーク

うどよいのかもしれません．なお，pdf ファイルとして図を保存する場合には日本語が文字化けすることがありますが，`plot.igraph` 関数のオプションで `vertex.label.family="Japan1GothicBBB"` のように指定すれば．日本語フォントも利用できます．

6.15　対応分析

最後に，頻出単語と背景要因との関係を調べたいと思います．感想のデータファイルには，自由意見を記入した人の年代の列がありました．年代を頻出単語の背景要因と考えてそれらの関係をみます．まず，年代を因子型に変換し，`makedummies` パッケージの **`makedummies`** 関数を用いて，ダミー変数に展開します．この処理では，元のデータに欠損値 NA があれば，ダミー変数もすべて NA となります．ほかにもダミー変数に変換するパッケージがありますが，NA 自体をダミー変数扱いして，NA なら 1，そうでなければ 0 と処理する場合もあるので，注意が必要です．もちろん，これらのパッケージを使わなくてもダミー変数を扱うことはできますが，スクリプトは若干煩雑になります．

```
> library(makedummies)
> dt$年代 <- as.factor(dt$年代)
> table(dt$年代,useNA="always")
```

```
 １０代  ２０代  ３０代  ４０代  ５０代  ６０代  ７０代  <NA>
     4      46      58      44      72      79      24     4
```

```
> x <- makedummies(dt,basal_level=T,col="年代")
> head(x)
```

```
  年代_１０代 年代_２０代 年代_３０代 年代_４０代 年代_５０代 年代_６０代 年代_７０代
1           0           0           1           0           0           0           0
2           0           0           0           0           0           1           0
3           0           0           0           0           1           0           0
4           0           1           0           0           0           0           0
5           0           0           0           0           0           1           0
6           0           1           0           0           0           0           0
```

次に，頻出単語とダミー変数によるクロス集計を行います．

```
> x[is.na(x)] <- 0
> f <- t(as.matrix(d01)) %*% x
> head(f)
```

```
features  年代_１０代 年代_２０代 年代_３０代 年代_４０代 年代_５０代 年代_６０代 年代_７０代
 沖縄               1          19          19          17          18          19           7
 観光               0           4           7          10          14          19           2
 旅行               0           2           3           4           8          15           3
 ホテル             0           3           5           3           7          13           0
 沖縄料理           0           2           6           1           8           9           1
 自然               0           4           4           9           7           8           3
```

ダミー変数に NA がある場合は 0 に置き換えています．NA を含む行を頻出単語とダミー変数の両方から取り除いてから集計する方法もありますが，手数が増えるのでここでは，ダミー変数だけに 0 とおいて対応しています．通常のクロス集計であれば xtabs 関数や table 関数において 2 つの変数を指定しますが，年代だけでなく頻出単語も，複数回答の形式になっていますので，単純に適用できません．単語の使用の有無を示す行列を転置して，年代のダミー変数に掛けることで，クロス集計を実現しています．行が単語で，列が年代です．ダミー変数どうしであれば，行列の積の計算は，対応する行と列の集計と同じ作業になります．

クロス集計表の行と列の対応を視覚化するのが**対応分析**です．MASS パッケージの corresp 関数によって実行できます．

```
> library(MASS)
> res <- corresp(f,nf=2)
> xy <- rbind(res$rscore,res$cscore)
> mycol <- c(rep(1,nrow(res$rscore)),
             rep(2,nrow(res$cscore)))
> mylab <- c(rownames(f),colnames(f))
> par(cex=0.8)
> set.seed(123)
> textplot(xy[,1],xy[,2],words=rownames(xy),
           col=mycol,show.lines=F,
           xlim=range(xy[,1]),ylim=range(xy[,2]))
```

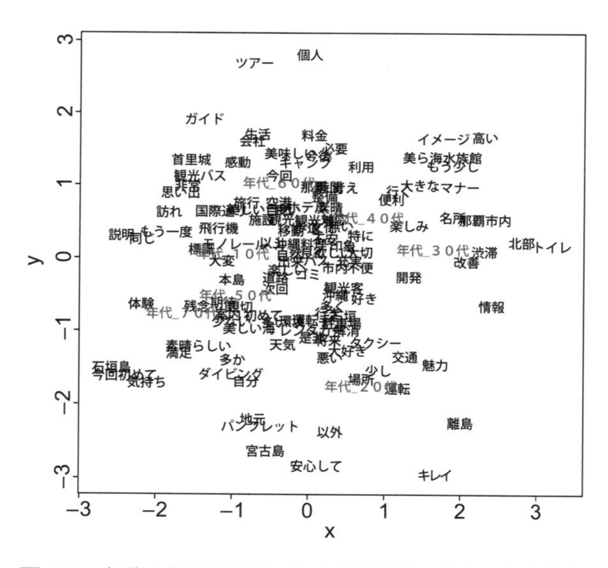

図 6.8　年代と頻出単語のクロス集計表に対する対応分析

適用結果の rscore がクロス集計の行に該当する変数の 2 次元座標，cscore が列に該当する 2 次元座標になります．これらを rbind を使って結合してから textplot 関数を用いることで，両方の変数のテキスト文字が重ならないように工夫しています．

図 6.8 から，20 代では離島，キレイ，また 60 代ではガイド，ツアー，などが相対的に頻度が高い

ことがわかります．また，30 代・40 代の子育て世代では，北部，美ら海水族館などがみられます．一方で，10 代は人数がほかに比べて少ないので解釈には注意が必要です．単語の配置については，各年代がそれぞれ使っている単語を綱引きして，相対的に多く使っている単語をその年代の近くに配置します．そして，さらに相対的に頻度が高い単語は原点から離れた位置におくことで，ほかの年代よりもその年代に近くなります．たとえば，20 代なら離島，60 代ならツアーなどが該当します．また，背景要因間の類似性に着目することもあります．たとえば，20 代はほかの年代と離れているので異なる傾向が示唆されます．なお，年代を 60 歳以上・60 歳未満のように 2 カテゴリにまとめると，綱引きの結果として直線上に単語が並ぶことになります．このような場合は，性別と合わせて 4 カテゴリ (60 歳以上男性，60 歳以上女性，60 歳未満男性) を考えるなど工夫すると，魅力的な図が描けると思います．

第 6 回のまとめ

- ✔ 統計的テキスト解析では頻出単語に着目する．
- ✔ テキストデータから文書単語行列を作成することで，数値データとして扱える．
- ✔ 文書単語行列に対して多変量解析が行える．
- ✔ ネットワーク分析では中心性とコミュニティ検出が重要である．
- ✔ 頻出単語と背景要因との関係は対応分析で視覚化できる．

6.16 課題

生活習慣病に関する 12 個のキーワードをウィキペディア[16]で検索し，各ページの冒頭の内容を適当に加工することで wiki.csv に保存しました (サポートサイトにて配布)．wiki.csv は 2 列のカンマ区切りデータで，`keyword` 列が検索キーワードを，`description` が検索結果の内容を示します[17]．このデータに次のスクリプトを実行することで，`d01` として検索キーワードごとの頻出単語の出現の有無が得られます．このとき，以下の 1)–3) に取り組みましょう．

1) `d01` から `dist` 関数のオプションを `method="binary"` とすることで，頻出単語間のジャッカード距離に基づく距離行列を求める．
2) 1) の距離行列から `hclust` 関数のオプションを `method="ward.D2"` とすることで，階層型クラスター分析を行い，結果をデンドログラムとして示す．
3) 1) の距離行列から `cmdscale` 関数を用いて多次元尺度法を行い，単語が重ならないように `wordcloud` パッケージの `textplot` 関数を用いて頻出単語の散布図を描く．

```
> dt <- read.csv("wiki.csv",stringsAsFactors=FALSE)
> colnames(dt)
```

```
[1] "keyword"     "description"
```

[16] https://ja.wikipedia.org/
[17] wiki.csv の内容が医学的に正しいことを保証するわけではありませんので，テキスト解析の練習に利用してください．

```
> mytext_field <- "description" # テキスト列
> myz <- 3 # 固定
> mymin_nchar <- 2 # 固定
> mymin_count <- 3 # 複合語の最小頻度
> min_termfreq <- 3 # 頻出語の最小頻度
> library(quanteda)
> corp <- corpus(dt,text_field=mytext_field)
> toks <- tokens(corp)
> toks <- tokens_select(toks, "^[０-９あ-んァ-ヶー一-龠]+$",
   valuetype ="regex", padding=T)
> toks <- tokens_remove(toks,"^[あ-ん]+$",valuetype="regex",padding=T)
> library(quanteda.textstats)
> seqs <- textstat_collocations(toks,min_count=mymin_count)
> seqs <- seqs[seqs$z>myz,]
> toks <- tokens_compound(toks,seqs,concatenator='')
> df <- dfm(toks)
> df <- dfm_select(df,min_nchar=mymin_nchar)
> df <- dfm_trim(df,min_termfreq=min_termfreq)
> d <- as.matrix(df)
> rownames(d) <- dt$keyword
> index <- order(colSums(d),decreasing=T)
> d <- d[,index] # のべ出現回数
> d[1:6,1:6]
```

```
      features
docs    疾患 肥満 状態 高血圧 原因 糖尿病
  text1    2    1    2      5    1      2
  text2    3    2    1      1    1      1
  text3    0    0    1      0    0      2
  text4    0    0    1      0    0      0
  text5    0    4    1      0    1      0
  text6    0    4    1      2    0      1
```

```
> d01 <- d
> d01[d01>1] <- 1 # 単語の出現の有無
> dim(d01)
```

```
[1] 12 36
```

第7回

正解のない大きなデータセットから類似事象の探索と分類をしよう

—— 教師なし機械学習

講師　佐藤 健一

達成目標

- ❏ 一様でない集団に対して複数の平均や分布を仮定することでデータを分類する.
- ❏ 画像データのような高次元データを次元縮約の手法を適用して低次元で要約する.

キーワード *k*-means 法, ハードクラスタリング, 混合正規分布, 所属確率, 混合率, ソフトクラスタリング, 経時測定データ, 次元縮約, ランド指数, 主成分分析, t-SNE, UMAP

パッケージ `mclust`, `nlme`, `Rtsne`, `umap`, `MASS`[1], `keras`, `Rtsne`, `umap`, `RColorBrewer`

データファイル mnist2000.csv, fashion2000.csv[2]

はじめに

第 4 回ではデータ間の距離情報からデータを分類する手法として階層型クラスター分析を学びました. このように正解の分類を教わることなくデータを分類する手法は, 機械学習の分野では広く教師なし学習とよばれます. もちろん, 分類手法を学ぶ際に使われるデータには正解の分類ラベルが付いてることが多いので, どのくらい分類結果がうまくいっているかを比較することは可能です. ここではこれまでの 1 行 1 個体のデータに加えて, 個体ごとに繰り返し観測される経時測定データや画像データを紹介し, その次元縮約や分類について紹介します.

7.1　1 次元データの *k*-means 法による分類

R に限らず分類の例としてよく使われる `iris` データを用います. 標準パッケージに含まれているのですぐに使えます. `iris` データには 3 種類 {`setosa`, `vercicolor`, `virginica`} のアヤメがそれぞれ 50 個体ずつ含まれていて, 花びら (petal) とがく (sepal) の長さ (Length) と幅 (Width) が

---

[1] 標準でインストール済み.
[2] 7.7 節で作成します.

それぞれ観測されています．アヤメの種類によって，4つの観測値 {Sepal.Length, Sepal.Width, Petal.Length, Petal.Width} が少しずつ違うことがわかっているので，これらの観測値を用いて 150個のデータの分類を考えます．ヘルプ，データの先頭部分，種類の頻度を確認するところから始めます．

```
> ?iris
```

```
Edgar Anderson's Iris Data
Description
  This famous (Fisher's or Anderson's) iris data set gives the measurements
  in centimeters of the variables sepal length and width and petal length
  and width, respectively, for 50 flowers from each of 3 species of iris.
  The species are Iris setosa, versicolor, and virginica.
Usage
  iris
Format
  iris is a data frame with 150 cases (rows) and 5 variables (columns)
  named Sepal.Length, Sepal.Width, Petal.Length, Petal.Width, and Species.
```

```
> head(iris)
```

```
  Sepal.Length Sepal.Width Petal.Length Petal.Width Species
1          5.1         3.5          1.4         0.2  setosa
2          4.9         3.0          1.4         0.2  setosa
3          4.7         3.2          1.3         0.2  setosa
4          4.6         3.1          1.5         0.2  setosa
5          5.0         3.6          1.4         0.2  setosa
6          5.4         3.9          1.7         0.4  setosa
```

```
> table(iris$Species)
```

```
    setosa versicolor  virginica
        50         50         50
```

それでは，まず，花びらの幅 (Petal.Width) に着目して，ヒストグラムを描きます．

```
> d <- sort(iris$Petal.Width)
> hist(d)
```

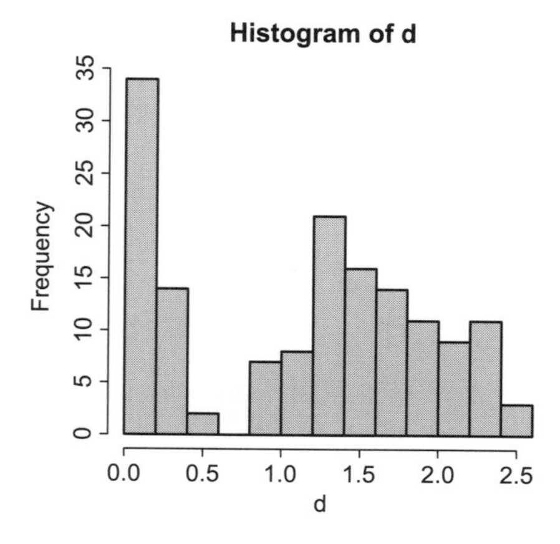

図 7.1　iris データの Petal.Width のヒストグラム

図 7.1 のヒストグラムには 3 種類のアヤメのデータが含まれていますが，`Petal.Width` だけの分布をみると 2 つの山が確認できます．これを二峰性とよびます．このようなデータに対して 1 つの山 (単峰性) しか仮定しない箱ひげ図を描くのは不適切です．単峰性をもつデータに対しては 1 つの平均を求めますが，二峰性をもつデータに対しては 2 つの平均を求めましょう．複数の平均を求める場合には ***k*-means 法**を用います[3)]．*k* 個の平均という意味で，*k* 平均法ともよばれます．詳細については 7.3 節で説明します．

```
> myk <- 2
> set.seed(1)
> res <- kmeans(d, centers=myk)
> res$centers
```

```
       [,1]
1 0.3385965
2 1.7268817
```

`kmeans` 関数を適用することで, 2 個の平均 0.34 と 1.73 が求められます．平均が求められると各データ点について，最寄りの平均がどちらかを調べることができ，それによってデータを 2 つに分類できます．個体ごとの分類結果は `res$cluster` で確認でき，赤色が 57 個，青色が 93 個あることがわかります．

```
> table(myc <- res$cluster)
```

```
 1  2
57 93
```

図 7.1 のヒストグラムに分類結果を描き加えたものが図 7.2 です．

```
> rug(res$centers,col=3,lwd=3)
> rug(jitter(d[myc==1]),col=2)
> rug(jitter(d[myc==2]),col=4)
```

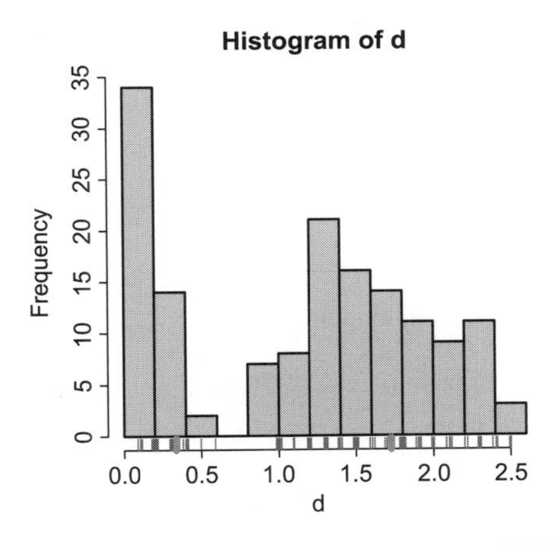

図 7.2　`Petal.Width` の *k*-means 法による分類結果

3) 文献 [5] には *k*-means 法を含めた様々な解析手法が，また，文献 [14] にはクラスター分析を含めた最新手法が紹介されています．

x 軸の上に描いた緑色のラグプロットが 2 個の平均 0.34, 1.73 を，またデータのうち 1.73 に近いものを青色，0.34 に近いものを赤色で示します．*k*-means 法は山の広がりを考慮しないことから，見た目と異なり右側の山に属すると思われる 1.0 付近のデータが赤色に分類されてしまっています．実際，1.0 は 2 つの平均との距離を比べると 0.34 のほうが近くなります．

7.2　1 次元データの混合正規分布による分類

k-means 法ではクラスターごとに平均を求めるだけでしたが，さらに，分布の形として正規分布を仮定します．山の広がり具合を考慮して分散も異なると仮定することで，複数の正規分布の重ね合わせで表される**混合正規分布** (あるいは，混合正規モデル) をあてはめることを考えます．ここで，各正規分布はコンポーネントとよばれます．混合正規分布のあてはめに，mclust パッケージの **densityMclust** 関数を使います．オプションの modelNames="V"は，複数の正規分布の分散が異なることを指定し， modelNames="E"に変えると複数の正規分布における分散をすべて等しいとしてあてはめます．*k*-means 法と同じように，2 つのコンポーネントを仮定します．

```
> library(mclust)
```

```
Type 'citation("mclust")' for citing this R package in publications.
```

```
> myk <- 2
> set.seed(1)
> res <- densityMclust(d,G=myk,modelNames="V")
```

以下のスクリプトを実行すれば，あてはまった 1 次元混合正規分布の 2 つの正規分布の平均は 0.234, 1.652，標準偏差は 0.087, 0.450 であることがわかります．平均が小さいほうからコンポーネント 1，コンポーネント 2 とよびましょう．

```
> res$parameters$mean
```

```
        1         2
0.2343998 1.6523993
```

```
> res$parameters$variance$sigmasq^0.5
```

```
[1] 0.08727741 0.44954485
```

そして，あてはめた結果を plot 関数で視覚化します．plot 関数は，mclust パッケージに含まれる plot.densityMclust 関数の簡易表現になっています．このように，R のいくつかの関数では計算結果をすぐに plot 関数で視覚化できます．図 7.3 をみてみましょう．

```
> plot(res,what="density",data=d,col=2)
> rug(jitter(d),col=4)
```

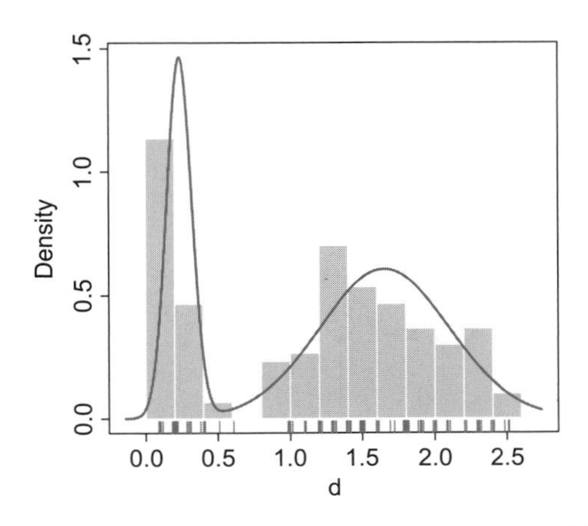

図 7.3　Petal.Width に対して混合正規分布をあてはめた結果

オプション what="density"によって，ヒストグラムに混合正規分布の滑らかな密度関数が重ね描きされます．データ点は青色のラグプロットで示します．

混合正規分布が求められると，各データの 2 つのコンポーネントからの観測のされやすさが res$z として得られます．これを**所属確率**とよびます．数式を用いた表現は後で補足することにして，まず，スクリプトをみながら所属確率を解釈してみましょう．

```
> head(unique(cbind(d,res$z))) # 所属確率
```

```
       d
[1,] 0.1 0.996553578 0.003446422
[2,] 0.2 0.997599702 0.002400298
[3,] 0.3 0.994126449 0.005873551
[4,] 0.4 0.951288609 0.048711391
[5,] 0.5 0.389659784 0.610340216
[6,] 0.6 0.005878626 0.994121374
```

たとえば，5 番目のデータ 0.5 のコンポーネント 1 への所属確率は 0.390，また，コンポーネント 2 への所属確率は 0.610 で，その和は 1 になります．図 7.3 をみても 0.5 はどちらのコンポーネントから観測されやすいか判断しにくい位置にありますが，所属確率からコンポーネント 2 からのほうが少しだけ観測されやすいことがわかります．

各データの所属確率の和が 1 であることから，コンポーネントごとの所属確率の和は，それぞれに所属するデータ数として解釈できます．

```
> colSums(res$z) # 所属確率の和
```

```
[1]  47.9266 102.0734
```

つまり，左側の正規分布に所属するデータ数は 48 個，右側のデータ数は 102 個です．実際，これらの和はデータ数 150 に一致します．

```
> sum(colSums(res$z)) # データ数
```

```
[1] 150
```

そして，コンポーネントごとの所属確率の和の比率 $\{0.320, 0.680\}$ は 2 つのコンポーネントの**混合率**とよばれます．

```
> colSums(res$z)/sum(colSums(res$z)) # その比率が混合率
```

```
[1] 0.3195107 0.6804893
```

混合率は `res$parameters$pro` としても表示できます．

```
> res$parameters$pro # 混合率
```

```
[1] 0.3195107 0.6804893
```

所属確率について少し数式を用いて補足します．平均 μ，分散 σ^2 をもつ正規分布の密度関数は

$$f(x \mid \mu, \sigma^2) = \frac{1}{\sqrt{2\pi}\sigma} \exp\left(-\frac{(x-\mu)^2}{2\sigma^2}\right)$$

と書け，今回求めた混合正規分布の密度関数は混合率を用いた密度関数の和として，

$$0.320 \times f(x \mid 0.234, 0.087^2) + 0.680 \times f(x \mid 1.652, 0.450^2)$$

と書けます．すべてのデータはこの 1 つの混合正規分布から生成されると仮定でき，データの観測後に各データがどちらのコンポーネント正規分布から出やすかったか，所属確率として求められます．たとえば，データ x のコンポーネント 1 への所属確率は，

$$\frac{0.320\, f(x \mid 0.234, 0.087^2)}{0.320\, f(x \mid 0.234, 0.087^2) + 0.680\, f(x \mid 1.652, 0.450^2)}$$

で求められます．こうして，データの各コンポーネントへの所属確率が求まれば，所属確率が高いほうにデータを分類することもできます．つまり，平均 0.234 の正規分布への所属確率が 0.5 以上ならクラスター 1，0.5 未満ならクラスター 2 とします．分類結果を図 7.4 に示します．赤色がクラスター 1，青色がクラスター 2 です．それぞれ，48 個と 102 個に分かれます．

```
> plot(res,what="density")
```

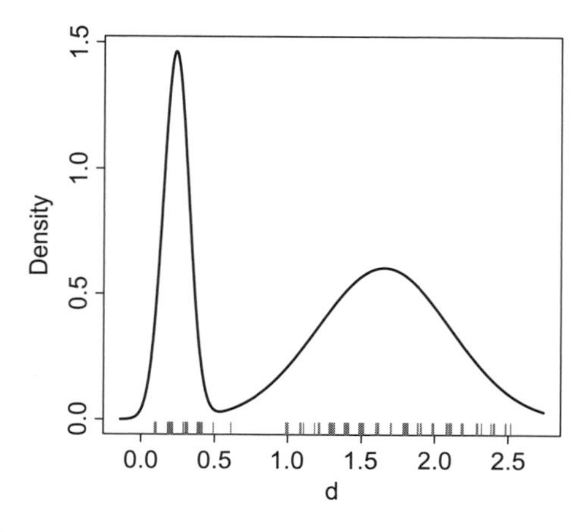

図 7.4　`Petal.Width` の混合正規分布による分類結果

```
> table(myc <- res$classification)
```

```
  1   2
 48 102
> rug(jitter(d[myc==1]),col=2)
> rug(jitter(d[myc==2]),col=4)
```

このように，1 つのデータが確率を用いて複数のクラスターに属することを許容する分類方法を**ソフトクラスタリング**，一方，*k*-means 法のように，1 つのデータがちょうど 1 つのクラスターに属する分類方法を**ハードクラスタリング**とよびます．

7.3　2 次元データの *k*-means 法による分類

1 次元データに続いて，2 次元データにおける分類を考えます．例として，引き続き `iris` データを用いて，4 変数の中から `Sepal.Length`，`Sepal.Width` の 2 変数を標準化して図 7.5 に散布図を示します．

```
> d <- subset(iris,select=c(Sepal.Length,Sepal.Width))
> d <- scale(d)
> plot(d)
```

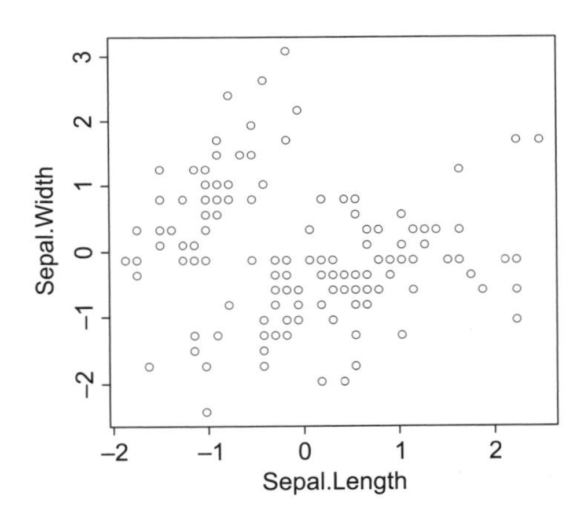

図 7.5　`iris` データの (`Sepal.Length`, `Sepal.Width`) による散布図

2 次元データに対する *k*-means 法は，ポストの配置問題に例えられます．2 次元上の点を上空からみた家の位置とみなし，図 7.5 の散布図のように家があるときに，*k* 個のポストの最適な配置を考えます．この *k* 個のポストの位置が *k* 個の平均に該当します．

k-means 法のアルゴリズムは次のように書けます．

Step 0)　はじめに仮の平均をおく．

Step 1)　各点から最も近い平均のクラスターに分類する．

Step 2)　分類されたクラスターごとに平均を求める．

Step 3)　平均が収束したら終了，しなければ Step 1 に戻る．

k-means 法の分類結果は，はじめの仮の平均，つまり，初期値に依存することが知られています．異なる 2 つの初期値を用いた場合の結果を図 7.6 と図 7.7 に示します．

まず，はじめに $(-1, 1)$, $(2, 0)$ を初期値として centers0 とおき，kmeans 関数の centers に与えます．

```
> centers0 <- cbind(c(-1,2),c(1,0)) # 初期値その 1
> #centers0 <- cbind(c(0.2,-0.2),c(0.7,-0.7)) # 初期値その 2
> res <- kmeans(d,centers=centers0)
> res$tot.withinss
```

各点から最寄りの平均までの距離の 2 乗和は res$tot.withinss から 165.84 と確認できます．

```
[1] 165.8387
```

図 7.6 において，初期値を白抜きの三角 (pch=2)，最適化後の平均を黒塗りの三角 (pch=17) で示します．また，各点を最も近い平均に対応するクラスターに分類し，それぞれのクラスターに属する点を赤色と緑色で示します．

```
> plot(d,col=res$cluster+1,pch=19)
> points(centers0,pch=2,cex=3)
> points(res$centers,pch=17,cex=3)
> legend("topright", pch=c(2,17),legend=c("初期値","最適値"),cex=1.5)
```

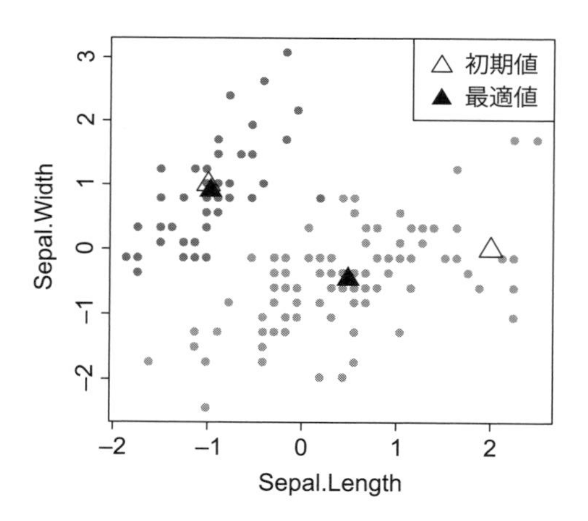

図 7.6　(Sepal.Length, Sepal.Width) の k-means 法による分類結果 (初期値その 1)

続いて初期値として，$(0.2, 0.7)$, $(-0.2, -0.7)$ を k-means 法を適用した結果を図 7.7 に示します．各点から最寄りの平均までの距離の 2 乗和は 213.46 となるため，図 7.6 で示された分類結果よりもあてはまりが悪くなっています．

なお，k-means 法のように，データの全体を俯瞰してから，個々のデータを分類する手法はトップダウン型のクラスタリングとよばれ，階層型クラスター分析のように個々のデータの近傍からクラスターを形成していく方法はボトムアップ型のクラスタリングとよばれます．k-means 法は非階

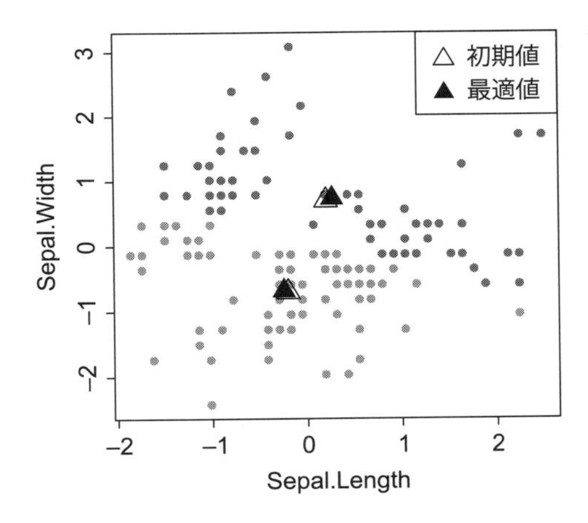

図 7.7　(Sepal.Length, Sepal.Width) の k-means 法による分類結果 (初期値その 2)

層型クラスター分析に分類され，距離行列の計算が不要なため，階層型クラスター分析よりも数値計算が速いという利点があります．

7.4　2 次元データの混合正規分布による分類

iris データの (Sepal.Length, Sepal.Width) を標準化した散布図に対して 2 次元の混合正規分布をあてはめます．

```
> myk <- 2
> set.seed(1)
> res <- densityMclust(d,G=myk,modelNames="VVV")
> res$parameters$mean
```

```
                   [,1]       [,2]
Sepal.Length -0.9986717  0.4751290
Sepal.Width   0.9116329 -0.4337193
```

平均ベクトル (−0.999, 0.912) の正規分布をコンポーネント 1，平均ベクトル (0.475, −0.434) の正規分布をコンポーネント 2 とすると，データ点ごとに 2 つのコンポーネントへの所属確率が求まり，所属確率が大きいほうへ割り付けることでデータ点を分類します．次のスクリプトからコンポーネント 1 に分類されたデータは 49 個，コンポーネント 2 に分類されたのは 101 個であることがわかります．

```
> table(res$classification)
```

```
 1   2
49 101
```

図 7.8 では，コンポーネント 1 に分類された点を赤色で，コンポーネント 2 に分類された点を緑色で示します．概ね k-means 法による図 7.6 の分類結果と一致しています．図からもわかるように 2 次元の正規分布の密度を示す等高線は楕円になります．なお，ellipse パッケージの ellipse

関数に 2 次元の平均と分散共分散行列を与えることで楕円データを作成することができ，同様の視覚化に利用できます．2 つの分散共分散行列は res$parameters$variance$sigma，混合率は res$parameters$pro で確認できます．

```
> plot(res,what="density")
> points(d,col=res$classification+1,pch=19)
```

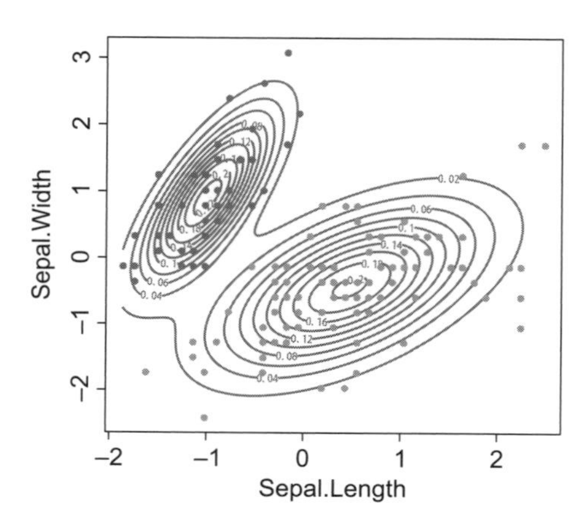

図 7.8　(Sepal.Length, Sepal.Width) の *k*-means 法による分類結果

2 次元の混合正規分布の密度関数は山の高さに該当しますが，煩雑なので式で示すことを割愛します．その代わりに，図 7.9 に 2 次元データに対する densityMclust 関数の結果を鳥観図として示します．オプションで，type="persp"とすると鳥観図が描け[4)]，type="image"とすればヒートマップが描けます．

```
> plot(res,what="density",type="persp",phi=20,theta=-30,col=3)
```

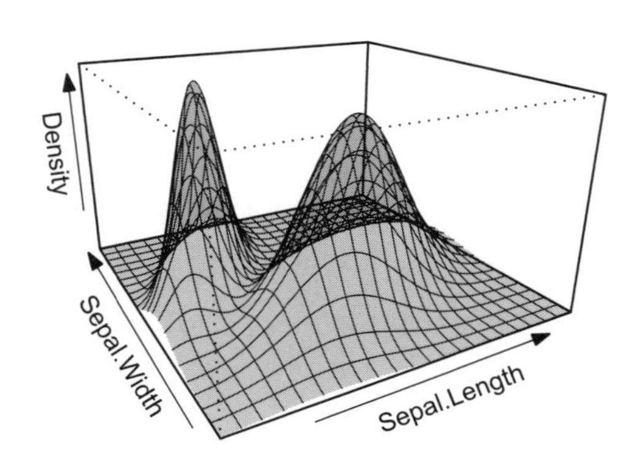

図 7.9　(Sepal.Length, Sepal.Width) にあてはまった混合正規分布の密度関数の鳥観図

7.5　経時測定データに対する混合正規分布の応用

1 次元データ，2 次元データの分類をこれまで行いましたが，分類のアイデアは様々なデータに応用できます．ここでは，個体ごとに複数の測定時点の観測値をもつ**経時測定データ**の分類を考えま

4) 鳥観図の描画に時間がかかる場合があります．

しょう．パッケージ nlme にある Orthodont データは，歯科矯正に関するデータです．同じ個体 (Subject) において年齢 (age) が 8 歳，10 歳，12 歳，14 歳のときに頭蓋骨内の脳下垂体から翼上顎裂の 2 点の長さ (distance) を X 線を用いて計測しています．性別 (Sex) は男性 16 人，女性 11 人です．

```
> library(nlme)
> ?Orthodont
```

```
Growth curve data on an orthdontic measurement
Description
  The Orthodont data frame has 108 rows and 4 columns of the change
  in an orthdontic measurement over time for several young subjects.
Format
  This data frame contains the following columns:
Distance
  a numeric vector of distances from the pituitary to the
  pterygomaxillary fissure (mm). These distances are measured
  on x-ray images of the skull.
age
  a numeric vector of ages of the subject (yr).
Subject
  an ordered factor indicating the subject on which the measurement was made.
  The levels are labelled M01 to M16 for the males and F01 to F13 for the females.
  The ordering is by increasing average distance within sex.
Sex
  a factor with levels Male and Female Details Investigators
  at the University of North Carolina Dental School followed the growth
  of 27 children (16 males, 11 females) from age 8 until age 14.
  Every two years they measured the distance between the pituitary
  and the pterygomaxillary fissure, two points that are easily identified
  on x-ray exposures of the side of the head.
```

```
> Orthodont$distance[Orthodont$Subject=="M13"]
```

```
[1] 17.0 24.5 26.0 29.5
```

個体 M13 の値がほかと比べて不自然に変化しているため[5]，これを除外してデータ d とします．

```
> d <- subset(Orthodont,Subject!="M13") # M13 を除外
> head(d)
```

```
Grouped Data: distance ~ age | Subject
  distance age Subject  Sex
1     26.0   8     M01 Male
2     25.0  10     M01 Male
3     29.0  12     M01 Male
4     31.0  14     M01 Male
5     21.5   8     M02 Male
6     22.5  10     M02 Male
```

5) 後述する図 7.11 で示される M13 を除いた経時変化と比較して，M13 の 17.0 から 29.5 までの増加幅が極端に大きいことがわかります．

head で確認できるように，一般的に繰り返しデータは行が増えるように縦方向に追記されます．ほかにも 8 歳の観測値，10 歳の観測値のように列を増やす形で横方向に広げて記録することもできますが，この方法では，個体ごとに測定時点や測定時点数が異なる場合に困ります．このデータのように記録されていれば，age と distance の散布図などを描くのも容易です．さらに，Subject や Sex などの情報が繰り返されているために冗長的と感じるかもしれませんが，ある測定時点のデータだけを部分抽出する場合であっても，行ごとにすべての変数の値が含まれるため使い勝手が良いこともあります．複数時点で観測されるデータは列を増やすのではなく，行を増やすようにするとよいでしょう．

また，年齢については 8 を引いて，0, 2, 4, 6 として扱います．

```
> d$age <- d$age-8
> boxplot(distance~Sex+age,data=d,las=3,col=c(4,2),xlab="")
```

これにより，切片の意味づけが容易になります．図 7.10 に年齢別性別に箱ひげ図を描きます．

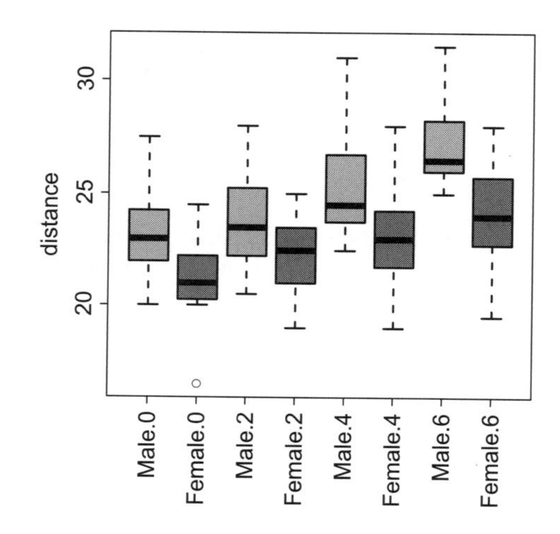

図 7.10　Orthodont データにおける distance の年齢別性別の箱ひげ図

各年齢において，青色の男性のほうが赤色の女性よりも distance が長いことがわかります．

次のように繰り返し文を用いて，個体ごとの経時変化を折れ線で図 7.11 に示します．なお，個体ごとの折れ線に直線をあてはめ[6)]，切片と傾きの 2 次元データを bmat に記録しています．

```
> plot(d$age,d$distance,type="n")
> (index <- unique(d$Subject))
```

```
 [1] M01 M02 M03 M04 M05 M06 M07 M08 M09 M10 M11 M12 M14 M15 M16 F01
[17] F02 F03 F04 F05 F06 F07 F08 F09 F10 F11
26 Levels: M16 < M05 < M02 < M11 < M07 < M08 < M03 < M12 < ... < F11
```

```
> bmat <- matrix(nrow=length(index),ncol=2)
> rownames(bmat) <- index
```

[6)] 変動の大きな観測値もあるので，第 3 回で紹介した外れ値に頑強な rlm 関数を用いて直線をあてはめます．

```
> colnames(bmat) <- c("intercept","gradient")
> library(MASS)
> for(i in 1:length(index)){
    di <- subset(d,Subject==index[i])
    mycol <- ifelse(di$Sex[1]=="Male",4,2)
    lines(di$age,di$distance,col=mycol) #性別で色分け
    res <- rlm(distance~age,di,maxit=100)
    bmat[i,] <- res$coefficients
  }
```

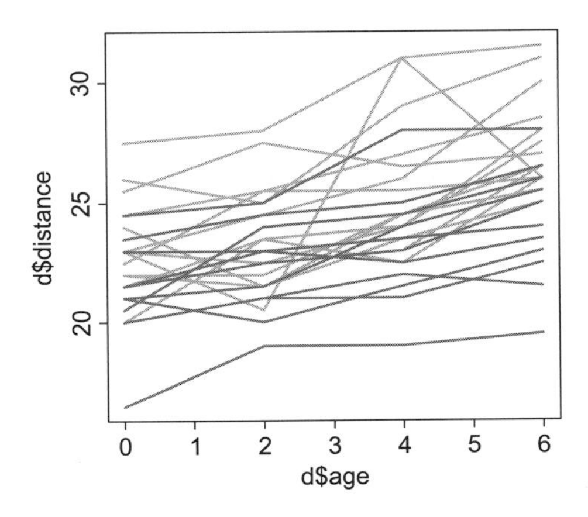

図 7.11　`Orthodont` データにおける `distance` の個体別経時変化．男性は青色，女性を赤色で示す．

図 7.11 の縦軸をみると，男性のほうが女性よりも `distance` が長い傾向が確認できます．しかし，男性でも短いものや女性でも長いものが混在しています．そこで，性別の情報を使わずに，これらの折れ線を分類することでどのように経時変化を特徴づけられるか試みます．観測時点数は 4 時点しかないので 4 次元データのまま分類することも可能なのですが，解釈の利便性も考えて，切片と傾きの 2 次元データ `bmat` を使うことにしましょう．`bmat` の各行は個体に対応し，1 列目に切片，2 列目に傾きが記録されています．

```
> head(bmat)
```

```
    intercept  gradient
M01  25.50402 0.8744975
M02  21.05000 0.7750000
M03  22.00000 0.7500000
M04  25.50062 0.2499222
M05  20.45000 0.8500000
M06  24.35000 0.6750000
```

この `bmat` に対して，混合正規分布をあてはめて要約することを考えます．

`mclust` パッケージではコンポーネント数を選択するために，回帰分析の変数選択基準 AIC と同様のモデル選択基準 BIC (Bayesian Information Criterion) が，`mclustBIC` 関数として用意されて

います．BIC は AIC と比べてパラメータ数が少ないモデルを選択する傾向があり，データが多い場合には真のモデルを選ぶ確率が高いことが知られています．

```
> BIC <- mclustBIC(bmat,G=1:3,modelNames="VVV")
> plot(BIC)
```

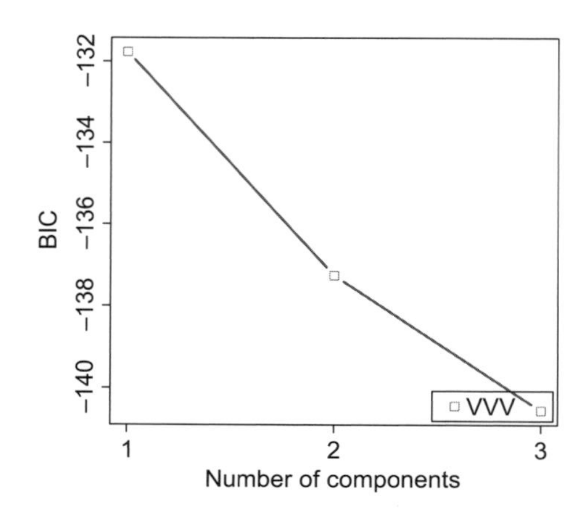

図 7.12　distance の経時変化に直線をあてはめて得られる切片と傾きの 2 次元データ bmat に対して混合正規分布をあてはめたときのコンポーネント数に対するモデル選択基準 BIC．BIC が最も小さいコンポーネント数 3 が最良のモデルとなる．

図 7.12 からもわかるように BIC を最小とするコンポーネント数は 3 になります．mclustBIC 関数のオプションとして，候補となるコンポーネント数を G=1:3 で指定しています[7]．なお，コンポーネント数を増やすと中間的な特徴をもつ分類が増えるので，コンポーネントごとの特徴づけが難しくなります．また，正規分布の分散共分散行列についてはオプション modelNames="VVV" として，最も自由度の高い形状を仮定しています．データ数やコンポーネント数が多い場合には分散共分散行列を対角行列に制限するなど単純な形状にしたほうがよいこともあります．詳細については，?mclustModelNames で確認してください．

それでは，切片と傾きの 2 次元データ bmat に対して，コンポーネント数 3 の混合正規分布をあてはめます．

```
> myk <- 3
> set.seed(1)
> res2 <- densityMclust(bmat,G=myk,modelNames="VVV")
```

切片と傾きの分類結果を図 7.13 に示します．

```
> plot(res2, what="density",type="hdr")
> myc <- res2$classification
> points(bmat,col=myc+1,pch=19,cex=1)
```

[7] コンポーネント数を 4 とした場合に計算結果が得られなかったので，コンポーネント数を 3 までとしています．一般に，混合正規分布のコンポーネント数を増やすと計算途中で各コンポーネントに割り当てられるデータ数が少なくなるため，分散行列の逆行列の計算などが失敗しやすくなります．

```
> text(bmat,labels=rownames(bmat),pos=1)
> (means <- t(res2$parameters$mean))
```

3 つの平均は次のように得られます.

```
     intercept  gradient
[1,]  24.63655 0.6610668
[2,]  21.41009 0.8217950
[3,]  21.54254 0.3120112
```

```
> for(k in 1:myk)
    points(means[k,1],means[k,2],col=k+1,pch=17,cex=2)
> legend("topleft",legend=paste0("class",1:myk),col=1:myk+1,lwd=5)
```

図 7.13 から，コンポーネント 1 は切片が大きく傾きは中程度，コンポーネント 2 は切片のばらつきは大きいが値は小さく傾きは小さい，コンポーネント 3 は切片はコンポーネント 2 と同程度だが傾きは大きい，と特徴づけることができます．ここでは直線をあてはめましたが，第 3 回で紹介したスプライン曲線などいくつかのパラメータで記述される非線形の曲線であっても同様に解釈しやすい形で分類することが可能です.

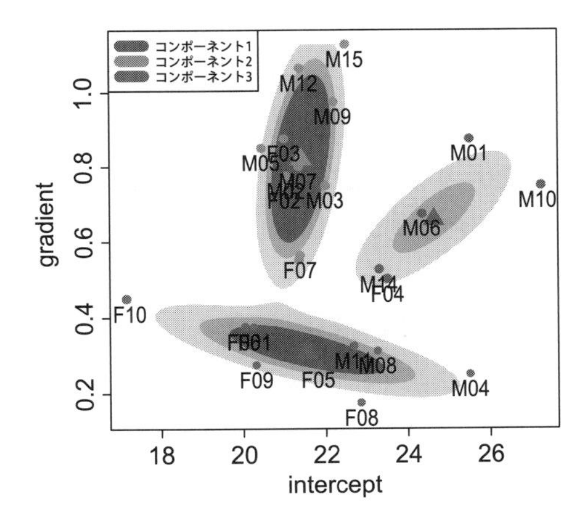

図 7.13 切片と傾きの 2 次元データ bmat に対してコンポーネント数 3 の混合正規分布をあてはめた結果．コンポーネントごとの平均を塗りつぶしの三角形 (pch=17) で示す.

続いて，混合正規分布による分類結果を折れ線で確認します.

```
> plot(d$age,d$distance,type="n")
> mycol <- res2$classification+1
> for(i in 1:length(index)){
    di <- subset(d,Subject==index[i])
    lines(di$age,di$distance,col=mycol[i])
  }
> for(k in 1:myk)
    abline(a=means[k,1],b=means[k,2],col=k+1,lwd=5)
```

```
> legend("topleft",col=1:myk+1,lwd=5,
         legend=paste0("コンポーネント",1:myk))
```

図 7.14 では個体ごとの折れ線に加えて，3 つの平均に対応する切片と傾きをもつ直線を太線で示します．また，個体ごとの折れ線もコンポーネントごとに色分けしています．

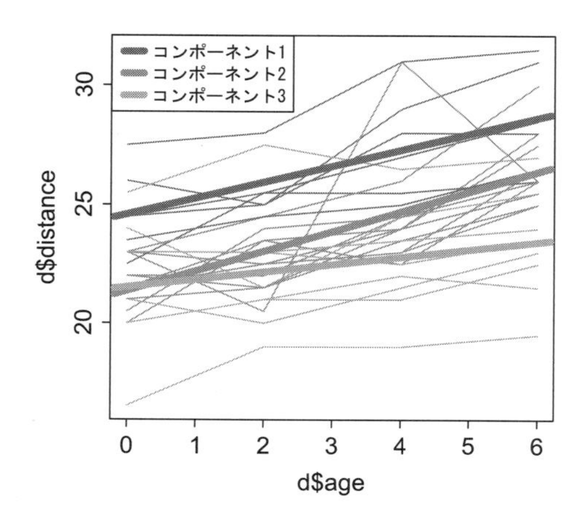

図 7.14　混合正規分布による折れ線の分類結果．コンポーネントごとの平均を太線で示す．

ここでは，個体ごとの折れ線に直接混合正規分布をあてはめるのではなく，直線の切片と傾きという 2 次元データへの次元縮約をしてからあてはめました．このように，次元縮約の手法を適用した後で混合正規分布や *k*-means 法を適用することもできます．特に，混合正規分布の数値計算は高次元データやコンポーネント数が多い場合に向いていないため[8)]，次元縮約の手法との相性は良いです．

7.6　4 次元データに対する教師なし機械学習

`iris` データの 4 次元の観測値を例にして，*k*-means 法，混合正規分布，階層型クラスター分析による分類を行います．そして，`iris` データの 5 列目にあるアヤメの種類を示す `Species` を正解ラベルとして，分類結果の妥当性を評価します．5 列目を取り除いて得られる 4 次元データを `x`，アヤメの種類を `as.numeric` によって数字に変換し正解ラベルとして `y` とおきます．

```
> x <- iris[,-5]
> y <- as.numeric(iris$Species)
> table(y)
```

```
y
 1  2  3
50 50 50
```

正解ラベルで色分けをした散布図行列を図 7.15 として示します．散布図行列をみると 3 色が完全に混ざっているわけではないので，正解ラベルを使わなくても何とか分類できそうです．

```
> pairs(x,col=y+1)
```

8) p.166 の脚注 7) を参照のこと．

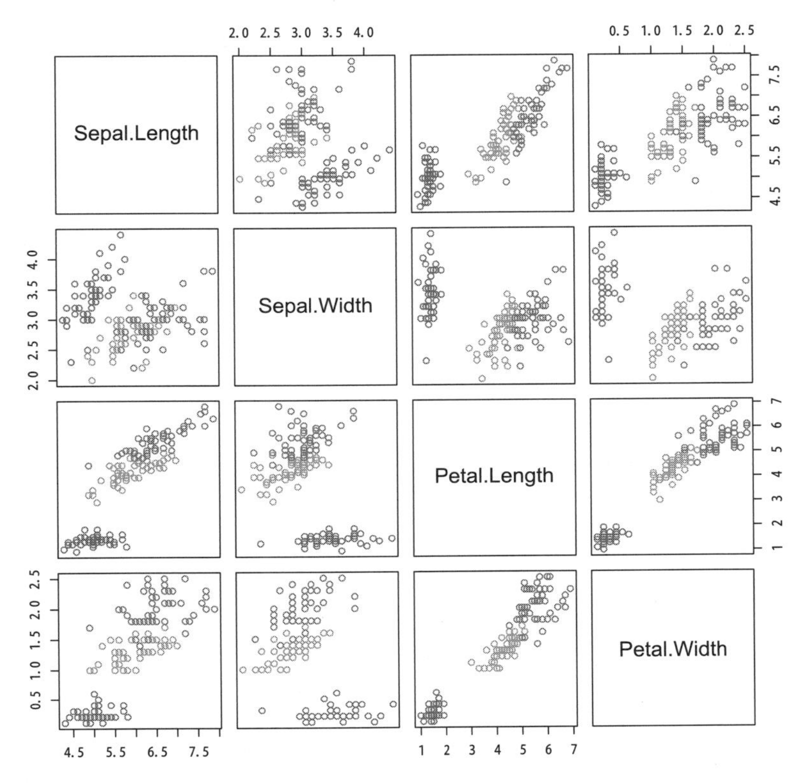

図 7.15　iris データの散布図行列．Species の値で色分けをした．

それでは，まず，*k*-means 法によって分類してみましょう．クラスター数は 3 とします．kmeans 関数にデータ x とクラスター数 myk を渡していますが，正解ラベル y は使われていないことに注意してください．

```
> myk <- 3
> set.seed(1)
> res <- kmeans(x,centers=myk)
> xtabs(~res$cluster+y)
```

```
           y
res$cluster  1  2  3
          1  0 48 14
          2  0  2 36
          3 50  0  0
```

分類結果のクラスター res$cluster と正解ラベル y のクロス集計表をみると，res$cluster と y のとりうる値が一致する頻度を示す対角成分，つまり，(1, 1), (2, 2), (3, 3) 成分がそれぞれ，0, 2, 0 となり，ほぼ一致していません．しかしながら，分類結果のクラスター 3 はすべて正解ラベル 1 に一致しており，クラスター 2 の多くは正解ラベル 3 に該当します．正解ラベル y の情報を *k*-means 法には渡していないので，クラスターの番号と正解ラベルの番号が一致していないのです．

分類結果と正解ラベルにおいて，分類としての一致性をどのように評価すべきでしょうか？ ここでは，分類結果をクラスター，正解ラベルを単にラベルとよんで，2 つの分類をどのように比較する

表 7.1　個体ペアに対するラベルとクラスターによるそれぞれの分類

TP：同じラベルで同じクラスター	FN：同じラベルで異なるクラスター
FP：異なるラベルで同じクラスター	TN：異なるラベルで異なるクラスター

かを考えてみましょう．クラスターとラベルで分類された個体のペアについて，表 7.1 のように場合分けを考えることができます．

組み合わせの数を ${}_nC_r = n!/(n-r)!r!$ とかくと，k-means 法によるクラスター (`res$cluster`) と正解ラベル `y` のクロス集計表 `xtabs(~res$cluster+y)` から，表 7.1 のそれぞれのペア数は次のように求められます．なお，場合の数は `choose` 関数として実装されています．TN の総数の計算については補集合を計算したほうが楽です．

0) $n = 150$ とするとすべての異なる個体ペア数は ${}_nC_2 = n(n-1)/2 = 11175$
1) $\mathtt{TP} = {}_{50}C_2 + {}_{48}C_2 + {}_2C_2 + {}_{14}C_2 + {}_{36}C_2 = 3075$
2) $\mathtt{FN} = {}_{48}C_1 \cdot {}_2C_1 + {}_{14}C_1 \cdot {}_{36}C_1 = 600$
3) $\mathtt{FP} = {}_{48}C_1 \cdot {}_{14}C_1 + {}_2C_1 \cdot {}_{36}C_1 = 744$
4) $\mathtt{TN} = {}_{50}C_1 \cdot {}_{48}C_1 + {}_{50}C_1 \cdot {}_2C_1 + {}_{50}C_1 \cdot {}_{14}C_1 + {}_{50}C_1 \cdot {}_{36}C_1 + {}_{48}C_1 \cdot {}_{36}C_1 + {}_{14}C_1 \cdot {}_2C_1$
$= {}_nC_2 - (\mathtt{TP} + \mathtt{FN} + \mathtt{FP}) = 6756$

このとき，2 つの分類結果の一致性を測る指標として，**ランド指数** (第 5 回で出てきた正判別率に相当します) というものがあり，$(\mathtt{TP} + \mathtt{TN})/{}_nC_2$ で与えられます．2 つの分類が完全に一致していれば $\mathtt{FP} = 0$，かつ $\mathtt{FN} = 0$ から，$\mathtt{TP} + \mathtt{TN} = {}_nC_2$ となり，ランド指数は 1，逆に，どのペアも一致していなければ $\mathtt{FP} + \mathtt{FN} = {}_nC_2$ からランド指数は 0 となり，ランド指数は 0 から 1 までの値をとります．

ランド指数はパッケージ `fossil` に `rand.index` 関数として実装されていますが，こちらに転記します．

```
> rand.index <- function(group1, group2){
    x <- abs(sapply(group1, function(x) x - group1))
    x[x > 1] <- 1
    y <- abs(sapply(group2, function(x) x - group2))
    y[y > 1] <- 1
    sg <- sum(abs(x - y))/2
    bc <- choose(dim(x)[1], 2)
    ri <- 1 - sg/bc
    return(ri)
  }
> rand.index(res$cluster,y)
```

```
[1] 0.8797315
```

確かに，$(\mathtt{TP}+\mathtt{TN})/{}_nC_2 = (3075+6756)/11175 = 0.8797315$ となり，ランド指数は場合の数から計算した値と一致しています．なお，パッケージ `fossil` にはランド指数を改良した `adj.rand.index`

関数も実装されています．

続いて，混合正規分布による分類結果を確かめ，ランド指数を求めましょう．

```
> myk <- 3
> set.seed(1)
> res <- densityMclust(x,G=myk,modelNames="VVV")
```

```
> xtabs(~res$classification+y)
```

```
                  y
res$classification  1  2  3
                 1 50  0  0
                 2  0 45  0
                 3  0  5 50
```

```
> rand.index(res$classification,y)
```

```
[1] 0.9574944
```

クロス集計表からもわかるように，ランド指数は 0.957 と分類の一致度は高いことがわかります．

さらに，階層型クラスター分析による分類結果も示します．

```
> set.seed(1)
> res <- hclust(dist(x),method="ward.D2")
> myk <- 3
> mycluster <- cutree(res,k=myk)
> xtabs(~mycluster+y)
```

```
         y
mycluster  1  2  3
        1 50  0  0
        2  0 49 15
        3  0  1 35
```

```
> rand.index(mycluster,y)
```

```
[1] 0.8797315
```

階層型クラスター分析は **hclust** 関数で行えますが，その結果を用いて希望のクラスター数に分ける場合には **cutree** 関数が便利です．ランド指数は *k*-means 法と同じく 0.879 となります．**hclust** 関数の method オプションで結合方法を変えるとクラスターの結果も変わる可能性がありますが，method="ward.D2"の結合方法はクラスター間の分散を大きく，クラスター内の分散を小さくするため，*k*-means 法によるクラスターと類似する傾向があります．

7.7 高次元データに対する次元縮約と分類

2000年前後にDNAチップが登場し2万件を超える遺伝子発現データが観測されるようになり，データの列数が一気に増えました．しかし，このときも実験試料が高価だったためにデータ数は多くはありませんでした．最近では列数に加えてデータ数も非常に多い場合も見受けられ，本格的にビッグデータの時代になりました．その代表例が，画像データです．ここでは，手書き数字の画像データを例に，最新の手法を使ってみようと思います．元データはLeCun, Cortes and Burgesらのホームページ[9]に公開されていますがCSV形式ではありません．統計解析や機械学習の関連プラットフォームとして利用されているKaggleからも入手できますが[10]，ここでは，kerasパッケージのdataset_mnist関数を実行して，2000枚の画像データをmnist2000.csvとして保存しましょう[11]．なお，kerasパッケージインストール後に，1回だけinstall_keras関数を実行する必要があります．その後は不要となりますのでコメント扱いにしてください．

```
> library(keras)
> #install_keras() # kerasパッケージインストール後に1回だけ実行
> d0 <- dataset_mnist()
> d <- data.frame(d0$train$y,
    array_reshape(d0$train$x,c(nrow(d0$train$x),28*28)))[1:2000,]
> colnames(d) <- c("label",paste0("pixel",0:783))
> write.csv(d,"mnist2000.csv",row.names=F)
```

データを読み込むと，そのサイズは2000行785列であることがわかります．

```
> d <- read.csv("mnist2000.csv")
> dim(d)
```

```
[1] 2000  785
```

列名は，第1列目がlabelで，第2列から最後の785列まではpixel0からpixel783で，画像のピクセルデータであることがわかります．

```
> head(colnames(d))
```

```
[1] "label"  "pixel0" "pixel1" "pixel2" "pixel3" "pixel4"
```

```
> tail(colnames(d))
```

```
[1] "pixel778" "pixel779" "pixel780" "pixel781" "pixel782" "pixel783"
```

---

9) http://yann.lecun.com/exdb/mnist/

10) 文献[1]には手書き数字の画像データの解析例があります．また，Kaggleでの紹介はこちらです．https://www.kaggle.com/c/digit-recognizer/

11) dataset_mnist関数で取得したデータには訓練データtrainと検証データtestにそれぞれ60000枚と10000枚の画像およびラベルが含まれています．

label を y として，残りの列を x とおきなおします．手書き数字の正解ラベル y の集計を行うと 0 から 9 までそれぞれ 200 程度あることがわかります．

```
> y <- d[,1]
> x <- d[,-1]
> table(y)
```

```
y
  0   1   2   3   4   5   6   7   8   9
191 220 198 191 214 180 200 224 172 210
```

続いて，画像部分についてみていきましょう．自作の関数 myimage は，データ x として 1 行分のピクセルデータを渡すと 28 × 28 の行列の画像の形に並び替えます．matrix 関数のオプション byrow=T は，データを行ごとに読み込みます．byrow=F とすると列ごとに読み込みます．そして，image 関数を用いてその行列をモノクロ 256 階調の画像として列挙します．図 7.16 に正解ラベルが 0 から 9 に対応する画像を示します[12]．

```
> myimage <- function(x){
    f <- matrix(as.matrix(x),28,28,byrow=T)
    image(t(f)[,28:1],col=gray.colors(255,rev=T))
  }
> par(mfrow=c(4,3),mar=c(2,2,1,1))
> for(j in 0:9) myimage(x[which(y==j)[1],])
```

ここでは，784 次元の手書き数字の画像データに対して，主成分分析，t-SNE 法，UMAP 法の 3 つの次元縮約の方法を適用して，2 次元散布図にした場合にどの程度正解ラベルを反映する配置となるか調べてみたいと思います．

7.7.1　高次元データに対する主成分分析

それでは，784 次元のデータの次元を減らすことを考えましょう．まず，第 4 回でも学んだ次元縮約の手法として主成分分析を適用してみます．784 次元の画像データ x を prcomp 関数に渡して主成分分析を行い，第 2 主成分までを用いて 2 次元の散布図を描くと図 7.17 のようになります．

```
> res <- prcomp(x)
> summary(res)$importance[,1:2]
```

```
                            PC1       PC2
Standard deviation     582.3819 502.79183
Proportion of Variance   0.1001   0.07461
Cumulative Proportion    0.1001   0.17470
```

```
> myk <- 10
```

[12] 1 画面にグラフを複数表示しますので，元に戻すには dev.off() を実行してください．

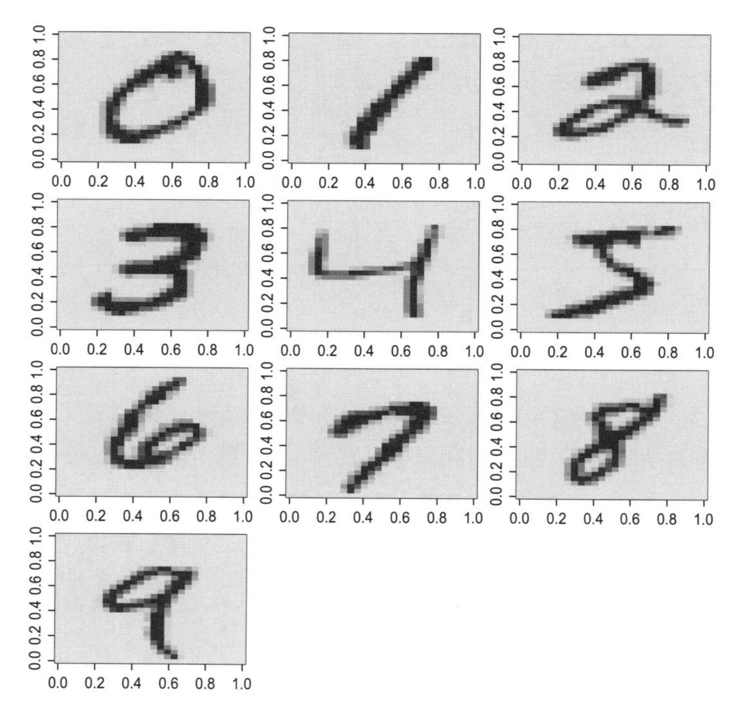

図 7.16　手書き数字の画像データ．画像は縦 28 個，横 28 個の四角に該当するピクセルという単位で構成されている．CSV データの 1 行には正解ラベルとして 0 から 9 の数字に続いて，各ピクセルの色を示す 0 から 255 までの数値が 28 × 28 = 784 ピクセル分入力されている．ここで，色はグレースケールで，0 が白，255 が黒を示す．

```
> mycol <- 1:myk+1
> plot(res$x[,1:2],type="n")
> text(res$x[,1:2],labels=y,col=mycol[y+1],cex=1)
```

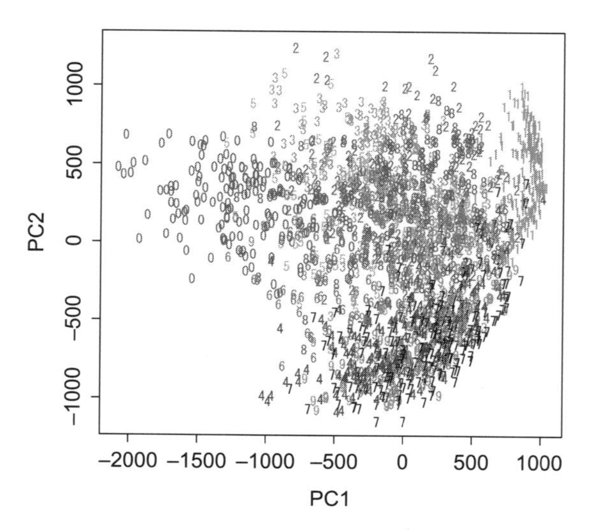

図 7.17　手書き数字の画像データに対して主成分分析を適用した結果．正解ラベルの数字をプロットし，数字ごとに色分けした．

主成分分析を行う際には標準化データに変換することが多いですが，すべての列が 0 から 255 の値をとりうるデータなので特に処理はしませんでした．

第 2 主成分までの累積寄与率は 0.17470 なので，784 次元のすべての分散の 20%弱の情報をもつことがわかります．元の次元が高いことを考えれば悪くはないのかもしれません．次元縮約がうまくいったかどうかを確認するため，主成分分析に使っていない正解ラベルの数字をプロットしました．x 軸の小さな領域には 0 が多く，大きな箇所には 1 を確認できます．確かに，ある程度の色のクラスターをみつけることができますが，混ざっています．長年，多変量解析を代表する統計解析手法として次元縮約に利用されてきた主成分分析ですが，画像データのような高次元データに適用するとなかなかうまくいきません．また，主成分分析によって次元縮約をした後に，何らかの特徴あるクラスターを期待することが多いのですが，通常はみえない情報である正解ラベルの色や数字がなければ，この図からクラスターをみつけることは困難です．

7.7.2　高次元データに対する t-SNE 法

2008 年に van der Maaten and Hinton によって実用的な次元縮約の方法である **t-SNE** (t-distributed Stochastic Neighbor Embedding) 法が提案されました[13)]．t-SNE のアルゴリズムには主成分分析も使われています．考え方としては，高次元におけるデータ点間の距離分布と，2 あるいは 3 次元におけるデータ点間の距離分布が近づくように低次元データが得られます．距離を測る際に裾が少し重い t 分布を利用することから名前の頭に“t-”がつきます．このように，t-SNE には馴染みのある要素もありますが，最適化を含めた解析手法の詳細については非常に高度な数学を要しますので割愛したいと思います．興味ある方は原著論文をご確認ください．

それでは，t-SNE を画像データに使ってみたいと思います．t-SNE 法は `Rtsne` パッケージの **`Rtsne`** 関数で実装されています．ここでは，2 次元にデータを配置しますが，3 次元に落とす場合はオプションで `dims=3` を指定します．次元縮約された配置は `res$Y` で取得できます．

```
> library(Rtsne)
> set.seed(1)
> res <- Rtsne(as.matrix(x))
> mycol <- 1:myk+1
> plot(res$Y,type="n")
> text(res$Y,labels=y,col=mycol[y+1])
```

図 7.18 をみてみましょう．正解ラベルや色分けがなくても，いくつかのクラスターを確認できます．そして，そのクラスターが，0, 1, 2, 6, {3, 5, 8}, {4, 7, 9} に対応するものであることも視認できます．つまり，同じ正解ラベルをもつ高次元で近い点が，低次元でも近い点として配置されています．図 7.17 の主成分分析の結果と比べると劇的に改善されています．

一方で，t-SNE 法には予測ができないという短所があります[14)]．つまり，訓練データを用いて配置が得られた後に，新規の検証データに対して，どこに配置されるか示すことができないというこ

---

13) 文献 [29] が原著論文です．

14) `https://lvdmaaten.github.io/tsne/`

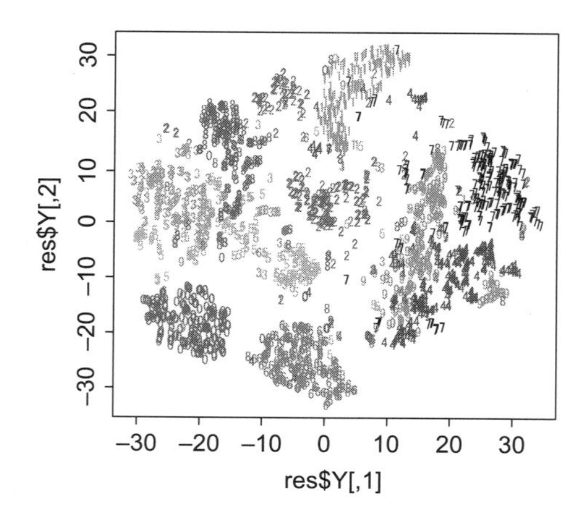

図 7.18　手書き数字の画像データに対して t-SNE 法を適用した結果．正解ラベルの数字をプロットし，数字ごとに色分けした．

とです．たとえば，犬と猫の画像データに対して t-SNE 法による散布図が得られた後で，犬か猫に分類したい新しい画像データに対応する点を散布図に追加することができません．もちろん，新しい 1 つの画像を加えて t-SNE を実行しなおすことは可能です．しかし，データが大きくなると実行時間も長くなるので，毎回やり直しするのは解析をする側にとって負担となります．

7.7.3　高次元データに対する UMAP 法

その後，t-SNE 法の予測の問題を克服した **UMAP** (Uniform Manifold Approximation) 法が McInnes と Healy により 2018 年に発表されました[15]．UMAP 法は，t-SNE 法と違って予測ができますので，訓練データと検証データに分けて実行してみましょう．`x.train` が訓練に用いる 1000 枚の画像データ，`y.train` が訓練データの正解ラベルです．また，`x.test` と `y.test` を，それぞれ評価に用います．

```
> tindex <- 1:1000
> x.train <- x[tindex,]
> x.test  <- x[-tindex,]
> y.train <- y[tindex]
> y.test  <- y[-tindex]
```

UMAP 法は `umap` パッケージの `umap` 関数にデータを渡すことで実行されます．UMAP 法は t-SNE よりも計算が高速になるように計算手順が簡略化されています．3 次元に落とす場合にはオプションで `n_components=3` と指定します．

```
> library(umap)
> set.seed(1)
> res <- umap(x.train)
```

[15] 原著論文は文献 [30] です．関連情報がホームページにあります．
`https://umap-learn.readthedocs.io/en/latest/index.html`

図 7.19 の UMAP 法の結果を示します．t-SNE 法による図 7.18 で示されるクラスターが同様に確認できます．

```
> library(RColorBrewer)
> mycol <- brewer.pal(12,"Paired")
> plot(res$layout,col=mycol[y.train+1],pch=19)
> legend("topleft",legend=0:9,col=mycol,pch=19,cex=1.5)
```

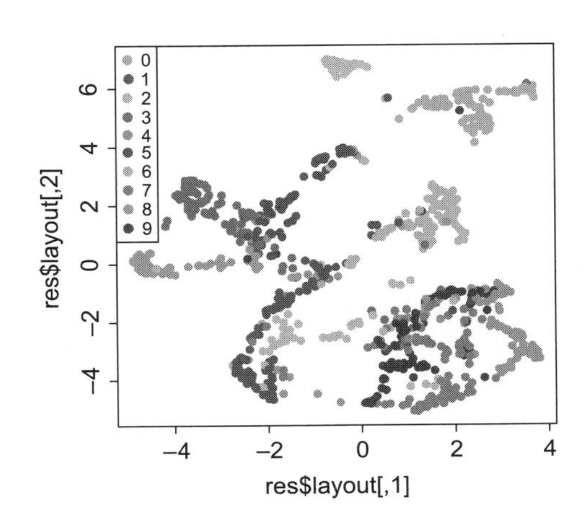

図 7.19　手書き数字の画像データに対して UMAP 法を適用した結果．正解ラベルの数字ごとに色分けした．

続いて，UMAP 法の結果である 2 次元データに階層型クラスター分析を適用してみます．なお，高次元データに対しては UMAP 法でも時間がかかるので，まず，計算時間の短い主成分分析を適用して累積寄与率を参考にしながら次元縮約を行い，その結果に対して UMAP 法を適用することがあります．

```
> myk <- 10
> mycluster <- cutree(
    hclust(dist(res$layout),method="ward.D2"),k=myk)
> rand.index(mycluster,y.train)
```

```
[1] 0.8963724
```

分類結果と正解ラベルからランド指数を求めると 0.896 となり，良い結果となることがわかります．

次に，訓練データでの配置をそのままに，新しい検証データを加えてその位置を予測します．

```
> res.test <- predict(res,x.test)
> plot(res$layout,col=mycol[y.train+1],pch=19)
> points(res.test,col=mycol[y.test+1],pch=17)
> legend("topleft",legend=c("train","test"),pch=c(19,17))
```

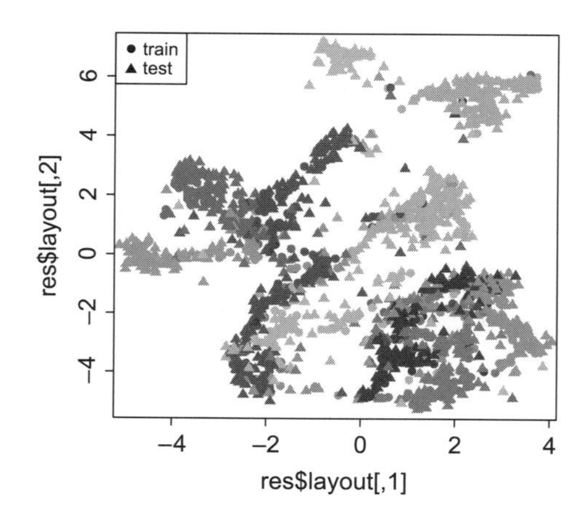

図 7.20　手書き数字の画像データに対して UMAP 法を訓練データに適用し，検証データに対して予測を行った結果の配置．

新しい検証データに対して，配置を予測した結果を図 7.20 に示します．マークを変えて訓練データによる配置に重ね描きしています．概ね訓練データと同じ正解ラベルのクラスターの近くに配置されています．

```
> myk <- 10
> mycluster <- cutree(
    hclust(dist(res.test),method="ward.D2"),k=myk)
> rand.index(mycluster,y.test)
```

```
[1] 0.8863704
```

また，予測データによる分類結果と正解ラベルからランド指数を求めたところ 0.886 となり，訓練に使わなかった未知の検証データに対しても高い分類性能を保っています．繰り返しになりますが，UMAP 法は次元縮約の方法であって，分類手法ではありません．しかしながら，UMAP 法の優れた次元縮約の性能を利用することで，低次元に縮約した後の分類がうまく機能する可能性があります．

第7回のまとめ

- ✔ *k*-means 法は初期値に依存するので注意する必要がある．
- ✔ 混合正規分布を用いてソフトクラスタリングが行える．
- ✔ 経時測定データは縦方向に追記する．
- ✔ 分類の一致性はランド指数で測る．
- ✔ UMAP 法はビッグデータに対する次元縮約を可能にする．

7.8 課題

この課題では，Github[16)] に公開されているファッションアイテムの画像の分類を考えます．ここでも，手書き数字の画像データと同じように keras パッケージの dataset_fashion_mnist 関数を実行して，2000 枚の画像データを fashion2000.csv として保存します[17)]．データの形式は mnist2000.csv と等しく，1 列目はファッションアイテムの正解ラベル: 0=T-shirt/top, 1=Trouser, 2=Pullover, 3=Dress, 4=Coat, 5=Sandal, 6=Shirt, 7=Sneaker, 8=Bag, 9=Ankleboot，2 列目以降は 28 × 28 ピクセルの 256 階調のグレースケール画像に対応します．

```
> library(keras)
> #install_keras() # kerasパッケージインストール後に 1回だけ実行
> d0 <- dataset_fashion_mnist()
> d <- data.frame(d0$train$y,
    array_reshape(d0$train$x,c(nrow(d0$train$x),28*28)))[1:2000,]
> colnames(d) <- c("label",paste0("pixel",0:783))
> write.csv(d,"fashion2000.csv",row.names=F)
```

それでは，以下のスクリプトを実行後に，ファッションアイテムの画像データを次元縮約して視覚化し，正解ラベルを参照することで，どのようなファッションアイテムどうしが近くに配置されるか確かめてみましょう．

まず，データを読み込み，行数と列数を確認します．

```
> d <- read.csv("fashion2000.csv")
> dim(d)
```

```
[1] 2000  785
```

列名を示します．1 列目はファッションアイテムの正解ラベルです，

```
> head(colnames(d))
```

```
[1] "label"  "pixel0" "pixel1" "pixel2" "pixel3" "pixel4"
```

列名の末尾も確かめます．

```
> tail(colnames(d))
```

```
[1] "pixel778" "pixel779" "pixel780" "pixel781" "pixel782" "pixel783"
```

正解ラベルの頻度を調べ，大きな偏りがないことを確かめます．

---

16) https://github.com/zalandoresearch/fashion-mnist/
Kaggle での紹介はこちらです．https://www.kaggle.com/c/digit-recognizer/

17) dataset_fashion_mnist 関数で取得したデータには訓練データ train と検証データ test にそれぞれ 60000 枚と 10000 枚の画像およびラベルが含まれています．

```
> y <- d[,1]
> x <- d[,-1]
> table(y)
```

```
y
  0   1   2   3   4   5   6   7   8   9
194 216 202 195 186 200 194 215 198 200
```

最後に，正解ラベルが 0 から 9 に対応する画像を図 7.21 に示します．

```
> par(mfrow=c(4,3),mar=c(2,2,1,1))
> for(j in 0:9) myimage(x[which(y==j)[1],])
```

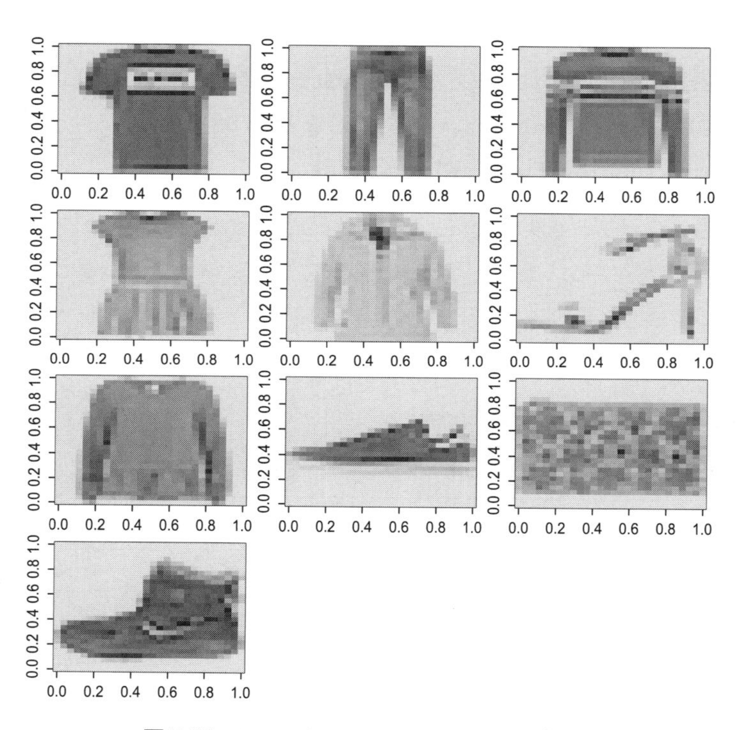

図 7.21　ファッションアイテムの画像データ

第 8 回

正解がある大きなデータセットから特徴量の探索と数値予測をしよう

—— 教師あり機械学習

講師　杉本 知之

達成目標

- ❏ 現在の AI の基本手法であり，高い予測性能を与える教師あり機械学習の代表的な方法を理解する．
- ❏ 正解データに基づいて数値予測や判別 (分類) ルールを作成する仕組みを理解し，実際のデータに代表的な機械学習を使うことができるようになる．
- ❏ 適用するデータの性質や特徴に基づいて，機械学習の手法の使い分けができるようになる．

キーワード ロジスティック判別，交互作用項，サポートベクターマシン，ニューラルネット (深層学習)，分類木，ランダムフォレスト，ROC 曲線

パッケージ pROC，kernlab，nnet，NeuralNetTools，rpart，randomForest

データファイル handwrite0.csv，mnist2000.csv，fashion2000.csv

はじめに

今回は，より良い分類予測や数値予測を作り出せるような**教師あり学習**の機械学習・AI 手法を学びます．第 7 回では，正解データを特に設けない「教師なし学習」を学びましたが，今回の教師あり学習では (外的な基準から得られた) 目的変数の正解データを用いて，どのように予測すればよいかという内容を扱います．教師あり学習では，教師なし学習とは違って分類予測や数値予測についての「正解データ」があるので，予測性能の良さを直接的に評価することができます．

第 1 回や 3 回の「目的変数が連続値のときの線形回帰」で扱った数値予測，第 2 回や 5 回で扱った「目的変数が 2 値変数のときのロジスティック回帰・判別」や「決定木」のような確率予測や分類予測 (判別) は，今回の教師あり学習の基本です．今回はこれまで学んできた AI・統計手法における 1 つの終着点という位置づけです．読者はここで学ぶ内容を使いこなせるようになれば，これまでに蓄積された (正解データを含む) データに，機械学習・AI 手法をあてはめて，様々な検討を重ねながら

結果を精緻化することで，未来の活動で有用な予測方式 (とその自動化) を作り出すことができます．

8.1　判別データの読み込みと可視化

最初の適用例として用いるのは，手書きでゼロと書いた文字を数値に変換して得られた手書き数字の画像データ「handwrite0.csv」です．まず，このデータを読み込ませて表示させてみましょう．次のコマンドを実行します．

```
> d <- read.csv("handwrite0.csv")
> head(d)
```

```
           x         y z
1 0.03571429 0.9642857 0
2 0.07142857 0.9642857 0
3 0.10714286 0.9642857 0
4 0.14285714 0.9642857 0
5 0.17857143 0.9642857 0
6 0.21428571 0.9642857 0
```

この画像データでは，1 列目の変数 `x` に x 座標，2 列目の変数 `y` に y 座標の位置情報が入力され，3 列目の変数 `z` には色の濃さ (グレースケール) を表す数値が 0〜255 のレベルで入っています．第 7 回で扱った画像データの形式では，1 つの文字に対して，縦 28 個 × 横 28 個 = 計 784 個分のピクセルを 784 個の特徴量としました．今回の画像データの形式では，2 つの特徴量 (x 座標，y 座標) を用いてピクセルの位置を表しています．縦 28 個，横 28 個の各ピクセルの位置を 0〜1 の範囲に変換したものが x 座標，y 座標です．また，3 列目の色の濃さを示すグレースケールは最小値の 0 が白，最大値の 255 が黒に対応します．`image` 関数を用いて，この画像データのイメージを復元してみましょう．以下のコマンドを実行することで図 8.1 が得られます．

```
> f <- matrix(d$z,28,28,byrow=T)
> image(t(f)[,28:1],col=gray.colors(255,rev=T))
```

なお，`image` 関数は行列データを可視化するものですが，行列の見た目と `image` 関数の出力結果

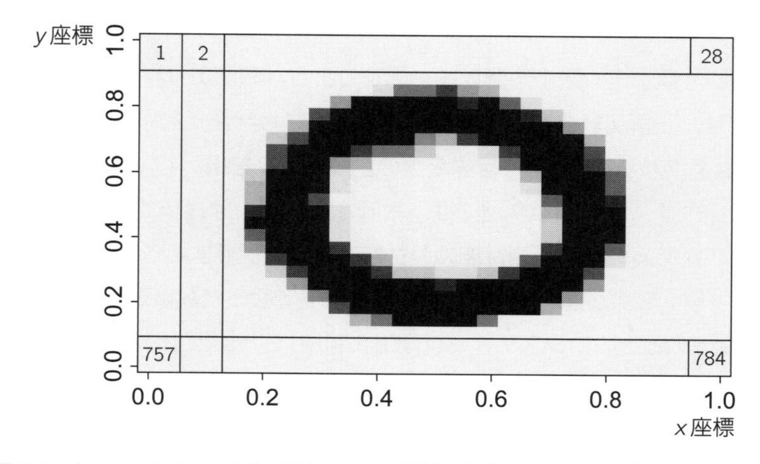

図 8.1　handwrite0.csv データの `image` 関数の適用とピクセル構成のイメージ

の行列表示が異なるので注意が必要です．2 行目で t(f)[,28:1] といった行列の転置「t(f)」と順番の入れ替え「[,28:1]」の 2 つの操作を挟んでいるのはそのためです．例として，1 から 9 の数値を要素にもつ次のような行列

$$x = \begin{bmatrix} 1 & 2 & 3 \\ 4 & 5 & 6 \\ 7 & 8 & 9 \end{bmatrix}$$

に対する image 関数の 2 つの適用例を確認しておきます．まず次のコマンドを打ち込んでみましょう．

```
> (x <- matrix(1:9,ncol=3,byrow=T))
```

```
     [,1] [,2] [,3]
[1,]    1    2    3
[2,]    4    5    6
[3,]    7    8    9
```

```
> par(mfrow=c(1,2))          # 並べて描きたいのでグラフ画面を 1行 2列に分割
> image(x,col=gray.colors(10,rev=T))  # 図 8.2左
> text(x=rep(c(0,0.5,1),c(3,3,3)),y=rep(c(0,0.5,1),3),labels=1:9,cex=2)
```

これは行列 x にそのまま image 関数を適用したものです．図 8.2 左図のように，ちょうど行列 x を左に 90 度回転したように描かれますが，これでは行列 x の要素の並びと描かれるイメージ図が異なるので混乱するでしょう．そこで，行列の転置と列番号の入れ替えの操作を施した t(x)[,3:1] に image 関数を適用すれば，図 8.2 右図のように元の行列と描かれるイメージを一致させることができます．

```
> image(t(x)[,3:1],col=gray.colors(10,rev=T)) #転置と順番の入替:図 8.2右
> text(x=rep(c(0,0.5,1),3),y=rep(c(1,0.5,0),c(3,3,3)),labels=1:9,cex=2)
> par(mfrow=c(1,1)) # グラフ画面を元に戻す
```

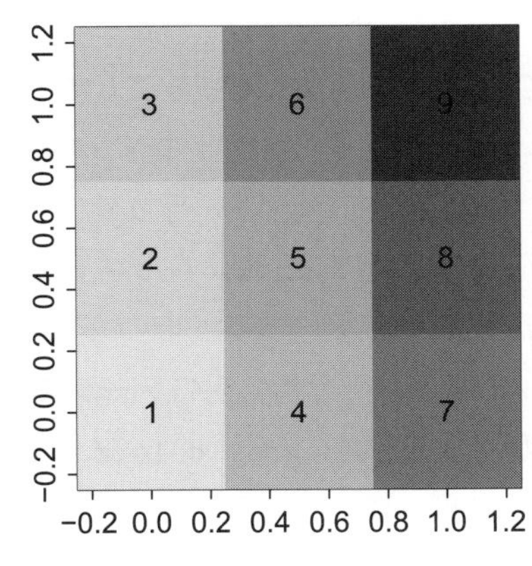

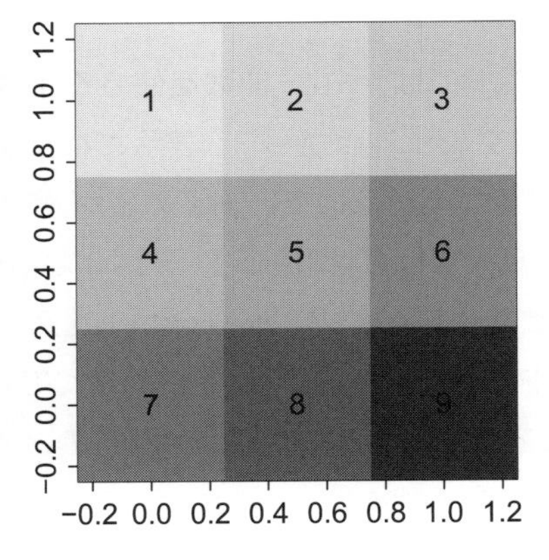

図 8.2 行列 matrix(1:9,ncol=3,byrow=T) に対する image 関数の 2 つの適用例：左図は image(x) の適用結果，右図は image(t(x)[,3:1]) の適用結果．

やや話が本題とずれてしまいましたが，この image 関数は 3 次元要素をもつデータの可視化に便利な関数なので，使い方の基本をわかっておくと，いろいろな分析での可視化に役に立ちます．

さて，今回はサンプルデータ「handwrite0.csv」をそのまま使うのではなく，例示のために，0〜255 の数値で表されたグレースケールのデータ変数 z を 2 値化して用いていきます．今回は，z がゼロであれば 0，ゼロより大きければ 1 と変換して用いましょう．次のようなコマンドを打ち込めば，2 値化が行えますので，実行してみましょう．

```
> d$z <- ifelse(d$z>0,1,0)      # d$z <- 1*(d$z>0)と書いてもよい
(ifelse関数は「ifelse(条件，真のときの値，偽のときの値)」の書式で用いる)
```

かなりざっくりとした 2 値化ですが，例示のためにシンプルなものにします．この 2 値化によって得られるデータをみてみましょう．グラフは先ほどと同様に，image 関数を用いて描けますが，ここでは使い慣れている plot 関数を使って描きます．

```
> mycol <- ifelse(d$z > 0,"blue","gray")
> plot(d[,1:2],col=mycol,cex=2,pch=22)
```

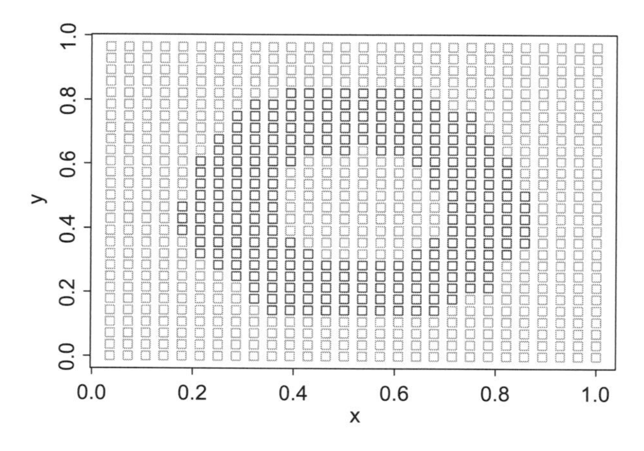

図 8.3　handwrite0.csv データ (変数 z の 2 値化) の可視化の例

上記のコマンドでは，plot 関数を使ってすべての点 (ピクセル) を描いています．オプション pch=22 によりプロット点が □ で表示されます．また，col=「色を表すベクトル」によって各点の色分け設定ができるので，d$z の値が 0 か 1 かによって色分けを行っています．具体的には，z が 0 より大きければ"blue"，z が 0 なら"gray"に設定したベクトルを mycol に保存させて，plot 関数のオプションに col=mycol を適用することで，図 8.3 のグラフが描かれます．この色設定を応用すれば，image 関数を使わなくても，2 値化を行う前の元のデータの可視化も plot 関数で行うことができます．たとえば，このときの色設定では，gray.colors パレットを用いて「col= gray.colors(255,rev=T)[d[,3]+1]」とすればよいでしょう．

今回の 8.2 節から 8.7 節では，様々な方法によって，このサンプルデータ handwrite0.csv の変数 z を 2 値化したものを目的変数，x 座標，y 座標の値を説明変数として判別モデルをつくることで，教師あり学習の代表的な手法を学んでいきます．

8.2 ロジスティック判別の適用

8.2.1 標準的なロジスティック回帰モデル

「目的変数を変数 z の 2 値データ，説明変数を x，y 座標の値」とするロジスティック判別を用いて，2 値判別のための予測モデルがどのように作成されるかをみていきましょう．内容は第 5 回の復習になります．**ロジスティック判別**は，0-1 のデータが発生する確率 p_i をロジスティック回帰の形でモデル化して，得られた予測確率を判別に利用するものでした．その際のロジスティック回帰の基本モデルは，個人 i の発生確率 p_i の対数オッズを，用いる説明変数の (係数を掛けた) 和で結んだ形で表したもの

$$\text{対数オッズ}:\log\left(\frac{p_i}{1-p_i}\right)=a+b_1\times\text{説明変数}\,1_i+\cdots+b_k\times\text{説明変数}\,k_i$$

でした．今回もこの基本モデルから始めます．画像データで使える説明変数は，これまでの回帰モデルで扱ってきたものとは異なる性格をもちますが，少なくとも x 座標の値 (x_i) と y 座標の値 (y_i) の 2 つを用いることができます．そこで次のロジスティック回帰モデル

$$\log\left(\frac{p_i}{1-p_i}\right)=a+b_1x_i+b_2y_i \tag{8.1}$$

をあてはめてみます．ロジスティック回帰のあてはめは，最尤法に基づいて行われますが，それは R では glm 関数で実行でき，このとき得られる予測値

$$\widehat{p_i}=\frac{\exp(\widehat{a}+\widehat{b_1}x_i+\widehat{b_2}y_i)}{1+\exp(\widehat{a}+\widehat{b_1}x_i+\widehat{b_2}y_i)} \tag{8.2}$$

は「あてはめ結果$fitted.values」で取り出せました．では，ロジスティック回帰モデル (8.1) のあてはめを実行してみましょう．

```
> res <- glm(z~x+y,d,family="binomial")
> summary(res)$coefficients
```

```
               Estimate Std. Error    z value     Pr(>|z|)
(Intercept) -0.76617220  0.2038495 -3.7585191 0.000170922
x            0.02675321  0.2671015  0.1001612 0.920216315
y           -0.07516200  0.2671155 -0.2813839 0.778415947
```

```
> phat <- res$fitted.values
```

最後の行のコマンド「phat <- res$fitted.values」では，ロジスティック回帰に基づく予測確率 $\widehat{p_i}$ の集まりのベクトルを phat に保存しています．summary(res) をみると，ロジスティック回帰の係数は，$\widehat{a}=-0.76617220$, $\widehat{b_1}=0.02675321$, $\widehat{b_2}=-0.07516200$ として推定されたことがわかります．これまでは目的変数が生存・死亡などのデータへの適用でしたので，ロジスティック回帰の係数を指数変換してオッズ比になおすことで解釈しやすくなりました．ただし，今回の画像データではオッズ比で解釈するメリットはなく，あてはめ結果を解釈する必要性もあまりないといえます．そのため，解釈よりもロジスティック判別による予測の良さに注目する方向に話を進めます．

先ほどあてはめたロジスティック回帰による判別がどのような予測をもたらすか，あてはめ結果を確認していきましょう．まず，観測値と予測値の隔たりをみるために，次のコマンドを実行して

みましょう.

```
> plot(d[,1:2],col=mycol,cex=2,pch=22)
> points(d[phat>=median(phat),1:2],col="red",cex=1.2,pch=15)
```

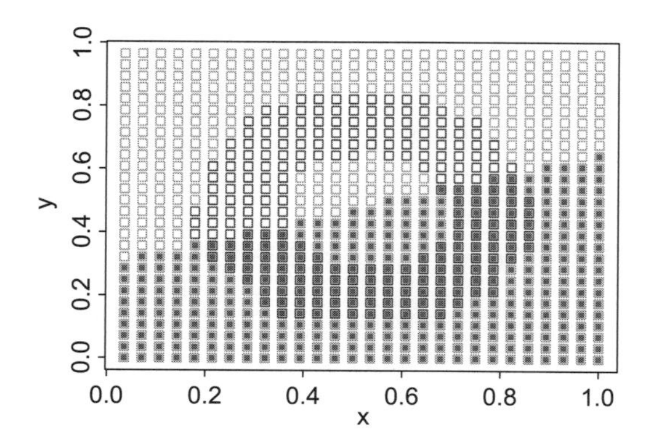

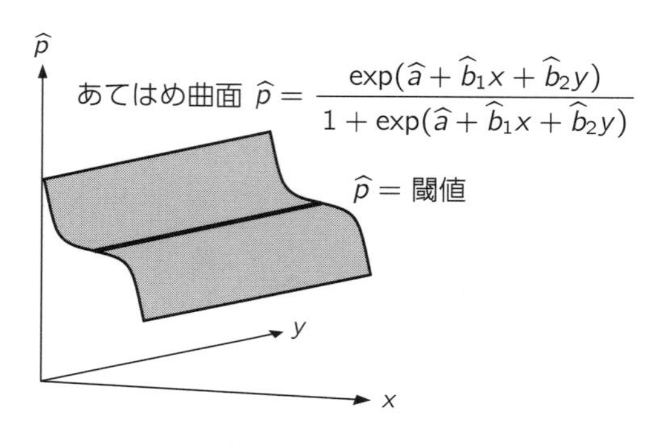

図 8.4　サンプルデータに対するロジスティック回帰 (8.1) による判別結果 (赤色)

上記のコマンドの最初の行は，図 8.3 の作成と同じで，同様のグラフが作成されます．2 行目のコマンドでは，ロジスティック回帰からの予測値のベクトル (`phat`) の中から，それらの中央値 ≒ 0.31248 以上となるものを抽出して (`d[phat>=median(phat),]`)，それらを赤色のプロット ■ (`col="red",pch=15`) で重ね描きしています．その結果，図 8.4 のようなグラフが作成されます．つまり，図 8.4 の赤色のプロットはロジスティック判別で 1 と予測された点です．なお，第 5 回の復習になりますが，判別ルールでは，閾値を設定して

$$\text{判別結果} = \begin{cases} 1, & \widehat{p}_i \geqq \text{閾値} \\ 0, & \widehat{p}_i < \text{閾値} \end{cases} \tag{8.3}$$

と予測しますが，今回のサンプルデータに閾値 0.5 を設定すると，1 に判別されるデータが皆無だったので中央値で代用しました．いずれにせよ図 8.4 をみれば，観測値が 1 である青色の点と予測値である赤色の点を比べて，あてはまりが良いとはまったくいえません．この原因はロジスティック回帰の (対数オッズで線形的にモデル化することで得られる) 予測式の単調性にあります．直観的に理解しやすいよう図 8.4 の右側に，なぜ今回のような予測の結果が起きるのかのイメージ図を描いています．ロジスティック回帰モデルでは，予測値をモデル式 (8.2) によって算出しますので，図 8.4 の右側のようなあてはめ曲面になり，決定境界が直線になるような予測しかできません．今回のデータのように，2 次元平面上でドーナツ型になるような 0-1 データとは，相性が良くないです．

念のため，ROC 曲線を作成して，このロジスティック判別の予測性能をみてみましょう．第 5 回で，ライブラリ `pROC` を用いて，その中にある `roc` 関数を適用すれば ROC 曲線が描けることを学びました．このデータの 2 値観測値ベクトルは `d$z` で，予測確率 $\widehat{p}_i$ のベクトルは `phat` に保存しているので，次の R コマンドを実行してみましょう．

```
> roc0 <- pROC:::roc(z~phat,d)
> plot(roc0)
```

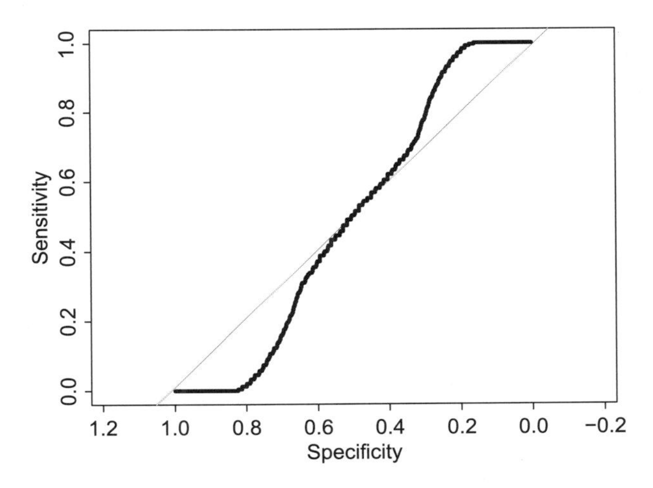

図 8.5　サンプルデータへのロジスティック回帰のあてはめの ROC 曲線

このコマンドによって図 8.5 のように ROC 曲線が得られます[1)]．図 8.5 を眺めると，最も意味のない予測を表す 45 度の直線よりも下回っている部分があります．意味のないランダムな予測よりも悪い予測であれば (つまり，答えを逆にしたほうがよいという状態)，このような ROC 曲線が得られます．この ROC 曲線をみても今回のロジスティック判別はまったく機能していないことがわかります．

8.2.2　交互作用をもつロジスティック回帰

モデル式 (8.1) はロジスティック回帰モデルの基本形ですが，**交互作用項**を追加することで説明変数間の相乗 (相殺) 効果の影響を反映させることができます．交互作用項については，第 1 回の線形回帰分析ですでに登場しています．今回は，積の交互作用項を追加することで，モデル式 (8.1) がもつ単調性や線形性を崩してみたいと思います．交互作用項を追加した次のロジスティック回帰モデル

$$\log\left(\frac{p_i}{1-p_i}\right) = a + b_1 x_i + b_2 y_i + b_3 x_i y_i \tag{8.4}$$

を考えます．モデル式 (8.4) をあてはめるため，次のコマンドを実行しましょう．

```
> res <- glm(z ~ x*y, family="binomial", d)
> summary(res)$coefficients
```

```
               Estimate Std. Error      z value    Pr(>|z|)
(Intercept) -0.8176776  0.3083975 -2.65137585 0.008016458
x            0.1259569  0.5184405  0.24295348 0.808041435
y            0.0320692  0.5495179  0.05835879 0.953462843
x:y         -0.2067540  0.9260055 -0.22327514 0.823321373
```

```
> phat <- res$fitted.values
```

1) ROC 曲線を描くため，第 5 回では `plot(1-roc0$specificities,roc0$sensitivities)` のコマンドを紹介しましたが，ここでは別のコマンド `plot(roc0)` を使って描いています．そのため，グラフ横軸の表示が若干異なります．また，1 行目のコマンド「`pROC:::roc(z~p,d)`」は，もともと，2 行に分ける，もしくはセミコロンで区切って「`library(pROC); roc(z~phat,data=d)`」と書くべきところを「ライブラリ::: 関数」の記述によって，1 行で書くためのショートカットです．

```
> roc1 <- pROC:::roc(z~phat,d)  # roc1は後で利用するので保存しています
> plot(d[,1:2],col=mycol,cex=2,pch=22)
> points(d[phat >= median(phat),1:2],col="red",cex=1.2,pch=15)
```

上記のコマンドは，8.2.1 項でロジスティック回帰モデル (8.1) をあてはめた glm 関数内のモデル設定「z~x+y」を「z~x*y」に変更した以外は，すべて同じです.

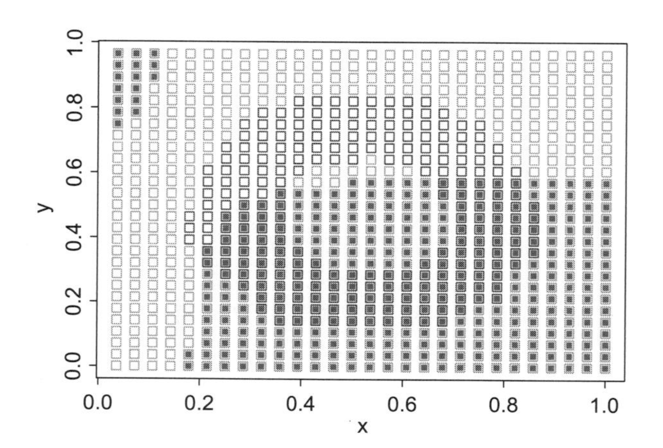

図 8.6　サンプルデータに対するロジスティック回帰 (8.4) による判別結果 (赤色)

図 8.6 をみると，積の交互作用項を追加しても，観測値が 1 である青色の点と予測値である赤色の点を比べると，残念ながらあてはまりが良いとはまったくいえないことがわかります．今後の利用のため，積の交互作用項を含め，glm 関数や lm 関数などの**回帰モデルの指定方法**を以下の表にまとめておきます.

glm(モデルの指定,family=binomial)		
モデルの指定	ロジスティック回帰モデルの式	予測値 p_i (確率)
z~x+y	$\log\left(\frac{p_i}{1-p_i}\right) = \beta_0 + \beta_1 x_i + \beta_2 y_i$	$\frac{e^{\beta_0+\beta_1 x_i+\beta_2 y_i}}{1+e^{\beta_0+\beta_1 x_i+\beta_2 y_i}}$
z~x:y	$\log\left(\frac{p_i}{1-p_i}\right) = \beta_0 + \beta_1 x_i y_i$	$\frac{e^{\beta_0+\beta_1 x_i y_i}}{1+e^{\beta_0+\beta_1 x_i y_i}}$
z~x*y	$\log\left(\frac{p_i}{1-p_i}\right) = \beta_0 + \beta_1 x_i + \beta_2 y_i + \beta_3 x_i y_i$	$\frac{e^{\beta_0+\beta_1 x_i+\beta_2 y_i+\beta_3 x_i y_i}}{1+e^{\beta_0+\beta_1 x_i+\beta_2 y_i+\beta_3 x_i y_i}}$

モデル指定の記述「z~x*y」は「z~x+y+x:y」と書いても同じです．では，別の変数 w があったとして「z~x*y*w」と指定したらどうなるでしょうか．これは R コマンドで「z~x+y+w+x:y+y:w+w:x+x:y:w」と同じあてはめになります[2].

[2] この規則を理解するために，$(1+x)(1+y)(1+w)$ の展開式

$$(1+x)(1+y)(1+w) = 1+x+y+w+xy+yx+wx+xyw$$

を考えるとよいです．モデル指定の記述 x*y*w は上式の左辺が意味する形式に対応し，省略せずに書いたモデル指定の記述 x+y+w+x:y+y:w+w:x+x:y:w は上式の右辺が意味する式に対応するとみなせます.

8.2.3 より高次の交互作用をもつロジスティック回帰

前項では，x 座標と y 座標の積を交互作用として取り入れたモデル式 (8.4) に基づいたロジスティック回帰モデルのあてはめを行いました．ただ**交互作用**とは，本来，線形的な効果を除いて，何らかの相乗効果，相殺効果を含むすべての効果を指しますので，とても広い意味をもちます．つまり，交互作用項には無数の形式が考えられるため，何から手を付ければよいかとなります．そこで，前項のモデルのように，まずは説明変数どうしの積の項を加えてみること，これは最もシンプルに交互作用項を取り入れたものと考えられます．本項では，さらに進んでもう少し複雑な交互作用をモデルに取り込んでみます．通常の医療データの分析では，あまりに複雑すぎる交互作用項までモデルに加えると解釈が難しくなるので避けるべきですが，今回は画像データを対象としており，変数の解釈よりも良い予測に関心があります．より高次の交互作用まで考えることで予測性能がどの程度まで上がるかをみてみましょう．x, y の 2 次の項までと，さらにそれらの積の交互作用をモデルに加えてみましょう．つまり，モデル式 (8.4) をさらに複雑にさせたロジスティック回帰モデル

$$\log\left(\frac{p_i}{1-p_i}\right) = a + b_1x_i + b_2{x_i}^2 + b_3y_i + b_4{y_i}^2 + b_5x_iy_i + b_6x_i{y_i}^2 + b_7{x_i}^2y_i + b_8{x_i}^2{y_i}^2 \quad (8.5)$$

を考えます．このあてはめは，R コマンド文で適宜これらの項を追加するように記述すればよいのですが，長くなるので簡略的な記述

```
glm(z~(1+x+I(x^2))*(1+y+I(y^2)),family="binomial",d)
```

を使うこともできます．また，モデル式の記述

```
z~(1+x+I(x^2))*(1+y+I(y^2))
```

が本当にモデル式 (8.5) のあてはめを実現しているかを念のため確認しておきましょう．8.2.2 項の脚注で説明したように次の展開を計算すればよいです：

$$(1+x+x^2)(1+y+y^2) = 1+x+x^2+y+y^2+xy+x^2y+xy^2+x^2y^2$$

この展開式において，定数項を除く変数の項を含んだモデルのあてはめを行うことを意味するので，確かにロジスティック回帰モデル式 (8.5) のあてはめになることがわかります．

では実際にモデル (8.5) をあてはめるため，次のコマンドを実行してみましょう．

```
> res <- glm(z~(1+x+I(x^2))*(1+y+I(y^2)),family="binomial",d)
> summary(res)$coefficients
```

```
                   Estimate Std. Error  z value     Pr(>|z|)
(Intercept)       -18.56080   3.616089 -5.132839 2.854041e-07
x                  65.18745  13.916096  4.684320 2.808910e-06
I(x^2)            -61.79088  13.049212 -4.735220 2.188181e-06
y                  69.32031  15.388753  4.504609 6.649538e-06
I(y^2)            -74.52966  15.948046 -4.673278 2.964299e-06
x:y              -217.68133  59.301343 -3.670766 2.418250e-04
x:I(y^2)          238.17490  61.597165  3.866654 1.103389e-04
I(x^2):y          206.84419  55.812142  3.706079 2.104930e-04
I(x^2):I(y^2) -228.03500  58.196978 -3.918331 8.916434e-05
```

```
> phat <- res$fitted.values
> roc2 <- pROC::roc(z~phat,d)    # roc2は後で利用するので保存しています
```

```
> plot(d[,1:2],col=mycol,cex=2,pch=22)
> points(d[phat>=median(phat),1:2],col="red",cex=1.2,pch=15)
```

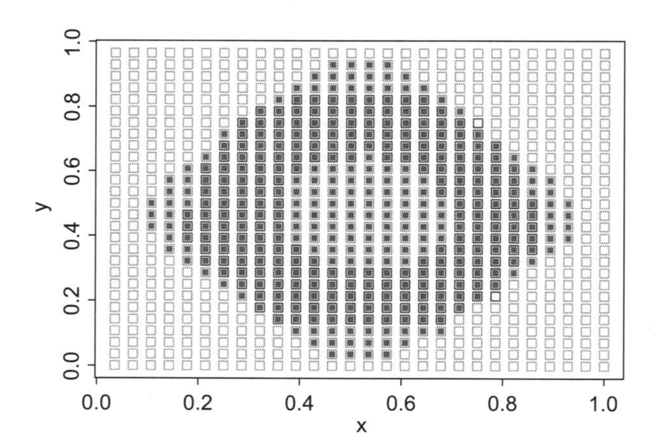

図 8.7　サンプルデータに対するロジスティック回帰モデル (8.5) による判別結果 (赤色)

上記のコマンドは，前項までのロジスティック回帰モデル (8.1) や (8.4) をあてはめた `glm` 関数内のモデル設定「`z~x+y`」や「`z~x*y`」を「`z~(1+x+I(x^2))*(1+y+I(y^2))`」に変更させた以外は，すべて同じです．このようなモデルの記述だけですぐにより高度なあてはめが実行できることは，R を利用することの 1 つのメリットといえます．

上記のコマンドから得られるあてはめ結果を図 8.7 に示します．これまでのロジスティック回帰によるあてはめの図 8.4 や図 8.6 と比べると，格段に改善されている様子がわかります．これにより説明変数側のモデルを複雑にすれば，目的変数の複雑さに対応できることがわかります．それでも菱形のようなあてはめになっていて，依然として，円形状の縁の部分や，ドーナツ内部の円の部分では，あてはめがうまくいっていないこともわかります．これ以上に複雑な交互作用を作れないわけでもないですが，ドーナツ内部の円の部分までうまくあてはめるのはかなり複雑なものになりますし，仮に個別データへのあてはめに対処できたとしても様々な場合のデータに対する自動化は難しいといえ，この辺りがロジスティック回帰の限界です．

8.3　サポートベクターマシン (SVM)

本節では，教師あり学習における代表的な手法の 1 つである**サポートベクターマシン**を紹介します．以降では，サポートベクターマシン (Support Vector Machine) を略して SVM とよびます．前節まではロジスティック回帰のモデル式，たとえば，式 (8.1) に基づいて確率をモデル化しましたが，SVM では確率という概念はほぼ出てきません．SVM の仕組みを詳しく理解しようと思うとやや難しくなりますが，ただあてはめを実行するだけであれば R コマンドで簡単にできます．ロジスティック回帰モデルのあてはめでは `glm` 関数を使いました．SVM のあてはめでは，基本的に，この `glm` 関数の部分だけを SVM のあてはめコマンドである `ksvm` 関数に変更するだけでよいです．ただし，あらかじめ，この `ksvm` 関数を含むライブラリ `kernlab` を読み込ませておく必要があります．手法の説明は後ほど行いますので，まずは SVM のあてはめを実行するために，次のコマンドを実行してみましょう．

```
> library(kernlab)
> res <- ksvm(z~x+y,d)
> phat <- predict(res,d)
> phat <- as.vector(phat)
> roc3 <- pROC:::roc(z~phat,d)  # roc3は後で利用するので保存しています
> plot(d[,1:2],col=mycol,cex=2,pch=22)
> points(d[phat>=0.5,1:2],col="red",cex=1.2,pch=15)
```

上記のRコマンドの3行目「phat <- predict(res,d)」では, predict関数を使って予測値の取り出しを行っています. predict関数はいろいろな手法で使えることが多く, 決定木などでも用いました. ロジスティック回帰に対する予測値を, 第5回では「あてはめ結果$fitted.values」で取り出しましたが, ロジスティック回帰の場合でもpredict関数を「predict(あてはめ結果,type="response")」のように用いれば予測値が取り出せます. 4行目の処理「phat <- as.vector(phat)」はロジスティック回帰のときはなかったもので, as.vector関数を適用してphatのデータ型をベクトルに変換しています. これはksvm関数のあてはめ結果にpredict関数を介して取り出した予測値の入ったオブジェクトphatのデータ型がデータフレームである一方で, roc関数に入力する観測値と予測値には, ベクトルのデータ型をもつオブジェクトを与える必要があるからです. この4行目の処理を外すとデータ型の食い違いが起こり, エラーが生じます. そのため, この4行目の処理が必要になります. Rはフリーソフトで製作者もボランティアなので, 出力結果のオブジェクトの書式が統一されていないことはしばしばあります. 最後の行の処理「points(d[phat>0.5,1:2],col="red",cex=1.2,pch=15)」は, 予測値が閾値0.5を超えたものを, すなわち, 1 (あり) と予測するものを抽出して, 赤色のプロット■ (col="red",pch=15) で重ね描きしています. ロジスティック回帰の場合では, 0-1を判別する閾値に0.5を用いると, あてはまりが悪かったので, 予測値の中央値を閾値にしましたが, これ以降はあてはまりの良い方法が続きますので, 閾値には0.5を用います.

上記のコマンドから得られるSVMのあてはめ結果を図8.8に示します. かなりきれいに青色と赤色の点が重なっている様子がわかり, ロジスティック回帰では得られなかった, あてはまりのとても良い結果が得られています.

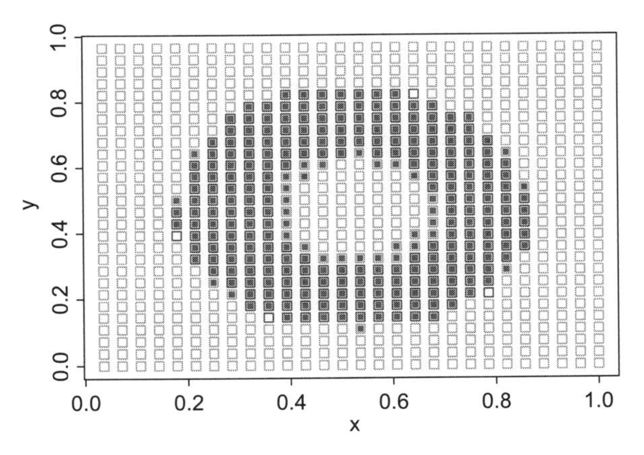

図8.8 サンプルデータに対するSVMを用いた判別結果

では，なぜ SVM の方法では，サンプルデータのようなロジスティック回帰では実現できなかった柔軟なあてはめができるのか，この方法の特徴を説明していきます．いきなり高度な場合から説明するのは難しいので，まず最も簡単な状況から始めていきましょう．

図 8.9 は説明変数 (特徴量) が 2 次元の場合の散布図です．図 8.9 では，簡単のため，たとえば，病気か健康かの分類といったような，2 クラスを考えており，クラス 1 (病気) であれば三角，クラス 2 (健康) であれば丸い点で表しているとします．このようなデータに対して，何らかの判別ルールに基づいて，2 クラスの分類の予測を行います．ここでは，分類の予測結果は，入力した説明変数が「**決定境界**」で定められる分類領域のどちらに属するかで判定することにします．図 8.9 の例では，何かの検査値を説明変数として用いて分類するためには，図のような直線を決定境界として用いて，決定境界より左だったら健康で右だったら病気とすればよいです．

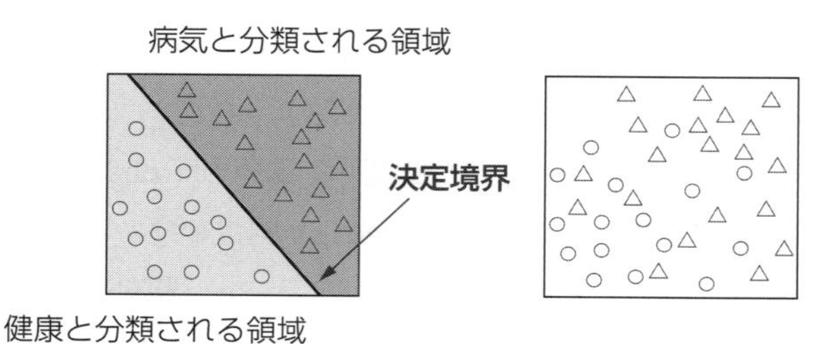

図 8.9　2 クラス分類：線形分離可能な状況 (左) とそうでない場合 (右)

SVM の方法を説明するために，まずは学習データが「**線形分離可能**」である状況を仮定します．この「線形分離可能」という仮定は図 8.9 の左図のように「線形関数」で表される決定境界を用いて学習データが完全に分類できる状況のことです．線形関数とは，2 次元であれば直線を表し，3 次元であれば平面として表されるものです．当然ながら，図 8.9 の左図のようにきれいに分かれるデータばかりではなく，通常は，図 8.9 の右図のように (健康と分類される領域に病気の人が交じったり，その逆も起こりえますので)，「線形分離可能」ではありません．

次に**マージン**という概念を説明します．マージンとは，決定境界に幅をもたせて道路と見立てて，その道路の中にデータが入らないようにしたときの道路の片側の幅のことをいいます．図 8.10 の 2 つの図は同じデータの散布図です．どちらの図も線形分離可能なデータ集合の決定境界を表していますが，右図のマージンのほうが大きいことがわかります．考えられる決定境界はたくさんありますが，その中でもなるべく大きなマージンをもつ決定境界を求めるわけです．SVM とは，このようにマージンの最大化により決定境界を求める分類手法です．なお，決定境界に最も近い点の集まりを，決定境界を定める重要な少数のデータ点として，サポートベクトルといいます．

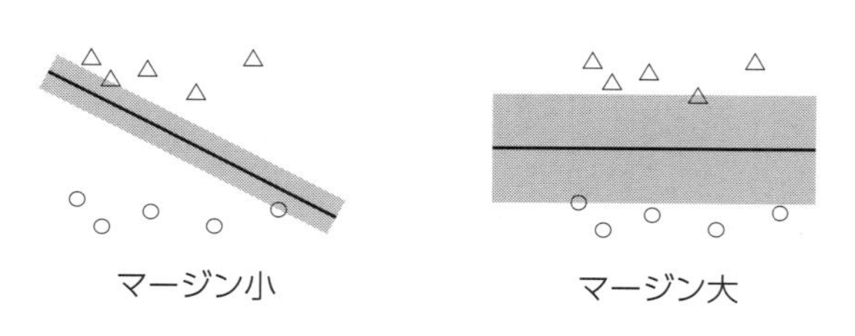

図 8.10　決定境界とマージン

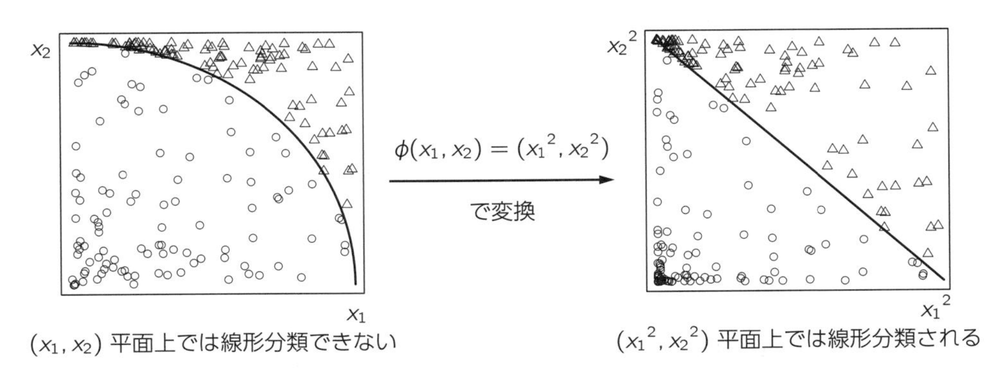

図 8.11 カーネル法による非線形分類の例示

さて，現実のデータが線形分離可能という状況はめったにないです．この場合，当然，マージン最大化では決定境界を定めることができません．そこで，カーネル法とソフトマージン法とよばれる対処があり，通常，これら 2 つの対処法を組み合わせて用います．ソフトマージン法は，決定境界で完全に分類できないデータ点を，ある程度の個数，許容させるというものですが，ここではその詳細は割愛し，**カーネル法**についてのみ説明します．カーネル法を組み合わせることで，非線形な決定境界を構成することができるようになります．先ほどまでの説明では，SVM の決定境界は線形関数で，2 次元であれば直線で作っていました．ここで，図 8.11 の左図のような場合を考えてみましょう．このよう場合，直線では決定境界を引けませんが，扇形のような曲線であれば，2 クラスがうまく分離できそうです．そのような扇形のような曲線は，説明変数をそのまま扱わずに変換することで実現できます．元の説明変数 $\boldsymbol{x} = (x_1, x_2)$ に変換をかけたものを $\boldsymbol{\phi}(\boldsymbol{x})$ で表すと，たとえば図 8.11 であれば，$\boldsymbol{\phi}(\boldsymbol{x}) = (x_1{}^2, x_2{}^2)$ とおけば，変換後の空間上では線形分類することができます．つまり，特徴量を変換したうえで線形分類するという発想です．変換先の直線の決定境界を元の空間に戻すと，扇型の決定境界になっています．ただし，これだけでは，非線形分類といっても，変換した説明変数 (特徴量) 上での線形分類を行うだけなので，それほど驚くことではないです．

次に，さらに複雑な図 8.12 のような散布図のデータに対して 2 クラスに分類をしたいとします．当然，線形分離可能ではないことがわかります．また，2 つの円を決定境界にすればうまく分離できそうなこともわかります．このような場合，特徴量のどのような変換をかければ線形分類することができるでしょうか．変換のイメージがすぐに思いつきそうになく，なかなか難しいです．円形状なので，極座標変換という手もありますが，2 つも円があるため，それだけのアイデアではやはり難しいです．この解決法は驚くべきことの 1 つといえますが，元の説明変数よりもさらに高次元の空間に変換することで線形分離を可能にさせるというものになります．図 8.12 の例では，元の説明変数は 2 次元で扱っていますから，それを，3 次元，4 次元とより高い次元の空間に変換するという意味です．4 次元以上ではイメージしづらいですから，3 次元までの例で，元の特徴量をさらに高次元に変換することのアイデアを図 8.13 に基づいてみてみましょう．

(1) まず元の 2 つの特徴量 $\boldsymbol{x} = (x_1, x_2)$ の散布図において，図 8.13 左図のように中央に赤色の点 (クラス 1) がありその周りに青色の点 (クラス 2) があったとします．このとき，たとえば，$\boldsymbol{\phi}(\boldsymbol{x}) = \boldsymbol{\phi}(x_1, x_2) = (x_1{}^2, x_2{}^2, \sqrt{2}x_1x_2)$ のような 3 次元の特徴量に変換してみます．3 次元に

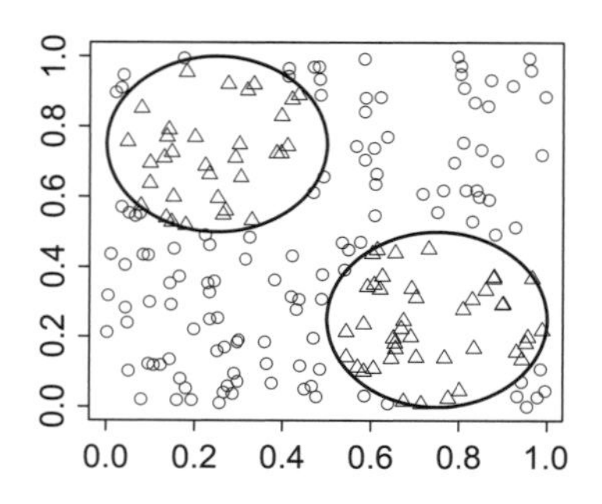

図 8.12　より複雑な決定境界が求められる場合の例示

変換された特徴量 $\boldsymbol{\phi}(\boldsymbol{x})$ の散布図は，図 8.13 の右図のように円錐の形状に分布する 3 次元散布図になります．

(2) 3 次元に変換された特徴量 $\boldsymbol{\phi}(x_1, x_2)$ の散布図では，円錐の上部の点 (赤色) と円錐の下部の点 (青色) をある平面できれいに分離できることがわかります．つまり，2 次元散布図では線形分離可能ではなかったですが，うまい 3 次元変換を使ったことで，3 次元散布図上では，線形分離可能になりました．このとき SVM では，この変換された 3 次元散布図の上で，マージンを最大にする線形な決定境界をみつけ出すことができます．

(3) 高次元散布図で得られた線形な決定境界を再び元の 2 次元に戻すと，決定境界は，図 8.13 左図の点線のような曲線として得られます．

この例はあくまで典型例でデータに合わせてうまい変換 $\boldsymbol{\phi}(\boldsymbol{x})$ をみつけましたが，カーネル法を組み合わせた SVM がなぜうまく決定境界をみつけ出すことができるかのイメージを掴むためには良い例と思います．さらに変換 $\boldsymbol{\phi}(\boldsymbol{x})$ 自体も自動化したいという目的のため，よく用いられる **RBF** (Radial basis function kernel) **カーネル法**は，無限次元空間へ変換したうえでの SVM に相当し，`ksm` 関数のデフォルトに採用されています．無限次元空間といっても「**カーネルトリック**」というものがあり，無限次元空間への変換をあらわに行うことはしません．SVM のアルゴリズムの最適化計算は，

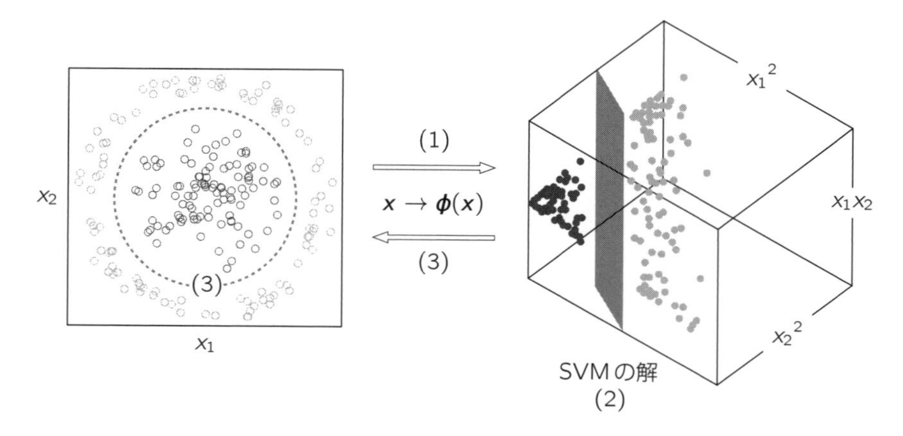

図 8.13　データの高次元の変換によって線形分離可能にできる仕組みの例示

一般に，次の式で表される量

$$-\frac{1}{2}\sum_{i,j}\alpha_i\alpha_j y_i y_j\,\boldsymbol{\phi}(\boldsymbol{x}_i)^T\boldsymbol{\phi}(\boldsymbol{x}_j)+\sum_i \alpha_i$$

を最大にするような $\boldsymbol{\alpha}=(\alpha_1,\alpha_2,\ldots)$ をみつける問題になることがわかっています (y_i は 2 値分類変数 -1 か 1)．ここで，変換 $\boldsymbol{\phi}(\boldsymbol{x})$ は内積 $\boldsymbol{\phi}(\boldsymbol{x}_i)^T\boldsymbol{\phi}(\boldsymbol{x}_j)$ の形のみ現れていることに注意しましょう．元データから高次元に変換しようとすると，内積 $\boldsymbol{\phi}(\boldsymbol{x}_i)^T\boldsymbol{\phi}(\boldsymbol{x}_j)$ の計算はその計算量のため困難になります．そこで，この内積計算の負担をカーネル関数 $K(\boldsymbol{x}_i,\boldsymbol{x}_j)$ を用いて，うまく回避することが考え出されています．たとえば，RBF カーネル法では

$$\boldsymbol{\phi}(\boldsymbol{x}_i)^T\boldsymbol{\phi}(\boldsymbol{x}_j)=K(\boldsymbol{x}_i,\boldsymbol{x}_j)=e^{-\gamma\|\boldsymbol{x}_i-\boldsymbol{x}_j\|^2}\quad(\gamma\,(>0)\text{ はハイパーパラメータ})$$

を用いて巧妙に最適化計算がなされています[3]．このような高次元空間に変換して決定境界をみつけ出すこととその最適化計算の際に必要となる (超) 高次元の内積計算をカーネル関数により簡略化する工夫がカーネルトリックとよばれるものです．もともとの低次元データでは決して線形分離できない状況であっても，SVM は高次元空間上に変換を施せば線形分離できるという性質をうまく利用して，データの特徴により柔軟な判別ルールをつくることができる手法といえます．

8.4　ニューラルネット

本節では**ニューラルネット** (NN: Neural Net) について学びます．現代の AI として代表的なディープラーニングの基本がニューラルネットという機械学習法です．**ディープラーニング**は，従来のニューラルネットと比べてその中にある中間層を増やしたもので，深層ニューラルネット (ワーク) ともよばれ，従来のニューラルネットから予測性能の驚くべき向上を果たしました．ニューラルネットは，脳の神経回路の情報処理過程をヒントにして作られたモデルで，図 8.14 は (深層) ニューラルネットのイメージ図です．たとえば，画像認識技術では，深層ニューラルネットを用いて，あらかじめ大量のデータを学習できるようになったことで，新たな画像データを入力すれば，その物体が何であるかを自動的に判定することが今では簡単に行えるようになっています．

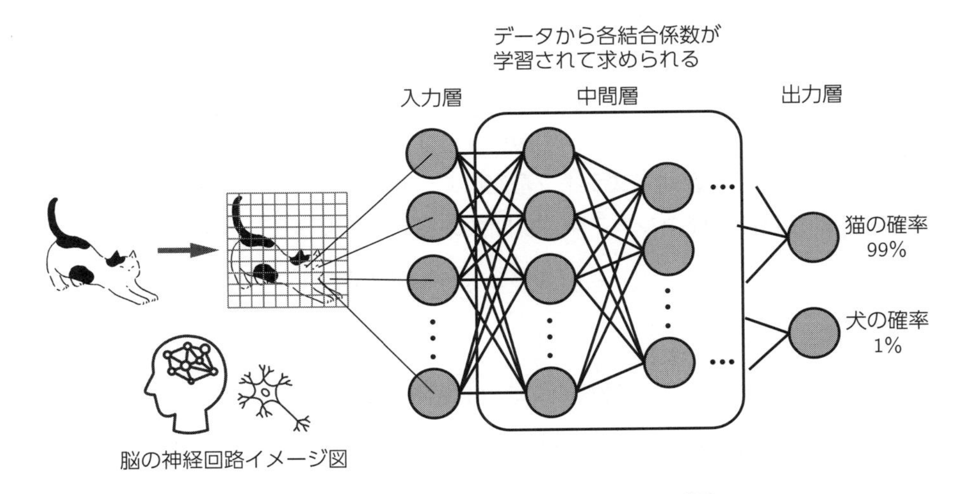

図 8.14　深層ニューラルネットのイメージ図

[3] この辺の内容をさらに詳しく勉強したい場合は，文献 [10] や [13] などを参照してください．

図 8.14 にある階層的なネットワーク構造は，大きく 3 つの層，入力層，中間層，出力層からなります．このネットワーク構造では，入力層と出力層は 1 つの層からなりますが，中間層には複数の層を設定することができます．各層にある円で表したものは**ユニット**とよばれ，計算された数値が入ります．中間層の第 1 層のユニット i の数値を $h_i^{(1)}$，第 2 層のユニット i の数値を $h_i^{(2)}$, $i = 1, 2, \ldots$ と書くことにします (図 8.15 参照).

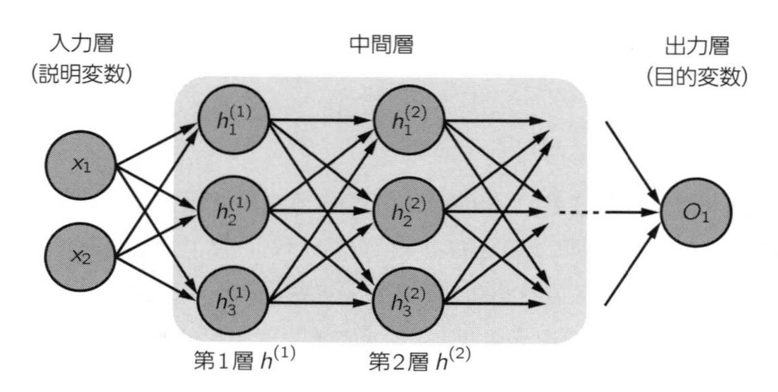

図 8.15　ニューラルネットワークによる予測モデルの模式図

ニューラルネットワークでは，図 8.15 のように，説明変数のデータを入力層に代入すると，パスに従って，各層から次の層へと各ユニット値が求められていきます．このとき，第 k 層ユニット i の値 $h_i^{(k)}$ を決める式は，1 つ手前の層からのユニット値の線形和 $b_{i0}^{(k)} + \sum_{j=1}^{p} b_{ij}^{(k)} h_j^{(k-1)}$ に，**活性化関数**とよばれる関数 f を適用したもの

$$h_i^{(k)} = f\left(b_{i0}^{(k)} + \sum_{j=1}^{p} b_{ij}^{(k)} h_j^{(k-1)} \right)$$

で計算されます．ここに，$b_{ij}^{(k)}$ は回帰係数のようなもので結合係数とよばれます．活性化関数のよび名は，神経回路において，刺激の強さの入力値に対し，その刺激に反応する確率の大きさを出力値として表した関数名に由来します．活性化関数に絶対的なものはないので，いろいろと選ぶことができます．従来より，ロジスティック関数

$$f(u) = \frac{\exp(u)}{1 + \exp(u)} \left(= \frac{1}{1 + \exp(-u)} \right)$$

がよく使われてきました．最近はスプライン基底に対応する ReLU 関数が人気となり，その利用が普及しています．活性化関数がロジスティック関数の場合，第 k 層ユニット i の値 $h_i^{(k)}$ は

$$h_i^{(k)} = \frac{\exp\left(b_{i0}^{(k)} + \sum_{j=1}^{p} b_{ij}^{(k)} h_j^{(k-1)} \right)}{1 + \exp\left(b_{i0}^{(k)} + \sum_{j=1}^{p} b_{ij}^{(k)} h_j^{(k-1)} \right)}$$

となるので，1 つ手前の第 $k-1$ 層の複数のユニット値を説明変数としたロジスティック回帰を行っていると捉えることができます．中間層の第 1 層の場合 (すなわち，k が 1 のとき) を例として，これらのまとめを図 8.16 に与えます．図 8.16 の場合，1 つ手前の層は，入力層なのでもともとの説明変数の値が，第 1 層のユニット値 $h_i^{(1)}$ の値を決めるために使われます．

第 1 層のユニット i の値 (出力) を決める式

$$h_i^{(1)} = \frac{\exp\left(b_{i0}^{(1)} + b_{i1}^{(1)}x_1 + \cdots + b_{ip}^{(1)}x_p\right)}{1 + \exp\left(b_{i0}^{(1)} + b_{i1}^{(1)}x_1 + \cdots + b_{ip}^{(1)}x_p\right)} = f\left(b_{i0}^{(1)} + \sum_{j=1}^{p} b_{ij}^{(1)}x_j\right)$$

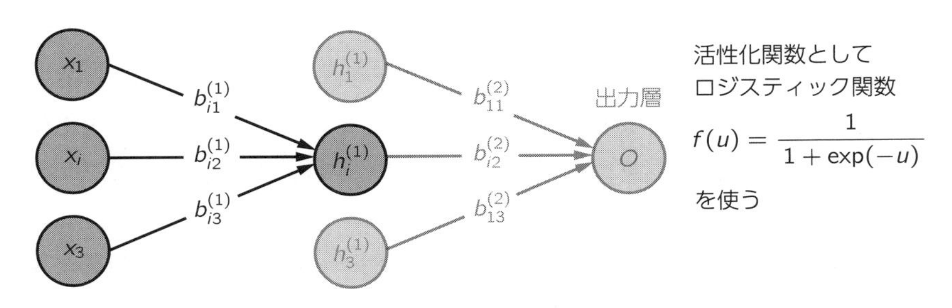

図 8.16 中間層第 1 層のユニット i の値 (出力) を決める式の例

各層の各ユニットでロジスティック回帰のような推定をしているという説明をしましたが，実際には，中間層のユニット値は未知なので計算でより最適な予測ができるものをみつける必要があります．たとえば，中間層のユニット値に 0,1 の 2 値データをランダムに与えてみるとどうでしょうか．それならロジスティック回帰あてはめができるので，第 1 層から順番に各係数 $\{b_{ij}^{(k)}\}$ を求めることができます．とはいえ，中間層にランダムに 0, 1 の 2 値データを与えたものが良いわけではありませんので，0, 1 の 2 値データのあらゆる組み合わせを中間層に与えて，それらの中から予測が良い場合を選択すればよさそうですが，そのような計算の計算量は莫大になり実施可能ではありません．

そこで，アルゴリズムによって，結合係数 $\{b_{ij}^{(k)}\}$ の良い値を決めるための計算の効率化をはかっています．複雑なネットワーク構造の結合係数の推定のため，単純な最適化計算法はうまく機能しませんが，誤差逆伝播法による計算アルゴリズムが考案され，それが一般的に使われています．アルゴリズムの詳細は簡単ではありませんが，1 つ 1 つの中間層の各ユニットに対して，ロジスティック回帰を逐次，連鎖的に行いながらネットワーク全体を最適化するというイメージです．

実際に，サンプルデータにニューラルネットを適用してみましょう．これも使い方は簡単で，ライブラリ `nnet` を読み込ませておいてから，コマンドとしては，基本的に，先ほどの SVM なら `ksvm` 関数だった部分を `nnet` 関数に変えるだけです．ただし，`nnet` 関数では，今回は 0-1 の 2 値分類データに対するあてはめなので，前処理として目的変数 `z` を，因子 (`factor`) 型の属性をもたせるように変換して用います．これまでもいくつかのコマンドで `as.factor` 関数による型変換や `factor` 関数の適用はありました．`nnet` 関数の中では，2 値の目的変数 `z` をそのまま `z` と書かずに，`factor(z)` として用いる必要があります．次のコマンドを実行してみましょう．

```
> library(nnet)
> set.seed(0)
> res <- nnet(factor(z)~x+y,d,size=6) # size: 中間層のユニット数
```

```
# weights:  25
initial  value 732.938735
iter  10 value 466.344102
iter  20 value 360.871673
```

```
…省略…
iter  90 value 205.524608
iter 100 value 195.228123
final  value 195.228123
stopped after 100 iterations
```

上記コマンドの2行目の set.seed は，疑似乱数のシードを固定させるために用いています．それは，ニューラルネットの最適化計算の際に乱数を使って処理する部分があり，その乱数によって出力結果の値が微妙に変わることがあるので，今回のあてはめの再現性をもたせるためです．3行目の nnet 関数のあてはめでは，ユニット数を指定するオプション size があるので，今回は，size=6 として，中間層のユニット数を6個に設定しています．3行目の nnet 関数のあてはめによって，最適化計算の中での反復数 iter と，最適化の目的関数の値 value の推移状況が表されています．value が徐々に小さくなっていますが，100回反復で計算を終了させたというメッセージが出力されています．最適化の目的関数の値 value がどんどん小さくなっているにもかかわらず，100回で終了したのは，実は，反復計算がうまく収束したからではなく，反復計算の最大回数を指定するオプションの maxit のデフォルト値が100回だからです．

そこで，maxit のデフォルト値100を変更してあてはめをやり直してみましょう．nnet 関数にオプションとして，maxit=2000 を追加するだけで，後は同じコマンドの次を実行させます．

```
> set.seed(0)
> res <- nnet(factor(z)~x+y,d,size=6,maxit=2000) # maxit=2000を追加
```

```
# weights:  25
initial  value 732.938735
iter  10 value 466.344102
iter  20 value 360.871673
:
…省略…
:
iter1790 value 41.658128
final  value 41.657962
converged
```

上記のあてはめ結果をみると「iter1790 value 41.658128」で反復計算が終了し，さらに先ほどはなかった「converged」という結果が表示されています．これで先ほどのニューラルネットのあてはめにおける反復計算はきちんと収束していなかったことがあらためてわかります．これでひとまずニューラルネットのあてはめが完了し，あてはめ結果を res に保存しています．次は，その適用結果の中身をみていきます．次のコマンドを実行しましょう．

```
> summary(res)
```

```
a 2-6-1 network with 25 weights
options were - entropy fitting
  b->h1  i1->h1  i2->h1
  -1.81    5.42   -9.58
  b->h2  i1->h2  i2->h2
   2.57    2.13   -3.57
```

```
   b->h3   i1->h3   i2->h3
   -2.94    13.39     5.38
   b->h4   i1->h4   i2->h4
  -22.23    17.12     9.40
   b->h5   i1->h5   i2->h5
    0.08     7.63    -4.58
   b->h6   i1->h6   i2->h6
   -6.98     0.71     9.63
    b->o    h1->o    h2->o    h3->o    h4->o    h5->o    h6->o
-1621.86   -84.06  1757.45   425.61  -622.74  -465.79   358.28
```

summary(res) でニューラルネットのあてはめ結果である各ユニットを結ぶパスに対応する係数が出力されています．とはいえ数値の羅列なのでよくわかりません．そこで，あてはめモデルの可視化をするために，次のコマンドを実行してみましょう．

```
> library(NeuralNetTools)
> plotnet(res)
```

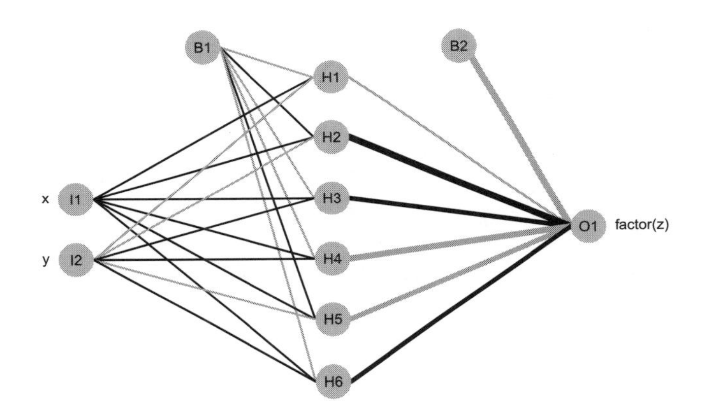

図 8.17 サンプルデータに対するニューラルネットのあてはめモデルの可視化

図 8.17 をみれば，ニューラルネットの中でどのように層とユニットが用いられたかが確認しやすいです．次にニューラルネットのあてはめ結果をみるためのコマンドを実行してみましょう．

```
> phat <- predict(res,d) # res$fitted.valuesでもよい
> phat <- as.vector(phat)
> roc4 <- pROC::roc(z~phat,d)
> plot(d[,1:2],col=mycol,cex=2,pch=22)
> points(d[phat>=0.5,1:2],col="red",cex=1.2,pch=15)
```

上記のコマンドは SVM で用いたものとまったく同じなので説明は割愛しますが，ここでも，roc 関数への適用をエラーなく実施するため，2 行目で「phat <- as.vector(phat)」として，phat のデータ型をベクトルに変換しています．図 8.18 はこのとき得られるあてはめ結果です．SVM と比べても遜色なく，かなりうまくあてはまっている様子が確認できます．なお，デフォルトの maxit=100 のまま，最適化の反復計算が収束していなかった場合のあてはめ結果も図 8.19 に与え

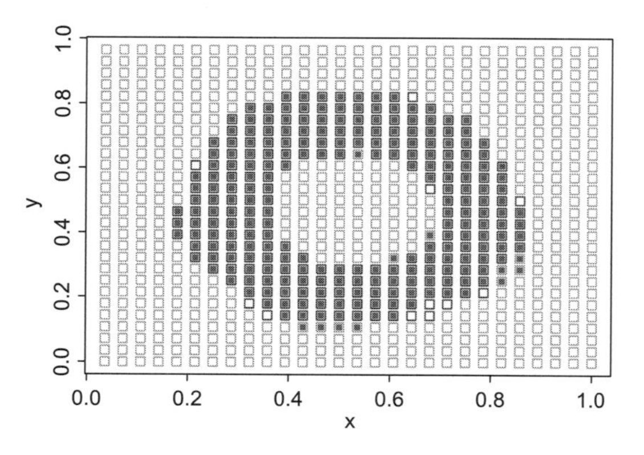

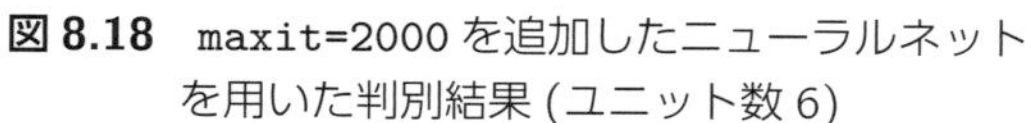

図 8.18　`maxit=2000` を追加したニューラルネットを用いた判別結果 (ユニット数 6)

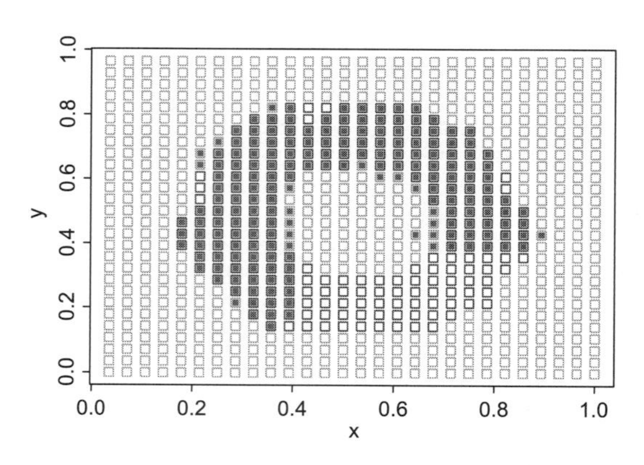

図 8.19　`maxit=100` の場合のニューラルネットを用いた判別結果 (ユニット数 6)

ます．図 8.18 と比べて，図 8.19 の場合のニューラルネットのあてはまりは明らかに悪いです．実際の利用においては，最適化のための反復計算がきちんと収束しているか確認することも必要です．

ちなみに，今回はユニット数を 6 個に設定しましたが 6 個にしなければならないわけではありません．ほかの場合も試してみるとよいでしょう．また，深層ニューラルネット (ディープラーニング) では，多数の中間層を使いますが，`nnet` 関数のあてはめには計算上の制約があり，中間層は 1 つしか設定できないことに注意してください．

8.5　決定木 (分類木)

ここでは，第 5 回で紹介した決定木 (CART) をサンプルデータにあてはめてみます．次のコマンドを実行してみましょう．

```
> library(rpart)
> res <- rpart(z~x+y,d,method="class")
> plot(res)
> text(res)
```

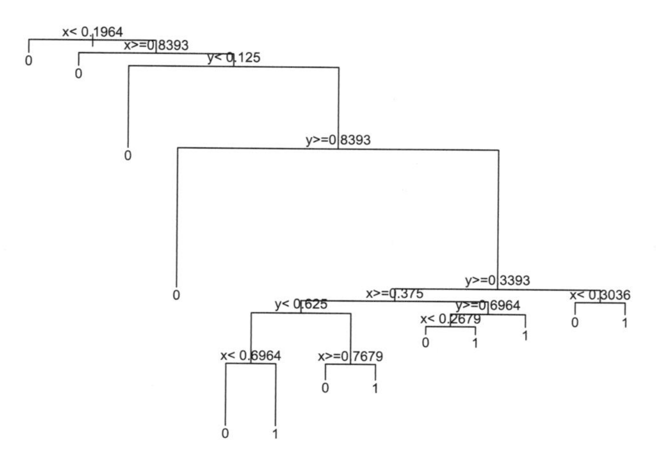

図 8.20　サンプルデータに対する決定木あてはめの樹木図

図 8.20 のような決定木のあてはめ結果が得られます．第 5 回では，ライブラリ **partykit** を用いてよりみやすい樹木図を用いましたが，今回は，特に，解釈を求めるようなデータではないので，シンプルなものに留めておきます．

ほかの手法と同様のコマンドで，あてはめ結果から予測値を取り出し，判別結果のプロットを作成するために，次のコマンドを実行してみましょう．

```
> phat <- predict(res)[,2]
> roc5 <- pROC:::roc(z~phat,d)
> plot(d[,1:2],col=mycol,cex=2,pch=22)
> points(d[phat>=0.5,1:2],col="red",cex=1.2,pch=15)
```

この実行により，図 8.21 のような決定木あてはめ結果が得られます．決定木は，順番のある説明変数のある値に対して，大きいか小さいか，順番のない説明変数であれば，その要素の組み合わせでデータを分割していくことで，その中で，より良いあてはめをする木をみつけていくものでした．決定木による判別結果の図 8.21 をみると，ロジスティック判別では難しかったドーナツ状の内部に対するあてはめが，決定木ではそれなりにうまくいくようです．ただし，あてはめ結果である赤色の部分が角々したあてはめになっています．これは領域の分割 (ここでは，平面分割) に基づいてあてはめモデルが作られるためです．

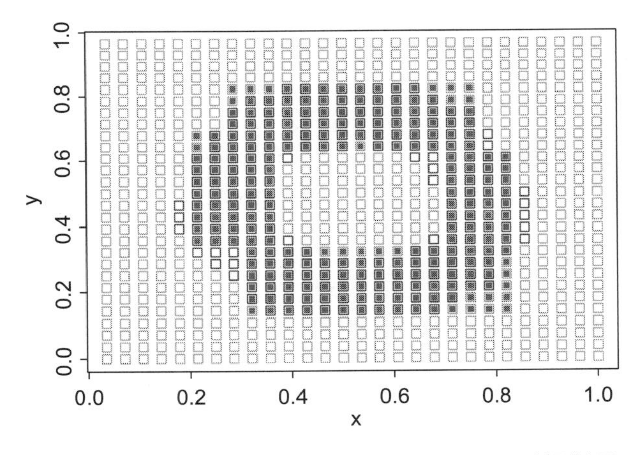

図 8.21 サンプルデータに対する決定木を用いた判別結果

8.6 ランダムフォレスト

本節では，**ランダムフォレスト** (RF: Random Forest) 法を紹介します．この手法も機械学習で人気のある方法で，予測性能も SVM やニューラルネットと比べて遜色のない結果が得られることが多いです．ランダムフォレストとは，決定木あてはめを基にする方法です．決定木あてはめは，今回のサンプルデータのような円環状の散布図には比較的相性がよく，良好な予測をもたらしましたが，逆に，もともと，本当にきれいに直線や平面で判別できるようなデータだった場合 (それは，ロジスティック回帰が良い性能を発揮するような場合ですが)，そのようなデータのあてはめには弱いです．決定木は，もともとの説明変数に基づいて分割するため，解釈がしやすい反面，滑らかに変

化をするようなデータには，その細やかな連続的変化を見逃します．復習も意図して，決定木の特徴をまとめておきます:

1) 決定木を大きくしすぎると過学習になる．そのため，ちょうど良い大きさに刈り込む (最適化する) 必要がある．
2) 決定木は結果の解釈がしやすい一方で，決定木 1 本だけの予測性能はそれほど高くないという弱点をもつ．

このような決定木の特徴をうまく活かしつつも，もっと滑らかな構造の変化も捉え，予測性能を高めることができないかという発想から，多様性のある多数の大きな決定木の集まり (森) を生成することで，優れた予測性能を達成する方法が見出されました．この方法は発案者の Leo Breiman によって「ランダムフォレスト」と名付けられました．つまり，ランダムフォレストとは，図 8.22 に与えたその構成の概略のように，大きな決定木をたくさん作って，そこから得られる結果を平均化するという考え方を用います．分類問題であれば，生成された多数の決定木から予測される結果の多数決で決めるというものになります．

図 8.22 に「樹木構成に揺らぎを与える」とありますが，これがランダムフォレストの構成の肝心な部分であり，次のような 3 つの要素 (1) ~ (3) を介して，揺らぎが与えられます：

(1) 元のデータのブートストラップ標本を用いて決定木をつくる．
(2) すべての説明変数を用いるのではなく，ランダムに選んだ説明変数の中からより良い分岐を選んで分割させる．
(3) 1 つ 1 つの説明変数で分岐させるのではなく，複数の説明変数のランダムに選ばれた線形和で分岐させる．

要素 (1) の**ブートストラップ標本**とは，たとえば，元のデータが 1 番から 100 番までの 100 人のデータだったとすれば，100 人全員のデータから，**重複を許し** 100 個分のデータをランダムに選び

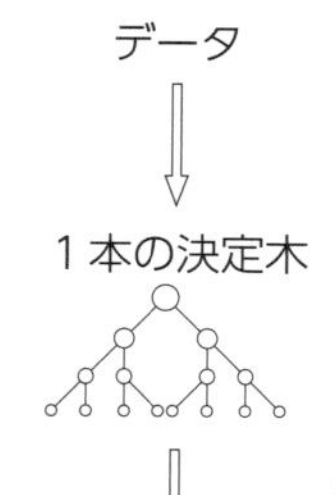

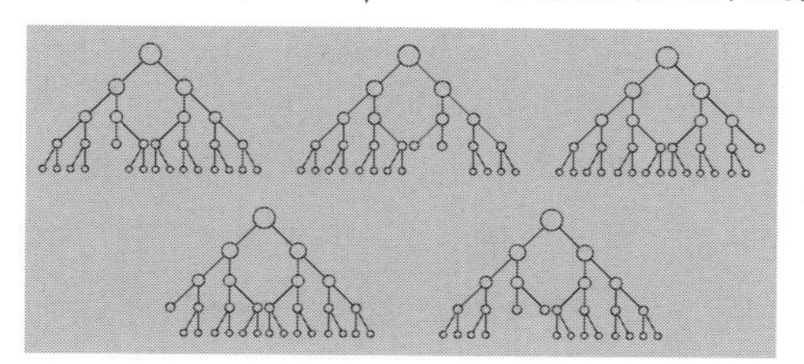

図 8.22　ランダムフォレストの構成方法の概略

直したデータのことをいいます．ブートストラップ標本によって，少しずつ異なる多くの決定木をつくることができます．要素 (2) では，すべての説明変数が，たとえば，性別，年齢，地域，職業の 4 つだった場合に，分岐を考える際に，4 つすべての説明変数で考えるのではなく，ランダムに選ばれたより少ない説明変数 (randomForest 関数では mtry で設定)，たとえば，年齢，地域だけの中で，決定木の分岐を実行させるというものです．要素 (3) は，R や Python などのフリーソフトには実装されていないので，詳細は割愛しますが，実装した場合，ランダムフォレストの性能がさらに向上することが知られています．

実際に，サンプルデータにランダムフォレスト法をあてはめてみましょう．図 8.23 に，R でランダムフォレストを適用するための **randomForest** 関数の書式をまとめておきます．

```
randomForest(目的変数~説明変数1+説明変数2, data=○, mtry=分岐に選ぶ変数の数)
```

・目的変数の型が因子型のとき自動的に分類木に基づくランダムフォレストになる

・目的変数の型が数値型のとき自動的に回帰木に基づくランダムフォレストになる

図 8.23　ライブラリ randomForest の randomForest 関数の書式

randomForest 関数では，オプションによる指定ではなく，目的変数の型が因子型なら分類木を，数値型なら回帰木を用いたランダムフォレストの適用に自動的になります．各分岐でランダムに選ぶ説明変数の数は，オプション mtry で指定できますが，通常は特に何も指定せず，デフォルトのままでよいです．サンプルデータにランダムフォレスト法を適用します．

```
> library(randomForest)
> set.seed(0)
> res <- randomForest(factor(z)~x+y,d)
> phat <- predict(res,type="prob")[,2]
> roc6 <- pROC::roc(z~phat,d)
> plot(d[,1:2],col=mycol,cex=2,pch=22)
> points(d[phat>=0.5,1:2],col="red",cex=1.2,pch=15)
```

上記コマンドでは，ライブラリ randomForest を読み込ませて，3 行目で，randomForest 関数を適用しています．ここでは「factor(z)」と書き，因子型の目的変数として認識させています．4 行目の「predict(res,type="prob")[,2]」では，type="prob"を入れて，予測値が確率として出力されるようにしています．オプション type="prob"を外すと，多数の木からの多数決によって判定された判別結果が 0-1 で出力されます．あてはめ結果 res の中身には，多数の大きな決定木の予測ルールが保存されています．ランダムフォレストのあてはめ結果を図 8.24 に示します．これをみれば，決定木あてはめの図 8.21 と比べて，より滑らかなあてはめが実現されていることがわかります．

ランダムフォレストがみいだされる前は，ブートストラップ標本に対して，通常の決定木をたくさん作り，それを平均化する方法が Breiman らによって考案されていました．それはバギング樹木とよばれ，ランダムフォレストの原型でした．ところが，通常の決定木のように刈り込まず，過学習

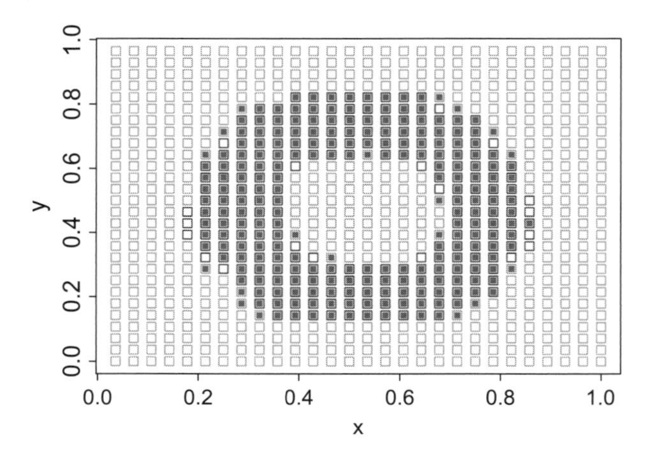

図 8.24　サンプルデータに対するランダムフォレストを用いた判別結果

している大きな決定木をたくさん作って，それらを平均化すると過学習をしていない，非常に予測の良い森が出来上がることがわかったということです．さらに，ランダムフォレストの計算は並列計算も可能なので，計算コストも分散できるという特徴があり，これはニューラルネットにはない長所です．そのため，ランダムフォレストは，ニューラルネットの複雑なパスからなるネットワーク構造の何らかのうまい並列的な分解を達成したものといえるかもしれません．

8.7　ROC 曲線による判別性能の比較

今回は，ロジスティック判別，SVM，ニューラルネット，決定木，ランダムフォレストといった多くの教師あり機械学習のあてはめを行ってきました．それらのあてはめの都度，`roc` 関数を用いて **ROC 曲線**を描くための情報を `roc0`, `roc1`, . . . , `roc6` と保存していましたが，最初のロジスティック回帰のあてはめのときの ROC 曲線を描くために使っただけでした．ここでは，各手法の ROC 曲線を重ねて描くことで，各手法のあてはまりの特徴を検討してみましょう．`roc0` は単純なロジスティック回帰のあてはめ，`roc1`, `roc2` は，交互作用項を追加した 2 つのロジスティック回帰のあてはめ，`roc3`, `roc4`, `roc5`, `roc6` は，それぞれ，SVM，ニューラルネット，決定木，ランダムフォレストのあてはめに対する `roc` 関数の適用結果でした．ROC 曲線を重ねて描くために，次のコマンドを実行してみましょう．

```
> plot(roc0, col="black")
> plot(roc1, col="blue", add=T)
> plot(roc2, col="green", add=T)
> plot(roc3, col="red", add=T)
> plot(roc4, col="orange", add=T)
> plot(roc5, col="green4", add=T)
> plot(roc6, col="red4", add=T)
> legend("bottomright",lty=rep(1,6),lwd=3,
   col=c("black","blue","green","red","orange","green4","red4"),
   legend=c("x+y","x*y","xx*yy","svm","nn","cart","rf"))
```

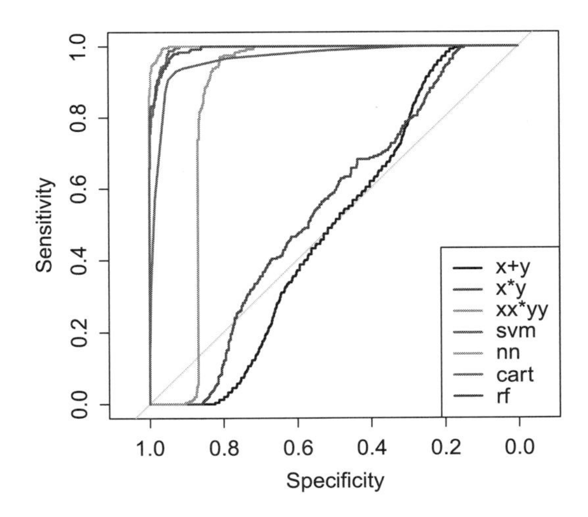

図 8.25　6 つのあてはめ結果 (ロジスティック回帰，SVM，NN，CART，RF) による ROC 曲線の比較

上記の R コマンドですが，まずは 1 行目のコマンドで，`plot` 関数で `roc0` の ROC 曲線を描いています．2 行目以降のコマンドでは，1 行目で作られた ROC 曲線のグラフに，残りの手法の ROC 曲線を重ね描きしていきます．重ね描きのためには，通常は，`points` 関数や `lines` 関数を使いますが，`roc` 関数によって作られたオブジェクトによる ROC 曲線の重ね描きに限定すれば，`plot` 関数のオプション `add` が有効になって重ね描きができるので便利です．ただし，今回の `roc` 関数以外の適用では，通常，`plot` 関数にオプション `add` は使えません．すなわち，`plot(x,y,add=T)` によって重ね描きはできないことに注意ください．

上記の R コマンドの適用の結果，図 8.25 の ROC 曲線が得られ，視覚的に各手法の良さが理解できます．ニューラルネットが最も良好な ROC 曲線を描き，次いで，SVM やランダムフォレストもわずかに劣るものの非常に良い ROC 曲線を描くことがわかります．決定木のあてはめ結果もかなり良いレベルです．ロジスティック判別の性能は今回のデータへの適用にはまったく良くないこともわかります．これらの ROC 曲線の総合的な性能指標である **AUC** を求めておきましょう．次のコマンドを実行してみましょう．

```
> method=c("x+y","x*y","xx*yy","svm","nn","cart","rf")
> auc=c(roc0$auc,roc1$auc,roc2$auc,roc3$auc,roc4$auc,roc5$auc,roc6$auc)
> data.frame(method,auc)
```

```
  method       auc
1    x+y 0.4929991
2    x*y 0.5446064
3  xx*yy 0.8603006
4    svm 0.9935406
5     nn 0.9981447
6   cart 0.9660785
7     rf 0.9925523
```

AUC を算出することで数値的に各手法の総合的性能がわかります．第 5 回で AUC の一般的な指針として次のような目安を紹介しました：

$AUC \leqq 0.5$:　意味のない判別
$0.7 \leqq AUC < 0.8$:　受容可能な (Acceptable) 判別
$0.8 \leqq AUC < 0.9$:　優れた (Excellent) 判別
$0.9 \leqq AUC$:　卓越した (Outstanding) 判別　(Hosmer–Lemeshow, 2000)

この指針でみると，SVM，ニューラルネット，決定木，ランダムフォレストがいずれも 0.9 を超えており，卓越した判別に含まれます．ただし，上記の指針は，ばらつきの大きい生体データを扱う分野の場合には適当であると思いますが，画像データなどの誤差の少ない分野では，この指針の基準は変わるものと認識しておくべきです．

8.8　多群分類データへの応用

ここまでは，1 つの文字データの認識について，SVM，ニューラルネット，ランダムフォレストなどの教師あり機械学習が良いあてはまり性能をもつことをみました．この分野では文字の自動読み取り (OCR) などへの応用があります．これまで学んだようなことをどう応用すれば OCR を実現できるでしょうか．読み進める前に一度考えてみましょう．

たとえば，次のようなアプローチが考えられます．

(1) あらかじめ，手書き文字の画像データと正解数字のペアをたくさん用意する．
(2) 新たな手書き画像データを，あらかじめ用意した画像データと照らし合わせて，それぞれ類似度を求め，最も類似性が高い数字に分類することを自動プログラム化する，
(3) ただし，(1) を保存するデータ量は大きすぎるのでデータ圧縮する．(2) の計算も大変なので，教師なし学習などで似たものどうしのグループ化を構成し，グループ間の振り分けを行い，その後，グループ内でさらに詳しく類似性を調べるようなアルゴリズムを用いることで，全体の計算の縮約をはかる．

このようなことを考えると，これまで学んできた方法がいろいろと利用できそうなことがわかります．本節では，このような文字認識の応用に対する基礎的なアプローチの 1 つとして，今回学んだ教師あり学習を用いて，**多群分類データ**の判別を行う方法を紹介します．

8.8.1　多群分類データへの読み込み

ここからは第 7 回で用いた mnist2000.csv を用います．mnist2000.csv を開いてみてください．このデータの復習をしておくと，手書き文字の画像データ 2000 個分からなり，1 列目が手書きで書かれた数字のラベル，2 列目以降は，前節までのようにグレースケールで 0〜255 の数値で表された 784 ピクセル分の情報になっています．画像 1 枚あたり 785 列 (1 数字ラベル + 784 ピクセル) をもつ 1 行分のデータにしています．まずはデータを読み込ませてみましょう．

```
> d <- read.csv("mnist2000.csv")
> d$label <- as.factor(d$label)
> head(d$label)
```

```
[1] 5 0 4 1 9 2
Levels: 0 1 2 3 4 5 6 7 8 9
```

ここでは，分類問題を扱っていくために，あらかじめ，2 行目では目的変数の属性を因子型に変換しておきます．たとえば，3 行目のデータが何の画像を表しているかをみるために，8.1 節と同様のやり方で (ただし今回は 1 列目の数字ラベルが不要なので d[3,-1] として除き)，次のコマンドを実行してみましょう．図 8.26 のような結果が得られることがわかります．

```
> f <- matrix(data.matrix(d[3,-1]),28,28,byrow=T)
> image(t(f)[,28:1],col=gray.colors(255,rev=T))
```

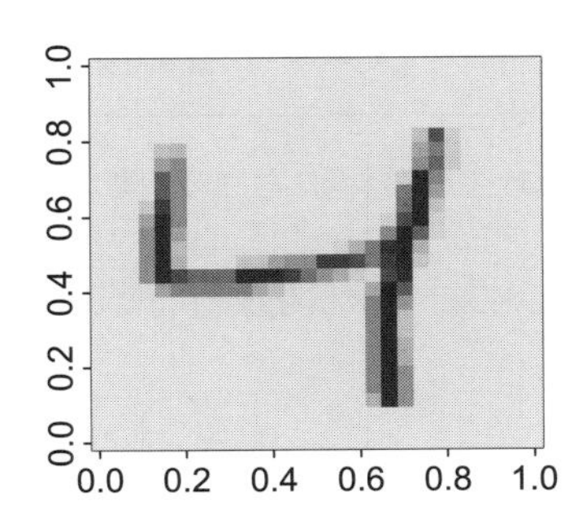

図 8.26　image 関数による mnist2000.csv データの 3 行目の表示

8.8.2　訓練データと検証データに分ける：予測の意味

これまでは**予測**についての意味をやや曖昧にして話を進めてきましたが，本項では，それは「未来のデータを予測すること」であるという意味をより明確にしていきます．つまり，良い予測モデルとは，未来のデータにあてはめたときに結果をより良く当てるものです．作成された良い予測モデルに，興味ある (未来の) 状況をあてはめることで，かかるコストや起こるリスクの評価を行うなど，様々な形で運用することができます．

とはいえ，予測モデルの作成時点で未来のデータはありませんので，予測の良さの評価には工夫が必要になります．その工夫は，予測モデルの作成には用いないデータをあらかじめ用意しておき，それを疑似的な未来のデータとして用いることです．1.8 節でも紹介しましたが，このような疑似的な未来のデータとしての役割をもつデータを**検証 (評価) データ**といいます．一方で，予測モデルの作成で用いるデータを**訓練 (学習) データ**といいます．つまり，予測モデルの作成では，利用できるデータをすべて使わずに訓練データと検証データに分けて，訓練データだけで予測モデルを作り，その後で，訓練データで作成した予測モデルの良さを検証データで見積もるということを考えます．図 8.27 に上記のような予測および予測モデルの意味づけをまとめておきます．

今回，mnist2000.csv データを活用して，今後，新しい手書きの画像データが得られて，この画像は 8，この画像は 6 といった形で，機械的に自動判別するようなものをつくることが目標です．このような判別の問題は，多群判別の形になります．ここでの多群とは，0 から 9 までの数字ラベルで分類される複数 (10 個) のグループになります．ここまでは「あり (1)」か「なし (0)」の 2 分類を扱ってきましたが，ここでは，これを 10 分類に拡張して行う必要があります．

より良い予測モデルを作っていきたいので，手元にあるデータをそのまま全部扱わず，訓練データと検証データに分けて考えるというアイデアが大変に重要です．まず，2000 個の画像データを訓

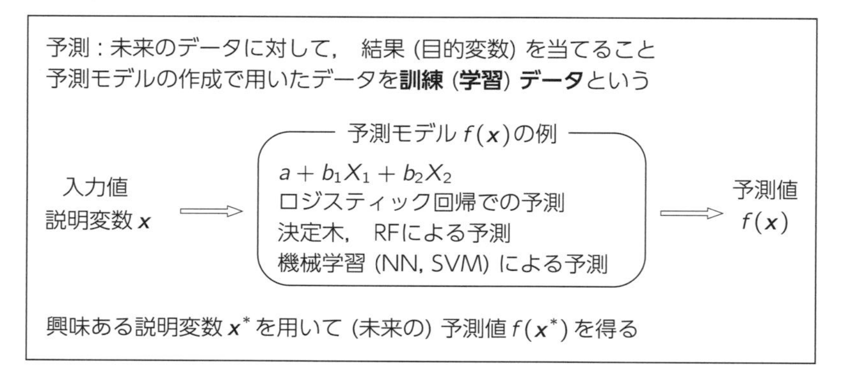

図 8.27　教師あり機械学習における予測/予測モデルとは

練データと検証データに分けます．次のコマンドを実行してみましょう．

```
> m <- round(nrow(d)/2)
> colnames(d)[1:6]
```

```
[1] "label"  "pixel0" "pixel1" "pixel2" "pixel3" "pixel4"
```

```
> d.train <- d[1:m,]
> d.test  <- d[(m+1):nrow(d),]
```

上記のコマンドの 1 行目では，`nrow(d)` にデータの行数 2000 を 2 で割って，`m` を 1000 に設定しています[4]．3 行目の「`d.train <- d[1:m,]`」で，データ集合 `d` の最初の 1〜m 行目までを部分抽出し，この `d.train` を訓練データとして利用します[5]．4 行目の「`d.test <- d[(m+1):nrow(d),]`」で，`d` の 1001〜2000 行目までを部分抽出し，この `d.test` を検証データとして利用します．

以下では，SVM，ランダムフォレストを用いて，訓練データと検証データの使い方を学びましょう．なお，前節までは，1 つの文字の画像データだけ扱い，784 個のピクセル分の画像情報を 2 次元座標として取り扱ったのに対して，本節では，各画像がどの数字かを判別する問題を扱うために，784 個のピクセル分の画像情報をそのまま 784 個の説明変数として扱います．

8.8.3　機械学習法における訓練データと検証データの利用例

(a)　サポートベクターマシン (SVM) における利用例

SVM による予測モデルの構築

今回は訓練データとして「`d.train`」を用いて，まずは SVM の予測モデルを作成してみます．次のコマンドを実行させます．

```
> library(kernlab)
> res <- ksvm(label~.,d.train)
```

---

4) 今回は割り切れますが割り切れない場合は四捨五入で整数に変換する `round` をかける必要があります．

5) 何らかの形でソートにかけられたデータであれば，始めの m 行だけ用いるのはバイアスになりますので，その場合は，`sample` 関数などを使ってランダムな m 個を選ぶようにします．

SVM の予測モデルを作成し，res に保存しました．次に，8.3 節で説明したように，SVM のあてはめの予測値を求め，その性能を調べてみましょう．

```
> c <- predict(res,newdata=d.train) # predict(res,d.train)と同じ
> (f <- table(d.train[,1],c))
```

```
   c
      0   1   2   3   4   5   6   7   8   9
  0  97   0   0   0   0   0   0   0   0   0
  1   0 113   0   0   0   2   0   1   0   0
  2   0   1  96   0   0   0   0   2   0   0
  3   1   0   0  90   0   1   0   1   0   0
  4   0   0   0   0 105   0   0   0   0   0
  5   0   0   1   0   1  88   1   0   0   1
  6   1   0   0   0   0   0  93   0   0   0
  7   0   1   0   0   0   0   0 115   0   1
  8   0   0   0   0   1   1   0   0  85   0
  9   2   0   0   0   3   1   0   3   0  91
```

```
> 100*sum(diag(f))/nrow(d.train)
```

```
[1] 97.3
```

上記コマンドの 1 行目では，SVM をあてはめた結果，訓練データに対する予測値を求めています．なお，predict(res,d.train) と predict(res,newdata=d.train) は同じ適用で，「newdata=」の記述は省略可能です．2 行目では，正解の数字と，SVM による予測結果に基づく正誤分類表を作成しています．3 行目で，分割表の対角成分の合計をデータ数で割ることで正分類率 97.3%をもつことがわかります．

SVM 予測モデルを検証データにあてはめる

次に訓練データによって作成された SVM の予測モデルを検証データにあてはめてみましょう．これは先ほどの predict 関数の newdata=d.train だったところを，newdata=d.test に置き換えるだけでよいです．これにより d.train の訓練データで作った予測モデル式に，まだ使っていない新しいデータ集合 d.test をあてはめたときの予測結果を返してくれます．ただし，newdata=○○におくデータ集合 (d.test) の書式は何でもよいわけではなく，予測モデル構築に使ったデータ集合 (d.train) と同じ変数名を含んでおくことが必要になります (そうでなければエラーが出ます)．次のコマンドを実行してみましょう．

```
> c <- predict(res,newdata=d.test)
> f <- table(d.test[,1],c)
> print(f)
```

```
   c
      0   1   2   3   4   5   6   7   8   9
  0  90   0   0   2   0   1   0   0   1   0
  1   0 100   0   0   1   0   0   0   3   0
  2   0   1  89   0   3   0   0   3   3   0
  3   0   1  11  71   0  12   0   0   1   2
```

```
4  0  2  2  0 97  0  2  1  0  5
5  0  0  0  2  2 82  1  0  0  1
6  1  0  2  0  0  2 100 0  1  0
7  0  0  0  1  6  0  0 98  0  2
8  0  1  0  0  0  0  1  1 80  2
9  1  0  0  2  5  0  0  3  1 98
```

```
> # 正判別率
> 100*sum(diag(f))/nrow(d.test)
```

```
[1] 90.5
```

この結果より，検証データ d.test に対する正判別率は 90.5%となります．本来の予測の意味では，検証データから得られるこの指標を予測の良さを表すものとして使うべきです．

(b)　ランダムフォレスト (RF) における利用例

RF による予測モデルの構築

SVM の場合と同様，今回は訓練データ「d.train」を用いて，まずは RF の予測モデルを作成してみましょう．

```
> library(randomForest)
> set.seed(1)
> res <- randomForest(label~., data=d.train)
> varImpPlot(res) # importanceの高いピクセル
```

上記コマンドの 4 行目では，varImpPlot(RF あてはめ結果) によって，変数重要度のプロットを作成しています (図 8.28)．変数重要度とは，各変数が予測の良さに与えた影響度を推定したものです (なお，SVM では現時点でこの指標を算出する機能は実装されていません)．判別においてより重要な説明変数 (ここではピクセル番号) の上位ランクが出力されますが，このままでは解釈はなかなか難しいです．

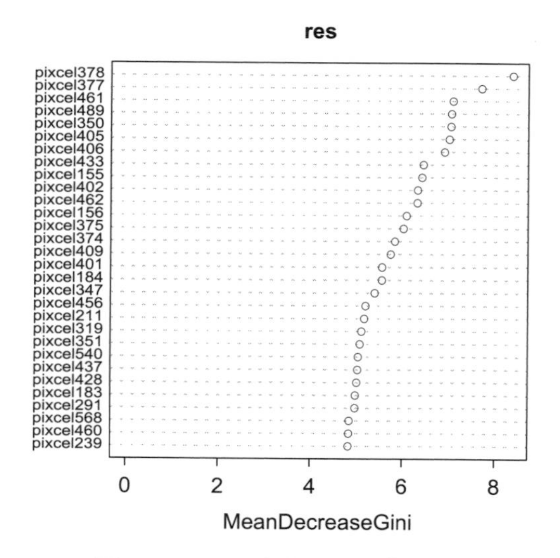

図 8.28　RF の変数重要度プロット

そこで，RF あてはめ結果$importance で変数重要度のスコアがとってこれますので，以下のコマンドのようにして横に並べられた 784 ピクセルの変数重要度 varImpPlot(あてはめ結果) をもともとの 28 × 28 の 2 次元行列に配列しなおすことで，ヒートマップで視覚化してみます．

```
> f <- matrix(data.matrix(res$importance),28,28,byrow=T)
> image(t(f)[,28:1])
```

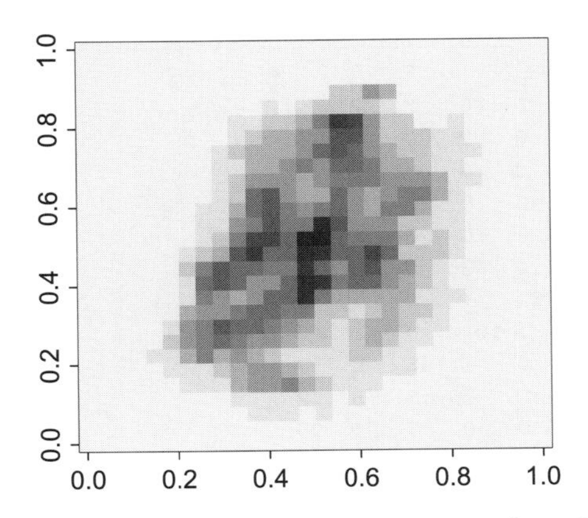

図 8.29 RF の変数重要度のある 2 次元プロット

図 8.29 のようなグラフが得られ，中央部分とその周辺の領域が手書き数字の判別に重要な変数であることがわかります．

RF 予測モデルを検証データにあてはめる

訓練データによって作成された RF の予測モデルを，まずは訓練データそのものにあてはめてみます．以下のコマンドを実行してみましょう．

```
> # 予測モデルの訓練データへのあてはめ
> c <- predict(res, newdata=d.train, type="class")
> (f <- table(d.train[,1],c))
```

```
   c
      0   1   2   3   4   5   6   7   8   9
  0  97   0   0   0   0   0   0   0   0   0
  1   0 116   0   0   0   0   0   0   0   0
  2   0   0  99   0   0   0   0   0   0   0
  3   0   0   0  93   0   0   0   0   0   0
  4   0   0   0   0 105   0   0   0   0   0
  5   0   0   0   0   0  92   0   0   0   0
  6   0   0   0   0   0   0  94   0   0   0
  7   0   0   0   0   0   0   0 117   0   0
  8   0   0   0   0   0   0   0   0  87   0
  9   0   0   0   0   0   0   0   0   0 100
```

```
> 100*sum(diag(f))/nrow(d.train)
```

```
[1] 100
```

訓練データへの予測結果は，正分類率100%という素晴らしい結果ですが，あくまで訓練データに対する結果なので，本来知りたい「予測」性能とは異なります．そのため，次に「検証データ」に対してあてはめてみましょう．

```
> # 予測モデルの検証データへのあてはめ
> c <- predict(res, newdata=d.test, type="class")
> (f <- table(d.test[,1],c))
```

```
   c
     0   1   2   3   4   5   6   7   8   9
  0 89   0   0   0   0   0   2   0   3   0
  1  0 100   0   0   1   0   0   0   3   0
  2  1   1  89   1   2   0   0   3   2   0
  3  1   0   7  76   0  10   0   0   1   3
  4  1   2   1   0  95   0   3   0   0   7
  5  0   0   0   1   2  81   1   0   1   2
  6  2   0   1   0   0   1 101   0   1   0
  7  0   1   0   0   4   0   1  98   0   3
  8  0   2   1   1   0   2   2   0  75   2
  9  1   0   0   2   6   0   0   5   1  95
```

```
> 100*sum(diag(f))/nrow(d.test)
```

```
[1] 89.9
```

検証データへの予測結果は，正分類率89.9%で，これが本来知りたい予測性能です．訓練データと比べるとかなり落ちてしまいました．この場合の予測性能は，SVMとほぼ同等であるといえます．なお，RFあてはめの細部を少し変更することで予測性能を向上させられる可能性はあります．ただ，性能向上のために，よりインパクトが大きいのは，データの規模を大きくして，予測モデルを更新していくことです．

(c)　交差検証法 (クロスバリデーション)

今回は，簡単のため，手元にあるデータを訓練データと検証データの2つに分けました．これは，ある程度，大規模にデータがある場合にはよいのですが，小さいデータ集合では，使える訓練データが少なくなり，作成される予測モデルの性能が落ちることが知られています．そのため，使えるデータ集合をより有効に活用して，予測性能を向上させるために，K 重の交差検証法という方法を用いることが多いです．

10重の交差検証法であれば，元のデータを10分割し，10分割された9個分を訓練データ，10分割された1個分を検証データとします．そうすると，10パターンの検証データが作れますので，10回の検証結果の平均を求めることができ，より安定した評価ができます．この10回の予測指標の平均を，予測性能の指標や予測モデル構築の際に必要となるパラメータ設定やモデル選択に用います．このときの K 分割の仕方は，ランダムに選べばよいです．Rでは，`sample` 関数を使って $1 \sim n$ の値をとるランダムな整数列を生成させて，その順番に従って K 分割させるというやり方が便利だと思います．8.8.3項 (a) や (b) で行った評価方法は，交差検証法の適用を簡略化したものといえます．K 重の交差検証法についての概略を図8.30にまとめておきます．

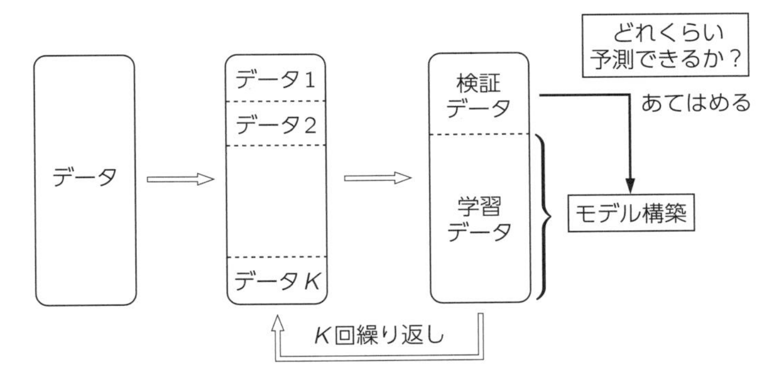

図 8.30　K 重の交差検証法の概略

第8回のまとめ

- ✔ 教師あり学習は，正解データを用いて，予測モデルを構築する学習方法である．代表的なものとして，ロジスティック判別，サポートベクターマシン，ニューラルネット，決定木，ランダムフォレストがある．
- ✔ ロジスティック判別では，交互作用項をモデルに追加すれば複雑な判別ルールが作成できる．ただし，あてはめの柔軟性には限界がある．
- ✔ SVM は，特徴量の空間上で決定境界のマージンの最大化を行う分類方法として考えられたもので，特徴量の高次元変換により様々な非線形分類を実現できる．
- ✔ ニューラルネットは，入力層，中間層，出力層からなる複雑なネットワーク構造によって，複雑なパターンをもつデータに対しても柔軟な予測モデルの構築を実現できる．
- ✔ ランダムフォレストは，大きな決定木を多数作り，それらを平均したものを予測モデルとすることで，良い予測モデルを作成できる．
- ✔ これらの教師あり学習を 1 つのだけの画像 (文字) 認識や，多数の画像 (文字) 認識を扱った多群分類データの判別に適用できる，
- ✔ これらの教師あり学習法の性能を比較するために，正分類率，ROC 曲線，AUC などを用いることができる．ただし，予測性能を正しく評価するためには，訓練データと検証データに分けて検討する必要がある．

機械学習技術の応用は進んでおり，今では，機械学習 AI の仕組みは知らなくても，たとえば，画像データと名前などの情報のペアを多く作成しておくことで，あとは機械学習や画像処理のライブラリなどを使うだけで，高精度の判別が手軽に実行できるようになっています．この辺りの利用方法をより詳しく調べてみたい人は，たとえば，文献 [1] などの書籍を参照されるとよいです[6)]．

[6)] たとえば画像中の猫を認識したい場合，猫の顔が画像の中央にあったり右上にあったりする場合などを想定して，位置に依存しない検出方法が必要です．それで (たとえば，ライブラリ keras を使った) ディープラーニングでは，位置依存を解消する畳み込み層を何回か使います．本格的に画像解析をするなら，ニューラルネットワークの基礎として，ReLU，ソフトマックスなどの活性化関数，ドロップアウト，誤差逆伝播法などの概念や，GPU を利用した計算環境の構築などを学ぶ必要があります．

8.9 課題

今回の課題では，第7回課題 (7.8節) で扱ったファッションアイテムの画像データ fashion2000.csv を使用します[7)]．keras パッケージの dataset_mnist 関数を7.8節で説明したように実行して，データファイル fashion2000.csv を用意します．このデータの1列目はファッションアイテムのラベル (0=T-shirt/top, 1=Trouser, 2=Pullover, 3=Dress, 4=Coat, 5=Sandal, 6=Shirt, 7=Sneaker, 8=Bag, 9=Ankleboot)，2列目以降は 28 × 28 ピクセルの 256 階調のモノクロ画像データに対応します．目的変数を1列目のファッションアイテムのラベル，説明変数を2列目以降の画像データとして，次の課題に取り組みましょう．

0) fashion2000.csv を読み込ませて，目的変数として用いる1列目のファッションアイテムのラベルを，あらかじめ，因子型の変数にしておく．
1) fashion2000.csv のデータを，訓練データと検証データに分ける．
2) 訓練データを用いて，SVM，ランダムフォレストに基づく予測モデルを作成する．
3) 2) で作成した予測モデルに対して，検証データを用いて予測性能を確かめる．

7) https://github.com/zalandoresearch/fashion-mnist

付録

R初心者のための
プレセミナー

プレセミナー第 1 回

R 言語の実行環境をインストールしよう

講師　寺口 俊介・江崎 剛史

達成目標

- ❏ R と RStudio をインストールする.
- ❏ R を起動し，電卓として使えるようになる.
- ❏ パッケージのインストールができるようになる.

キーワード R 言語，CRAN，RStudio，RStudio の起動と終了，パッケージ

はじめに

コンピュータを用いた統計解析は Excel などでも始められますが，本格的な解析や様々な自動化を行うためには専用のプログラミング言語を用いるのが便利です．この本では，R とよばれる統計解析プログラミング言語を利用します．プログラミング言語の利用自体が初めての方に向けて，インストールや基本的な使い方から紹介していきます.

P1.1　R 言語について

R 言語は統計解析を行うためのフリーソフトウェアで，パソコンにインストールすることで，誰でも無料で利用することができます．R 言語は一種のプログラミング言語で，コンピュータプログラムを作成することで，データを読み込み，解析し，グラフをプロットするといった一連の解析を行います．こう書くと難しそうですが，プログラムの形になっていることで，再利用や自動化が容易となり，後になっても解析方法や再現性の検証が行えるといった大きなメリットがあります．また，R 言語には，グラフの作成が (プログラミング言語としては) 簡単であったり，最新の統計解析アルゴリズムが世界中の研究者によって開発・公開され，自由に使えるという長所もあります．なお，R 言語という名前には，R 言語の前身といえるベル研究所が開発した S 言語とよばれる言語の次の言語という意味合いと，R 言語の作成者 2 人 (Robert と Ross) の名前の頭文字という 2 つの意味合いがあるようです.

P1.2　R と RStudio のインストール

R 言語を利用するには，**R の実行環境**をインストールする必要があります．実行環境のインストールといっても，基本的には通常のソフトウェアのインストールと同様です．ただし Windows へインストールする場合，インストールする Windows アカウントのアカウント名には注意が必要です．R は海外で開発されてきたソフトウェアであり，日本語 (2 バイト文字/全角文字) のサポートが十分で

はありません．そのため，アカウント名が日本語だと，この後紹介するパッケージのインストールがうまくいかないなど，様々なトラブルの原因になることがあります．もしも現在使っているWindowsのアカウント名に日本語が使用されている場合には，アカウント名が半角アルファベットのみで作られたR専用のWindowsアカウントを別途作成し，そちらでRを利用するのが最も簡単です[1]．

Rの実行環境はCRAN (The Comprehensive R Archive Network, `https://cran.r-project.org/`) やそのミラーサイト (`https://cran.ism.ac.jp/`) などからダウンロードすることができます．Windowsを利用している場合，[Download R for Windows] から [base] を選び，[Download R x.x.x for Windows] と進むことで，ダウンロードできます[2]．

Rの実行環境のインストールが完了すれば，そのままR言語を利用することができますが，ぜひともお勧めしたいのがRStudioのインストールです．最初はRの実行環境とRStudioの関係はわかりにくいかもしれませんが，**RStudio**はRを念頭に設計された統合開発環境 (integrated development environment, IDE) です．たとえば，テキスト文書を書くためにOS標準のメモ帳のようなソフトを使っている人もいると思いますが，様々な機能 (文章に応じた色の変更，高度な検索・置換機能など) を利用するために，別途高機能なテキストエディタをインストールして使っている人も多いかと思います．RStudioはR言語のために専用設計された高機能なテキストエディタのようなもので，それに加えて，R言語のコマンドをRの実行環境に渡しアウトプットを表示するコンソール (Console)，グラフを表示するプロットエリア，これまでのコマンド履歴や変数を表示するエリアなど，R言語を利用するうえで便利な機能がひとまとめになっています．そのような統合開発環境としてはRStudio以外のものもありますが，2023年の執筆時点ではRStudioがデファクトスタンダード (事実上の標準) となっています．なお，WindowsであればRの開発環境をインストールした段階で，RGuiという別の開発環境が同時にインストールされますが，これはRStudioとは異なるソフトウェアなので，混同しないように注意してください．

RStudioは`https://posit.co/`からダウンロードできます．RStudioには大きく分けて，RStudio DesktopとRStudio Serverの2種類がありますが，パソコンにインストールするときはRStudio Desktopを選んでください．また，無料版と，サポートがついた有料版の2種類がありますが，無料版でもほとんどの機能を使うことができますので，通常はこちらで十分です．特に難しい部分はないと思いますので，Rの開発環境をインストールした後で，RStudioもインストールしてください．以後，RStudioの利用を前提に話を進めます．

P1.3 RStudioの起動とConsole

RStudioを起動すれば，それだけでRの実行環境も起動します．起動したソフトウェアの名前がRGuiではなくRStudioとなっていることを確認してください (図P1.1)．RStudioはデフォルトで

---

[1] アカウント名を日本語としたままでRを利用する方法もあるにはあるようなので，どうしても必要な場合にはインターネットなどで最新の情報を調べてみてください．

[2] Rの実行環境は頻繁にアップデートされていますが，基本的にはインストール時の最新版 (ただし，プレリリース版は避ける) をインストールしておけばよいでしょう (執筆時点ではversion 4.2.3が最新版となっています)．また，インストール後もバージョンアップにより不具合の修正や機能の追加が行われることがあるので，必要に応じてバージョンアップするメリットもあります．ただし，後で説明するパッケージのインストールをやり直さなければならなかったり，大きなバージョンアップの際にはR言語自体の仕様が変更され，書いたプログラムの挙動が変わってしまうようなことがないとはいえないので，バージョンアップは必要に迫られてから行えば十分です．

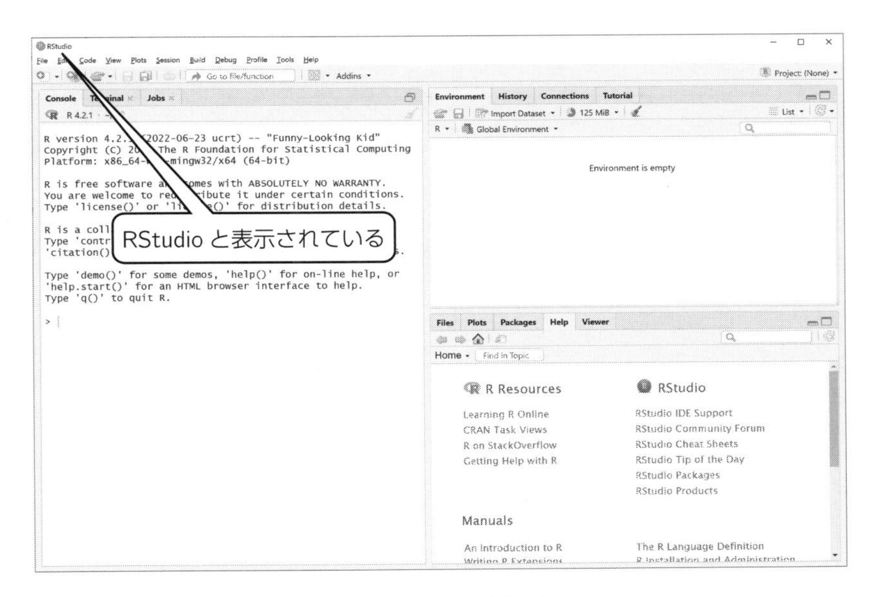

図 P1.1　RStudio を起動したところ

ウィンドウが左右 2 つの領域 (Pane) に分かれており，左右のそれぞれがさらに上下に分かれます．各領域にはタブが備わっており，様々な情報を表示することができます．最初に注目すべきなのは左側の領域にある **Console** タブで，起動時には R のバージョンやライセンスに関するメッセージが表示されます．この Console に R のコマンドを入力することで，R のプログラムを実行していくことができます．たとえば，電卓で行うような計算は Console 上で簡単に行えます．

Console で「1+1」と打ち込んで，Enter キーを押してみてください．Console にはいつも「>」が行頭に表示されているはずなので，この一連の入力は「> 1 + 1」と表記しておきます．そうすると，

```
> 1 + 1
```

```
[1] 2
```

のように表示されたと思います．つまり，1 足す 1 が 2 となることを意味しています．ここではみやすくなるように間にスペースを入れていますが，スペースは入れなくても問題ありません．

```
> 1+1
```

```
[1] 2
```

なお，R にコマンドを入力するときは必ず半角英数で入力してください．間違って全角で入力すると，以下のようにエラーメッセージが出て処理が正しく実行されません．

```
> １＋１
```

```
Error: unexpected input in "１＋"
```

ほかにも (半角英数で) いろいろな計算を試してみてください．

```
> 3.4 - 2.1
```

```
[1] 1.3
```

```
> 4 * 7
```

```
[1] 28
```

```
> 5 / 3
```

```
[1] 1.666667
```

このとき毎回出てくる [1] というのが何なのか気になってしまうかもしれませんが，今はわからなくて大丈夫です．この意味は後ほど説明します．

P1.4　パッケージのインストール

Rはそのままでも様々な統計解析やグラフの描画などのデータ解析を行えますが，さらに**パッケージ**をインストールすることで機能を大きく拡張することができます．まだ，R の説明を始める前ですが，先にパッケージのインストール方法について説明しておきます．R の多くのパッケージは先ほど R をダウンロードするために訪れた CRAN で管理されており，ここに登録されているパッケージであれば，**install.packages()** というコマンドを利用することで，インターネットを通じて直接インストールすることができます (なお，ここでは紹介しませんが，インターネットに接続できない環境では，ほかの方法でパッケージをインストールする必要があります).

試しに，rpart と partykit という 2 つのパッケージをインストールしてみましょう．以下のコマンドを，Console から打ち込んでみてください．

```
> install.packages("rpart")
> install.packages("partykit")
```

rpart は，本編第 5 回であらためて紹介する決定木という解析手法を R で行うためのパッケージで，partykit はその結果を視覚的に表示するためのパッケージです．細かいことは後回しにして，さっそくこれらのパッケージを使ってみましょう．パッケージを使う前には **library()** というコマンドで使いたいパッケージを宣言します．

```
> library(rpart)
> library(partykit)
```

これで，rpart と partykit のパッケージを使う準備が整いました．今は，まだ，意味がわからないと思いますが，以下のコマンドを入力してみてください．

```
> res <- rpart(Species~Sepal.Width+Petal.Length,data=iris)
> plot(as.party(res))
```

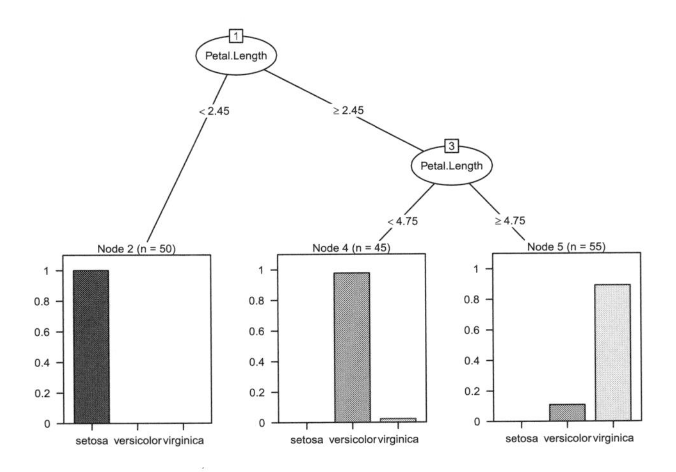

図 P1.2 決定木によるデータ分析の結果

RStudio の右側にある Plots タブに，図 P1.2 のような画像が表示されていれば成功です．この解析の意味は本編第 5 回であらためて説明することになりますが，たったこれだけのコマンドで決定木によるデータ解析ができました．

このように，R では複雑な解析を簡単に行うことを可能にする便利なパッケージがたくさん開発されています．本編でも様々なパッケージを利用しており，`library(パッケージ名)` の形で使うパッケージを宣言することになりますが，初めて使うパッケージに対してはそれに加えて事前にインストール作業が必要となります．本編で初めて使うパッケージが出てきた場合には本節で説明したように，`install.packages("パッケージ名")` のコマンドで，インストール作業を行ってください．

P1.5 RStudio の終了

RStudio を終了するとき注意することがあります．RStudio は通常のソフトウェアと同様のやり方で (Windows であれば右上の×ボタンを押すことで) 終了できますが，このとき同時に内部で動いている R の実行環境も終了します．この際，「Save workspace image to ~/.RData?」というメッセージが表示されます．ここで [Save] を選んでしまうと，それまで R で行った作業の状態 (workspace) が保存され，それまでの作業の状態が今後 R を起動するたびに自動的に読み込まれることになります．これは一見便利そうなのですが，誤って重大な変更を行ってしまった場合にもその変更が今後いつも有効になってしまったり，workspace が読み込まれた自分の環境ではきちんと動くプログラムがほかの人の環境で実行すると動かなくなるなど，トラブルの原因になってしまいます．そのため，このメッセージが表示された際には [Don't Save] を選ぶことをお勧めします．

実際，このメッセージが毎回出てくるのは面倒なので，RStudio の設定を変え，この表示が出ないようにしておくこともできます．メニューバーの [Tools]-[Global Options...] を選ぶと，RStudio の様々な設定を変更するための Options ウィンドウが出てきます．この中で最初に表示される [General] の [Basic] タブの中に，[Workspace] という項目があります．デフォルトでは，[Save worksapce to .RData on exit:] (終了時に.RData ファイルに workspace を保存する) のところが Ask (尋ねる) になっており，そのために毎回どうするかを尋ねられます．ここで，Never (保存しない) を選んでおけば，今後 workspace を保存するかどうかを尋ねられることはありません．また，すでに，誤って workspace を保存してしまった場合には，[Restore .RData into workspace at startup] のところのチェックを外しておけば以前の状態が起動時に読み出されることはなくなります．

プレセミナー第2回
R言語を使ってみよう

講師　寺口 俊介

達成目標

- ❏ R を使ううえで必須となる変数や演算，関数に関する基本的なルールを理解する.
- ❏ 代表的なデータ型であるベクトルや表形式のデータを扱うためのデータフレームなどへのアクセス方法を学ぶ.

キーワード 演算，変数，オブジェクト，数値ベクトル，文字列ベクトル，論理値ベクトル，関数，データフレーム，エラーメッセージ，行列，リスト

はじめに

日本語や英語といった自然言語と同様に，それぞれのプログラミング言語には固有の文法があり，プログラムを行う際にはその文法に従うことになります．今回は R の基本的な文法，すなわち，言語仕様について，本編でよく利用するものを中心に紹介します．R 言語の言語仕様は，細かい部分を挙げだすと膨大なものになりますが，そのすべてを把握している人はほとんどいません．ユーザーとして R を使うだけであれば，基本的な文法だけを抑えておけば，十分利活用が可能です．今回は，R を Console からインタラクティブに利用しながら，R の文法に触れていきます.

P2.1　数値，論理値

前回は R を電卓のように使って計算を行いました．まずは，これらをまとめておきましょう．数値は，半角数字でそのまま入力できます．一方で，数値間の足し算や掛け算などを行うには，表 P2.1 のような**演算子**を半角記号で入力します.

表 P2.1　よく使う R の二項演算

記号	演算
+	足し算
-	引き算
*	掛け算
/	割り算
^	べき乗

ここでは，四則演算に加えて，比較的よく使うべき乗「^」も載せておきました．たとえば，10 の 2 乗であれば,

```
> 10^2
```

```
[1] 100
```

のようにして計算できます．R の数値に対する演算記号はほかにもありますが，利用頻度は低いので必要に応じて調べればよいでしょう．R ではほかにも様々な数学関数が定義されており，直観的に利用することができます．たとえば，平方根 (英語では square root) であれば，**sqrt** 関数で計算できます．

```
> sqrt(100)
```

```
[1] 10
```

ほかのよく使う数学関数は表 P2.2 にまとめておきました．期待通りの値が計算されるか，いろいろ試してみてください．

表 P2.2　よく使う R の数学関数

関数	演算
sqrt()	平方根
abs()	絶対値
exp()	指数関数
sin()	サイン
cos()	コサイン
tan()	タンジェント
log()	自然対数
log10()	常用対数
round()	四捨五入[1]

なお，R で数値が表示されるときには，人がみてわかりやすいように表示が自動的に整形されることがあります．たとえば，非常に大きな値に対しては，値をそのまま出力するのではなく**指数表記**とよばれる表現に直してくれます．

```
> exp(30)
```

```
[1] 1.068647e+13
```

この表示の意味は，1.068647×10^{13} で，小数点以下 7 桁以降は省略されています．これがそのまま表示されてしまうと 10686474581524.463 $\cdots$ のように書ききれなくなってしまいます．同様に，非常に小さい数も指数表記されます．

```
> exp(-30)
```

---

[1] round 関数は正確には四捨五入そのものではなく，浮動小数点数の標準規格 (IEEE 754) に従って，5 に関しては一つ上の桁の数字が偶数に近づくように丸められます．実際，round(1.5) と round(2.5) はどちらも 2 になります．なお，round 関数で四捨五入を行う位置は，第 2 引数を指定することで変更できます．round(1.234,0)，round(1.234,1)，round(1.234,2) などを試してみてください．

```
[1] 9.357623e-14
```

こちらは，9.357623×10^{-14} の意味になります．数値に対しては，ほかにも表 P2.3 のような**比較演算**が用意されています．

表 P2.3　R の比較演算

記号	演算
==	等しい
!=	等しくない
>	大なり
<	小なり
>=	以上
<=	以下

たとえば，1 と 3 を比較して

```
> 1 < 3
```

```
[1] TRUE
```

```
> 1 > 3
```

```
[1] FALSE
```

```
> 1 == 3
```

```
[1] FALSE
```

```
> 1 != 3
```

```
[1] TRUE
```

といった比較演算を行うことが可能です．結果は TRUE (**真**) と FALSE (**偽**) という**論理値**とよばれる特殊な値で，式が成り立っていれば TRUE，成り立っていなければ FALSE が返ってきます．一方，論理値どうしでは，**論理演算**とよばれる計算を行うことができます．たとえば，**AND** という論理演算は & と表記され，2 つの論理値の両方が TRUE のときだけ TRUE となります．

```
> TRUE & TRUE
```

```
[1] TRUE
```

```
> TRUE & FALSE
```

```
[1] FALSE
```

すべての組み合わせをまとめると表P2.4のようになります.

表P2.4　AND演算

AND	TRUE	FALSE
TRUE	TRUE	FALSE
FALSE	FALSE	FALSE

また, **OR**という論理演算はRでは, | という記号で表現され[2], 2つの論理値の少なくとも一方がTRUEであるときにTRUEとなり, 両方ともFALSEのときのみFALSEとなります.

```
> TRUE | TRUE
```

```
[1] TRUE
```

```
> TRUE | FALSE
```

```
[1] TRUE
```

```
> FALSE | FALSE
```

```
[1] FALSE
```

こちらは表P2.5のようにまとまります.

表P2.5　OR演算

OR	TRUE	FALSE
TRUE	TRUE	TRUE
FALSE	TRUE	FALSE

ほかにも, **エクスクラメーションマーク**(!)は**否定演算**とよばれ, TRUEとFALSEを反転させる働きがあります.

```
> !TRUE
```

```
[1] FALSE
```

```
> !FALSE
```

```
[1] TRUE
```

[2] | は日本の標準的なキーボードであれば, シフトキーを押しながら「¥」記号のキーを押すことで入力できます.

なお，R では，これらの論理値を入力する際に，TRUE, FALSE と打ち込む代わりに，T, F と省略することも可能です．入力の際には，T, F を使うのが簡単です．

```
> T
```

```
[1] TRUE
```

```
> F
```

```
[1] FALSE
```

今の段階ではここで説明した論理値やその演算が何の役に立つのかイメージしづらいと思いますが，これらが後々，重要になってきます．

次に進む前に，1 つ，簡単ですが便利なテクニックを紹介しておきます．ここまでたくさんのコマンドを Console に入力してきましたが，さっきと同じコマンドを入力したい，とか，さっきのコマンドを少し修正して入力したい，といった場面はよくあります．このようなときには，キーボードから矢印の上キー (↑) を押すと，以前に入力したコマンドを遡っていくことができます．逆に，行きすぎたときには下キー (↓) でその後に入力したコマンドに戻ることができます．現在のカーソルの位置が入力中のコマンドの途中の位置にある場合にはこの通りには振舞いませんが，説明すると長くなるので，いろいろ試しながら慣れていってください．この操作は非常によく使います．今後複雑なコマンドを使うようになればなるほど重宝するので，ぜひマスターしておいてください．

P2.2　変数とオブジェクト

先ほどの電卓のような使い方では計算したい数字を毎回入力しましたが，プログラミングを行う際には，同じ値を何度も利用することがあります．また，計算した結果を再利用したいこともよくあります．このようなときに必要になるのが**変数**です．R では，たとえば，

```
> x <- 5
```

のようにして，x という変数に 5 という数値を格納することができます．ここで使われる矢印 (<-) が R における**代入演算子**とよばれるものですが，ほかのプログラミング言語を使ったことがある人は

```
> x = 5
```

のように書きたくなるかもしれません．R では，矢印記号が正式な代入演算子ですが，この例のように等号 (=) も代入演算子として利用できます．以下では，R で正式とされる矢印記号で統一します．変数にどのような値が代入されているか知りたければ，Console 上でその変数だけを入力すれば，値を確認することができます．

```
> x
```

```
[1] 5
```

また，

```
> x <- 1+1
```

のように，値の代わりに計算式を代入すると，その計算結果が代入されることになります．なお，代入を行う際に，全体を（ ）で括っておくと，代入が行われると同時に，代入された値を確認することができます．

```
> (x <- 1+1)
```

```
[1] 2
```

いったん，変数に数値が代入されれば，その変数は代入した数値のように利用することが可能です．現在は変数 x に 2 が代入されているため，以下のような計算ができます．

```
> x*3
```

```
[1] 6
```

なお，変数に対してこのような演算を行っても，変数 x 自体の値は変化しないことに注意してください．今の場合，上で 3 を掛けて 6 という計算結果が得られましたが，x の値はあくまで 2 のままです．

```
> x
```

```
[1] 2
```

もし，変数 x の値を計算した値に更新したいのであれば，

```
> x <- x*3
```

のようにして，変数 x に計算結果をあらためて代入する必要があります．

以上が，変数の最も基本的な使い方になります．ここでは変数名を x としましたが，ほかのアルファベットでも構いませんし (小文字だけでなく，大文字も可)，2 文字以上使うことも可能です．また，数字や .（ドット)，_ (アンダースコア) も含めることができます．ただし，数字とアンダースコアは変数名の先頭に使ってはいけません．たとえば，**A**，**phat**，**my_score**，**res3** などは，いずれも変数名として使えます．

```
> A <- 10
> A
```

```
[1] 10
```

ただし，**TRUE** や **FALSE** や，後で出てくる **for** や **if** など，R の文法に関わる予約語を変数名として使うことはできません．

また，すでに存在している変数に代入を行うと，以前の値は上書きされてしまいます．実は R にははじめから値が定義された変数が複数あるのですが，これらと同じ変数名に代入を行うとやはり上書きできてしまいます．しかし，そのような使い方は，バグや混乱の原因になるのでできるだけ避けたほうがよいでしょう．たとえば，先ほど紹介した **T** や **F** は，実はそれぞれ **TRUE** と **FALSE** が

代入されている変数にすぎないので，同じ名前の変数を使うと上書きすることができてしまいます．しかし，そのようなことをすると，意図しない動作が発生しバグの温床となってしまいます．

ここでは，変数に数値を格納してみましたが，R では数値に限らず，様々なデータを扱うことができ，それらを変数に格納することが可能です．R で扱うことのできる様々なデータ (情報の塊) は一般に**オブジェクト**とよばれます．オブジェクトというと何やら抽象的で，よくわからないと感じてしまう人も多いと思います．それもそのはずで，実際のところ R で扱えるデータには具体的なデータ (数値，文字列，2 次元的な表データ，などなど) もあれば，もっと複雑な統計解析の結果の集合体などもあるといった具合にいろいろな形態が存在します．このように可能性が多すぎて具体的な名前でよぶのが難しいため，できるだけ抽象的にオブジェクトという名前でよばれています．具体的なオブジェクトの種類はデータ型などとよばれます．以下では，R で扱えるオブジェクトの中で基本的なデータ型を紹介していきます．

P2.3　ベクトル

P2.3.1　数値ベクトル

R のオブジェクトで一番基本的なものは**ベクトル**です．ベクトルというと，物理や数学が苦手な人はアレルギーがあるかもしれませんが，R のベクトルはごく単純で，値が 1 列に並んだデータのことです．たとえば，

```
> (x <- c(1,2,3,4,5))
```

```
[1] 1 2 3 4 5
```

のように入力すると，1 から 5 までの整数値が並んだベクトルが x に代入されます．ここで出てきた c も関数の一種ですが，今はベクトルをつくるための記号だと思って覚えてもらえば十分です[3]．ベクトルを使うと，これらの数値データに対してまとめて計算ができて便利です．たとえば，

```
> x*3
```

```
[1]  3  6  9 12 15
```

とすると，1 から 5 までの整数のそれぞれが 3 倍されました．これは順番を変えて，

```
> 3*x
```

```
[1]  3  6  9 12 15
```

のようにしても同じことになります．これに加えて，同じ長さの別のベクトル

```
> y <- c(1,1,3,5,5)
```

があったとすると，これらのベクトルどうしの演算も可能です．

---

[3] なお，先ほども説明したように，変数に代入された中身を表示するために，ここでは全体を ( ) で括っています．中身をみる必要がなければ，( ) で括る必要はありません．

```
> x*y
```

```
[1]  1  2  9 20 25
```

成分ごとに掛け算が行われていることがわかるでしょうか？ ここでは掛け算で試してみましたが，ほかの演算でも同様の計算が可能なので試してみてください．なお，ベクトルに対して，その長さ (要素数，次元) が知りたいこともよくあります．この場合には **length** という関数が用意されています．

```
> length(x)
```

```
[1] 5
```

R ではベクトルをつくる便利なコマンドがいくつか用意されています．たとえば，**m** から **n** までの連続した整数のベクトルであれば，**m:n** というコマンドで表現できます．もし，5 から 20 までの連続した整数のベクトルが作りたければ，以下のように簡単につくることができます．

```
> 5:20
```

```
[1]  5  6  7  8  9 10 11 12 13 14 15 16 17 18 19 20
```

1 つ 1 つ入力しないで済むので大変便利です．また，同様のベクトルは **seq** 関数を用いてもつくることができます．

```
> seq(5,20)
```

```
[1]  5  6  7  8  9 10 11 12 13 14 15 16 17 18 19 20
```

seq 関数を使った場合には，刻み幅も自由に変更することが可能です．たとえば，刻み幅を 1.5 にしたい場合は，以下のように入力します．

```
> seq(5,20,1.5)
```

```
[1]  5.0  6.5  8.0  9.5 11.0 12.5 14.0 15.5 17.0 18.5 20.0
```

ほかにも，同じ値を繰り返すようなベクトルが欲しければ，

```
> rep(5,10)
```

```
[1] 5 5 5 5 5 5 5 5 5 5
```

のように **rep** 関数で作れます．

次に，非常に長いベクトルを作ってみましょう．1 行に収まらないほど長いベクトルをつくると，R では Console ウィンドウに入らない部分が折り返されます．たとえば，以下のようなベクトルを作ってみましょう．

```
> 100:200
```

```
  [1] 100 101 102 103 104 105 106 107 108 109 110 111 112 113 114 115 116 117 118 119
 [21] 120 121 122 123 124 125 126 127 128 129 130 131 132 133 134 135 136 137 138 139
 [41] 140 141 142 143 144 145 146 147 148 149 150 151 152 153 154 155 156 157 158 159
 [61] 160 161 162 163 164 165 166 167 168 169 170 171 172 173 174 175 176 177 178 179
 [81] 180 181 182 183 184 185 186 187 188 189 190 191 192 193 194 195 196 197 198 199
[101] 200
```

どこで折り返されるかは環境 (console の幅) によって異なりますが，今注目してほしいのは左端に現れる角括弧に囲まれた数字です．この数字は，折り返されたベクトルの左端がベクトルの何番目の成分にあたるかを表しています．上の例では，最初の行の左端は [1] 番目，2 行目の左端は [21] 番目といった具合です．この表示のおかげで，何番目の成分がどの値か比較的わかりやすくなっています．そして，実はこれが，これまで何かを計算するたびにいつも左端に [1] と表示されていた理由です．この表示は，計算結果がベクトルであり，その左端の成分がベクトルの 1 番目の成分だということを表していたのです．R では一見ベクトルにはみえない 3 だとか 4.37 といった普通の数値でも，内部的には長さが 1 のベクトルとして解釈されています．そのため，何かを計算した結果が数値だった場合にも，ベクトルの左端が何番目かを表す [1] が常に表示されていたわけです[4)]．

```
> (z <- 2+3)
```

```
[1] 5
```

```
> length(z)
```

```
[1] 1
```

R にはベクトルに対する関数が多数用意されています．ここでは，統計分野との関連が深いベクトルに対する関数をいくつか紹介しておきます．たとえば，ベクトルの各成分の合計値を計算する関数は **sum** です．

```
> x <- c(2.3,3.4,0.7,1.3,2.8)
> sum(x)
```

```
[1] 10.5
```

この関数と，**length** 関数を使うと，平均を計算することもできます．

```
> sum(x)/length(x)
```

```
[1] 2.1
```

もちろん，平均を直接計算する **mean** という関数も用意されています．

```
> mean(x)
```

---

4) このように，単なる数値もベクトルとして扱われるというのは，ほかの言語に慣れている人には少し違和感があるかもしれませんが，このおかげで表 P2.2 に挙げたような関数もベクトルに対して直接利用することができます．その場合にはベクトルの各成分がこれらの関数で変換された同じ長さのベクトルが出力されます．

```
[1] 2.1
```

平均ではなく，中央値 (データを大きさ順で並べたときの真ん中の値) が知りたいときには **median** 関数を使います．

```
> median(x)
```

```
[1] 2.3
```

データのばらつきの指標としては，分散やその平方根の標準偏差がよく使われます．たとえば，(不偏) 分散 $\hat{\sigma}^2$ の定義を式で書くと，標本サイズを n, 平均を $\overline{x}$ として

$$\hat{\sigma}^2 = \frac{1}{n-1}\sum_{i=1}^{n}(x_i - \overline{x})^2$$

と書けます．これまでの知識を利用すると，この数式は

```
> sum((x-mean(x))^2)/(length(x)-1)
```

```
[1] 1.205
```

のように計算することができますが，ちょっと複雑で面倒です．R では，これを簡単に，

```
> var(x)
```

```
[1] 1.205
```

とあらかじめ定義された関数を用いて計算できます[5)]．分散の平方根をとると標準偏差が計算できますが，こちらは **sd** 関数でも計算できます．

```
> sd(x)
```

```
[1] 1.097725
```

また，最大値と最小値はそれぞれ，**max** と **min** で求めることができます．

```
> max(x)
```

```
[1] 3.4
```

```
> min(x)
```

```
[1] 0.7
```

ここまで出てきた統計関連の関数を表 P2.6 にまとめておきます．

---

5) なお，厳密にいうと分散には，上式で定義される不偏分散と，$n-1$ の代わりに n で全体を割った標本分散がありますが，**var** 関数で計算されるのは不偏分散のほうです．

表 P2.6 ベクトルを引数とする関数の例

関数	演算
sum()	総和
mean()	平均
median()	中央値
var()	(不偏) 分散
sd()	標準偏差
max()	最大値
min()	最小値

なお，最大値と最小値に関しては，**range** 関数でまとめて求めることもできます．

```
> range(x)
```

```
[1] 0.7 3.4
```

このように，関数の結果が (複数の成分をもつ) ベクトルとして返ってくるような関数もたくさんあります．

P2.3.2 文字列ベクトル

ここまでみてきたベクトルは各成分が数値であったため，厳密には数値ベクトルとよばれます．ベクトルの各成分を文字列とした**文字列ベクトル**もこれまでと同様の方法で作れます．

```
> (x <- c("apple","orange","strawberry"))
```

```
[1] "apple"      "orange"     "strawberry"
```

```
> rep("apple",5)
```

```
[1] "apple" "apple" "apple" "apple" "apple"
```

文字列を入力するときには，入力したい文字をダブルクォーテーション (") で囲む必要があります[6]．たとえば，以下のベクトルは一見数値ベクトルにみえますが，値がすべてダブルクォーテーションで囲まれているため，実際には文字列ベクトルです．

```
> (y <- c("1","2","3","4","5"))
```

```
[1] "1" "2" "3" "4" "5"
```

あるベクトルがどのようなデータ型のベクトルか判断したいときには，**class** 関数が便利です．

```
> class(y)
```

6) R では，ダブルクォーテーションで囲まれていない文字列は，変数名やオブジェクト名，関数名として解釈されます．

```
[1] "character"
```

このように，class 関数の結果が"character"と表示されれば，このベクトルは文字列ベクトルです．整数値のみに制限された数値ベクトルのときには，整数を表す"integer"が表示されます．

```
> class(1:5)
```

```
[1] "integer"
```

より一般の数値ベクトルの場合には，"numeric"と表示されます．

```
> class(c(1.5,2.0,2.5))
```

```
[1] "numeric"
```

class 関数はベクトルに限らず，様々なオブジェクトに対し，そのオブジェクトのデータ型を教えてくれる便利な関数です．R の変数にどのようなデータ型のオブジェクトが格納されているかわからなくなったら，このコマンドで確認すると理解が深まります．

P2.3.3　論理ベクトル

もう 1 つ，R でよく使う代表的なベクトルに**論理ベクトル**があります．これは，各成分が，TRUE (真) か FALSE (偽) かという 2 つの値のどちらかだけをとるようなベクトルです．

```
> y <- c(FALSE,TRUE,TRUE)
> y
```

```
[1] FALSE  TRUE  TRUE
```

ここで，TRUE や FALSE はダブルクォーテーションで囲まれていないことに注意してください．TRUE や FALSE は文字列ではなく，比較演算子のところで出てきた論理値とよばれる真偽を表す特別な値です．R では，これらを入力する際に，TRUE, FALSE と打ち込む代わりに，T, F と省略することも可能なのでした．

```
> y <- c(F,T,T)
> y
```

```
[1] FALSE  TRUE  TRUE
```

論理ベクトルを直接入力することは少ないですが，この後紹介するベクトルへのアクセスでは，論理ベクトルが活躍することになります．

P2.4　ベクトルの成分へのアクセス

P2.4.1　番号によるアクセス

ベクトルは，データをまとめて扱えて便利ですが，その中の特定の成分だけを利用したいこともよくあります．例として，以下のベクトルを考えてみましょう．

```
> (x <- 5:10)
```

```
[1]  5  6  7  8  9 10
```

たとえば，このベクトルの最初の成分にアクセスしたい場合は，角括弧 [ ] を使って，

```
> x[1]
```

```
[1] 5
```

のように記述します．1 番目の成分が表示されました．同様に，3 番目の成分にアクセスしてみましょう．

```
> x[3]
```

```
[1] 7
```

もし，この成分に変更を加えたい場合には，

```
> x[3] <- 0
```

のように代入すると，

```
> x
```

```
[1]  5  6  0  8  9 10
```

のように，その成分だけが代入した値に置き換えられます．また，ベクトルの複数の成分にアクセスすることも簡単です．角括弧の中に，複数の番号をベクトルとして入れれば，その番号に対応する成分を抽出できます．

```
> x[c(2,4)]
```

```
[1] 6 8
```

```
> x[1:3]
```

```
[1] 5 6 0
```

逆に，使わない成分を番号で指定することも可能です．その場合には，使わない番号にマイナス「-」を付けたベクトルを使ってアクセスします．

```
> x[c(-2,-4)]
```

```
[1]  5  0  9 10
```

同じことですが，以下のようにも書けます．

```
> x[-c(2,4)]
```

```
[1]  5  0  9 10
```

以上が，番号によるベクトルの成分に対するアクセスの方法です．ここでは，説明のために数値ベクトルの例を紹介しましたが，文字列ベクトルや論理ベクトルに対しても，まったく同じようにアクセスできます．

P2.4.2　論理ベクトルによるアクセス

ベクトルの成分にアクセスする別の方法は，論理ベクトルを用いたものです．角括弧の中に同じ長さの論理ベクトルを入れると，TRUE に対応した成分だけが抜き出されます．

```
> x[c(T,F,T,F,T,F)]
```

```
[1] 5 0 9
```

この例では，1, 3, 5 番目の成分だけが TRUE になっている論理ベクトルを用いたので，数値ベクトル x から 1, 3, 5 番目の成分が抜き出されました．これだけだと，先ほどの番号によるアクセスと大差ないようにみえますが，この方法は比較演算子と組み合わせることで，力を発揮します．たとえば，数値ベクトルのうち，5 より大きい成分を抜き出したいとします．このとき，この条件は比較演算子を使うと，

```
> x > 5
```

```
[1] FALSE  TRUE FALSE  TRUE  TRUE  TRUE
```

のように表すことができ，演算結果は元の数値ベクトルと同じ長さの論理ベクトルとなります．これを角括弧の中に代入すればよいので，たとえば，

```
> y <- x > 5
> x[y]
```

```
[1]  6  8  9 10
```

とすれば，数値ベクトルから，5 より大きい成分を抜き出すことができます．ここではいったん論理ベクトルを変数 y に代入しましたが，実際には変数への代入は必要なく，以下のように直接書くこともできます．

```
> x[x>5]
```

```
[1]  6  8  9 10
```

かなり，コンパクトにやりたい処理を表現することができました．

関連して，ベクトルに対して比較条件を満たすような成分が何個あるかを数えたくなることもよくあります．このような場合には，`length(x[x>5])` のように，条件を満たす部分ベクトルを抜き出して数えることもできますが，もっと簡単な方法として，`sum` 関数を使う方法があります．

```
> sum(x>5)
```

```
[1] 4
```

確かに，`x` の成分のうちこの条件を満たすのは 4 個なので正しい結果が得られました．実は，R では論理値に対して数学関数を使うと，`TRUE` は 1，`FALSE` は 0 として扱われます．この結果，上の式では，`x>5` の結果の論理ベクトルの `TRUE` の数を数えることと同じ意味になり，条件を満たす成分の個数を計算することができたのです．この方法は簡便でよく利用されるので，覚えておくとよいでしょう．

P2.4.3　名前によるアクセス

ここまで，ベクトルの成分にアクセスする方法を 2 種類紹介してきましたが，R ではさらに，各成分の名前を用いてベクトルの成分にアクセスすることも可能です．この方法は，ベクトルだけを考えているときはさほど便利ではありませんが，この後出てくる行列やデータフレームといった 2 次元的なデータにアクセスするときにはよく使われるので，ここでも紹介しておきます．次のベクトルを考えましょう．

```
> (price <- c(148,98,398))
```

```
[1] 148  98 398
```

変数名は何でもよいのですが，ここでは各成分の値が値段を表すことをイメージして `price` としてみました．ベクトルの各成分の名前は，`names` 関数を使って取得できます．しかし，このベクトルは作ったばかりなので，まだ各成分に名前はついていません．

```
> names(price)
```

```
NULL
```

ここでの返り値 `NULL` は，「存在しない」ことを表す R の特殊なオブジェクトで，名前がまだ付けられていないことに対応しています．新しく成分に名前を付けるには，同じく `names` 関数を使って好きな名前を代入します．

```
> names(price) <- c("apple","orange","strawberry")
```

これだけだと，何が起きたかわかりませんが，このベクトルを表示してみると，各成分にきちんと名前がつけられていることがわかります．

```
> price
```

```
     apple     orange strawberry
       148         98        398
```

もう一度 names 関数を使えば，今回名付けられた名前だけを取得することもできます．

```
> names(price)
```

```
[1] "apple"      "orange"     "strawberry"
```

このように各成分に名前が付けられたベクトルであれば，名前を利用して成分にアクセスすることができます．たとえば，orange の値段が知りたければ，

```
> price["orange"]
```

```
orange
    98
```

のようにアクセスできます．逆に，apple と strawberry の値段だけが必要であれば，

```
> price[c("apple","strawberry")]
```

```
     apple strawberry
       148        398
```

のように，必要な成分の名前だけを文字列ベクトルとして角括弧の中に入れることでアクセス可能です．この方法はベクトルに対して用いることは比較的少ないので，今はそういうことができるのだと覚えておくだけで十分です．ベクトルとその取り扱いの紹介は以上になります．

P2.5　関数について

先に進む前にすでにこれまで何度も出てきた，**関数** (function) についてまとめておきましょう．関数というと，数学に出てくる三角関数や指数関数のようなものを思い出す人が多いと思いますが，プログラミングでいう関数はもっと意味が広く，いろいろなものを含んでいます．機能 (function) という訳のほうがイメージが近いかもしれません．「使うと何らかの機能が果たせるもの」といった感じでしょうか．以前，R で扱えるデータにはいろいろなものがあり具体的な言葉で表しにくいため，抽象的にオブジェクトとよんでおくという話をしました．今の場合も同様で，関数が行う具体的な処理にはあまりにいろいろな種類があるため，それらの全体を具体的に表す言葉がなく，抽象的に関数 (function) とよんでいるというイメージです．ともかく，R における関数は，これまで利用してきたように，関数名 (引数) のような形で使います．引数は入力する何らかのデータで，これに応じて関数が何らかの処理を行ってくれます．

三角関数や指数関数のような数学関数は，引数として数値を入れたら対応する数値が返ってきます．このように，関数を実行した後に得られる値を**返り値** (戻り値) とよびます．返り値は変数に代入すれば再利用することが可能です (ただし，返り値が存在しないような関数もまれにあります)．

また，これまでの例の多くでは，引数は1つしか使いませんでしたが，Rの関数は一般に複数の**引数**(=データ)をとることができます．たとえば，すでに出てきたrep関数は2つの引数をとり，

```
> rep("apple",5)
```

```
[1] "apple" "apple" "apple" "apple" "apple"
```

のように使いました．1つ目の値を2つ目の値の回数だけ繰り返すベクトルをつくるのでした．

このように複数のデータを入力できるのは便利ですが，何番目にどういうデータを入れるというルールになっているのかを関数ごとに覚えておくのは大変です．そのため，関数に与える各引数には実は名前(引数名)がついており，それらを「=」記号により指定してデータを入力するのが正式な方法です．

```
> rep(x="apple",times=5)
```

```
[1] "apple" "apple" "apple" "apple" "apple"
```

このように引数名を指定しておけば，入力する順番が逆になっても問題ありません．

```
> rep(times=5,x="apple")
```

```
[1] "apple" "apple" "apple" "apple" "apple"
```

一方で，最初に紹介したときのように引数名を省略した場合には，正しい順番で引数を入力することが必要になります．

いずれにせよ，各関数でどのような引数をとるのか，引数名を省略した場合の引数の順番はどうなっているのか，何より，その関数がどのような機能を果たすのかは，その関数に慣れるまで何度も調べる必要があります．インターネットで調べれば日本語の解説記事などもみつかると思いますが，引数名やその順番を調べるだけであれば，(英語ですが) R自身に説明が用意されています．

```
> ?rep
```

のように，「?関数名」というコマンドを打ち込んでみてください．こうすると，すぐにそのコマンドの説明(ヘルプ)がRStudioの右下に開きます．英語ということもあり，慣れないうちはこのヘルプを読むのは難しいと思いますが，慣れてくると，英語は読まなくても各関数でどのような引数をとるのかなどはすぐに読み取れるようになります．知らない関数が出てきたら，こちらのヘルプで確認する癖をつけましょう．

P2.6 データフレーム

データフレームはRの代表的なデータ型で，イメージとしてはExcelなどで扱うような2次元的な表データに対応します．まずは具体例をみてみましょう．Rにはちょっとしたコマンドの動作確認などに便利なデータセットが標準で用意されています[7]．この中に，高名な統計学者のロナルド

[7] データセットの一覧は `library(help = "datasets")` というコマンドを使えば表示できるのですが，説明が英語なので全体を把握するのはちょっと大変です．

フィッシャー博士が使用したiris (アヤメ) のデータセットがあります．このデータセットは，**iris**という変数の中にはじめから格納されています．

```
> iris
```

```
    Sepal.Length Sepal.Width Petal.Length Petal.Width   Species
1            5.1         3.5          1.4         0.2    setosa
2            4.9         3.0          1.4         0.2    setosa
…省略…
149          6.2         3.4          5.4         2.3 virginica
150          5.9         3.0          5.1         1.8 virginica
```

データの全体が一気に表示されます (ここでは一部表示を省略しています)．毎回こんなにたくさん表示されると大変ですので，データの最初の部分だけを表示するための**head**関数を使ってみましょう．

```
> head(iris)
```

```
  Sepal.Length Sepal.Width Petal.Length Petal.Width Species
1          5.1         3.5          1.4         0.2  setosa
2          4.9         3.0          1.4         0.2  setosa
3          4.7         3.2          1.3         0.2  setosa
4          4.6         3.1          1.5         0.2  setosa
5          5.0         3.6          1.4         0.2  setosa
6          5.4         3.9          1.7         0.4  setosa
```

今度は，最初の6行までが表示されました．この変数に格納されているのがデータフレームであることを確かめるために，**class**関数を使ってみましょう．

```
> class(iris)
```

```
[1] "data.frame"
```

確かに，データフレーム (**data.frame**) となっています．先ほどはベクトルの各成分に名前を付けられることを学びましたが，データフレームの場合には各成分にではなく，各行と各列にそれぞれ行名と列名がつけられています．行名を表示するのが**rownames**関数，列名を表示するのが**colnames**関数です．

```
> rownames(iris)
```

```
  [1] "1"   "2"   "3"   "4"   "5"   "6"   "7"   "8"   "9"   "10"  "11"  "12"  "13"
…省略…
[144] "144" "145" "146" "147" "148" "149" "150"
```

```
> colnames(iris)
```

```
[1] "Sepal.Length" "Sepal.Width"  "Petal.Length" "Petal.Width"  "Species"
```

このデータフレームでは行名には，1から150までの数字が付けられています．また，列名には見慣れない英語が並んでいますが，**Sepal.Length** (がく片の長さ)，**Sepal.Width** (がく片の幅)，**Petal.Length** (花弁の長さ)，**Petal.Width** (花弁の幅)，**Species** (種類) となっており，全体として，アヤメの花の各部分の長さと幅を，アヤメの種類（ここでは setosa, versicolor, virginica の3種）ごとに計測してまとめたデータになっています．先ほどの `head(iris)` の結果をみてみると，`Sepal.Length`, `Sepal.Width`, `Petal.Length`, `Petal.Width` という4つの列には常に数値データが，`Species` の列には文字列が入っていることがわかります．このように，このデータフレームは，（長さが150の）数値ベクトル4つと文字列ベクトル1つを横に束ねた形になっています[8]（図P2.1）．実際，データフレームからは，データフレーム名$列名，というコマンドで，元になるベクトルを簡単に取り出すことができます．

```
> iris$Sepal.Length
```

```
  [1] 5.1 4.9 4.7 4.6 5.0 5.4 4.6 5.0 4.4 4.9 5.4 4.8 4.8 4.3 5.8 5.7 5.4 5.1 5.7 5.1
…省略…
[141] 6.7 6.9 5.8 6.8 6.7 6.7 6.3 6.5 6.2 5.9
```

このデータ型を `class` 関数で調べてみると，

```
> class(iris$Sepal.Length)
```

```
[1] "numeric"
```

と表示されます．`"numeric"`は数値ベクトルのときに表示されるものでしたね．これで，データフレームは同じ長さのベクトルを横に複数束ねたもの，というイメージが伝わったでしょうか．

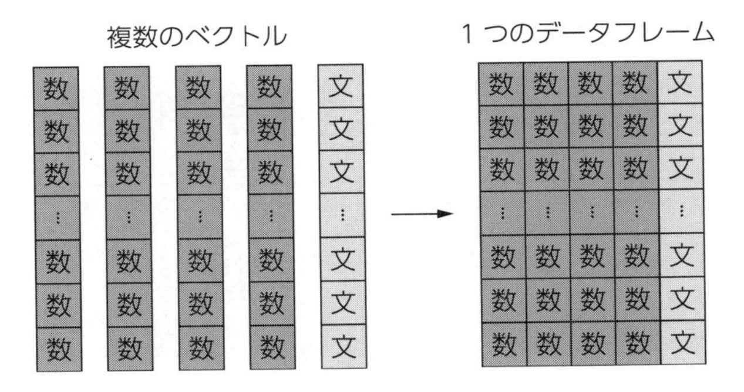

図 P2.1 ベクトルとデータフレームの関係

このirisデータのように，大きなデータになると，データの全体像を把握するのが大変です．このような場合にざっくり全体像を把握するのに便利な関数に `summary` という関数があります．

```
> summary(iris)
```

```
  Sepal.Length    Sepal.Width     Petal.Length    Petal.Width          Species
 Min.   :4.300   Min.   :2.000   Min.   :1.000   Min.   :0.100   setosa    :50
 1st Qu.:5.100   1st Qu.:2.800   1st Qu.:1.600   1st Qu.:0.300   versicolor:50
 Median :5.800   Median :3.000   Median :4.350   Median :1.300   virginica :50
 Mean   :5.843   Mean   :3.057   Mean   :3.758   Mean   :1.199
 3rd Qu.:6.400   3rd Qu.:3.300   3rd Qu.:5.100   3rd Qu.:1.800
 Max.   :7.900   Max.   :4.400   Max.   :6.900   Max.   :2.500
```

[8] 厳密には最後の `Species` の列は因子（`factor`）とよばれる文字列ベクトルよりもう少し高度なものになっているのですが，その説明を行うと長くなるので，今は単なる文字列ベクトルだと思って理解してみてください．

この関数では，データフレームの数値列を，`Min.`(最小値)，`1st Qu.`(第1四分位数)，`Median` (中央値)，`Mean` (平均)，`3rd Qu.`(第3四分位数)，`Max.`(最大値) の形で要約してくれます．以前，ベクトルに対する関数を紹介した際に，第1，第3四分位数以外の統計量は出てきましたね．第1，第3四分位数に関しては馴染みのない人もいるかもしれません．これらはそれぞれ，データを小さい順に並べなおしたときに小さいほうから 1/4 の位置にあるデータの値と 3/4 の位置にあるデータの値を表す統計量です．中央値は小さいほうから 2/4 の位置にあるデータの値といえるので，これらの3つはセットともいえます．データの要約には平均と標準偏差を使うこともありますが，平均や標準偏差はデータの分布が正規分布と異なるときには直観と大きく異なる値をとってしまうことがあります．その点，四分位数のような順位に基づいた統計量は分布が変化しても直観から大きく外れた値となることは少ないです．近年，利用が増えてきた箱ひげ図は，これらの四分位数の値を可視化する手法ですが，R では `boxplot` 関数で，手軽に利用可能です[9]．

```
> boxplot(iris)
```

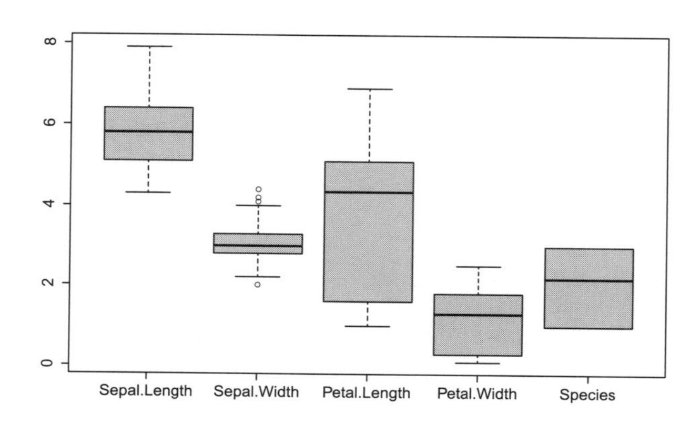

図 P2.2　iris データの箱ひげ図

今度は自分でデータフレームを作ってみましょう．まず，データフレームの各列に対応するベクトルを準備します．

```
> x <- c("A","B","C")
> y <- c(3,5,7)
```

これらを，`data.frame` という関数に入力すると，データフレームが作れます．

```
> (df1 <- data.frame(x,y))
```

```
  x y
1 A 3
2 B 5
3 C 7
```

9) なお，`Species` 列に対しては，`summary` 関数の出力ではアヤメの種類ごとの個数がカウントされており，数値ではないはずなのに箱ひげ図もプロットされています．これはこの列が厳密には文字列ベクトルではなく，因子であることに由来するのですが，今は気にしなくて大丈夫です．

行名は，自動的に 1, 2, 3 と連番になりました．列名は変数名がそのまま使われています．データフレームをつくる際に列名を変更したい場合は，

```
> df2 <- data.frame(col1=x,col2=y)
> df2
```

```
  col1 col2
1    A    3
2    B    5
3    C    7
```

のように，**data.frame** 関数に変数を入れるときに指定することもできます．

今回作ったデータフレームは長さが 3 のベクトルを 2 つ束ねたので，3 行 2 列のデータになりました．行数，列数を表示する関数は，それぞれ，**nrow** 関数，**ncol** 関数です．

```
> nrow(df2)
```

```
[1] 3
```

```
> ncol(df2)
```

```
[1] 2
```

また，これらを同時に求める **dim** という関数もあります．

```
> dim(df2)
```

```
[1] 3 2
```

データフレームが複数あるときには，それを結合することもできます．データフレームどうしを横に結合するには **cbind**，(同じ列名をもつ) データフレームどうしを縦に結合するには **rbind** という関数を使います．たとえば，上の **df1** と **df2** を (実際には中身は同じものですが，別々のデータフレームと思って) 横につなげると

```
> (df3 <- cbind(df1,df2))
```

```
  x y col1 col2
1 A 3    A    3
2 B 5    B    5
3 C 7    C    7
```

```
> dim(df3)
```

```
[1] 3 4
```

のように 3 行 4 列のデータフレームができました．一方で，**df1** と **df2** は列名が異なっているので，**rbind** で縦に結合することはできず，エラーメッセージが出てしまいます．

```
> df4 <- rbind(df1,df2)
```

```
Error in match.names(clabs, names(xi)) :  名前が以前の名前と一致しません
```

同じ列名をもっているデータフレームどうしであれば，問題なく縦に結合することができます．ここでは，簡単のため，同じデータフレームを縦に並べてみます．

```
> rbind(df1,df1)
```

```
  x y
1 A 3
2 B 5
3 C 7
4 A 3
5 B 5
6 C 7
```

ところで，直前の例では，列名が異なっていることに起因して**エラーメッセージ**が出ていました．また，おそらく，これまでにも入力間違いなどで，何度もエラーメッセージが表示されてきたのではないでしょうか？ ここでエラーメッセージやエラー (間違い，プログラミング用語では**バグ**ともよばれる) に関して補足説明をしておきます．おそらく，プログラミング経験がない方にとっては，エラーメッセージはコンピュータから怒られているようで，何か怖いものというイメージがあるのではないでしょうか．エラーメッセージは英語で表示されるものも多いので，特に最初はよくわからなくて恐ろしく感じると思います．しかし，プログラミングに慣れてくると，エラーメッセージはとても親切で，プログラミングに欠かせないものだということがわかってきます．エラーメッセージが出るということは，そのエラーの存在を R が把握し，ストップをかけてくれているということです．このおかげで，バグのあるままプログラムが動いてしまい，でたらめな結果が，正しい結果であるかのように表示されてしまうことがありません．実際，大事なプログラムに気づかないバグがあり，まったく見当違いな計算をしていたとすれば大変なことになります．逆に，エラーメッセージが出るようなバグはその部分を修正すればよいことがわかるのでさほど怖くありません．実際，熟練したプログラマーがプログラムを行う場合でも，エラーメッセージを出してはそれを修正するというプロセスを経ながらプログラムを完成させることがほとんどです．

また，エラーメッセージをよく読むと，バグを修正するヒントになることが多いです．たとえば，上のエラーメッセージの場合，まず，`Error in match.names(clabs, names(xi))` と書いてあります．これは，`match.names` という関数にエラーがあることを表しています．ただ，`match.names` という関数なんて，使った覚えはないですよね．この辺りはエラーメッセージがわかりにくい原因の 1 つなのですが，実は `rbind` という関数自体が内部的にはほかのいろいろな関数を呼び出しながらその機能を果たしています．この `match.names` はその過程で呼び出された内部関数の 1 つです．上の例では `rbind` に 2 つのデータフレームを引数に指定して関数を実行したわけですが，これらは `match.names` という内部関数が期待するようなデータになっていなかったようです．結果として「名前が以前の名前と一致しません」というエラーメッセージが表示されました．こちらのエ

ラーメッセージは日本語なので[10]，比較的わかりやすいですね．実際にはこのエラーメッセージは直接的には match.names 関数のエラーメッセージなので，これを読んでも直ちに手元のエラーの原因がわかるとは限りませんが，何らかの名前に関するエラーだという情報が得られます．このようにエラーメッセージを読み解けるようになるには経験も必要ですが，慣れていくにつれてわかることが増えていきます．最初のうちはよくわからなくても，エラーメッセージが出た，というだけでなく，そのエラーメッセージが何を表しているか考えてみる癖をつけましょう．

P2.7　データフレームの行，列，成分へのアクセス

これまで勉強してきた知識だけでも，データフレームの各列や成分にアクセスすることは可能です．「データフレーム名$列名」というコマンドで，データフレームの各列をつくるベクトルにアクセスできるので，あとはそこからベクトルのときに学んだ様々なやり方で好きな成分にアクセスできます．このやり方も便利でよく使われますが，各行に対してアクセスするには向きません．ここでは，データフレームが 2 次元的なデータであることを意識した，より直感的なアクセス方法を紹介します．とはいえ，基本的にはベクトルのときに学んだやり方を行と列の両方に用いるだけで，難しくはありません．

P2.7.1　番号によるアクセス

先ほどの iris データをもう一度使ってみましょう．ここでは，データの変更も行うので，元の iris データを書き換えてしまわないように，いったん別の変数に代入して，そちらを使うことにします．

```
> df5 <- iris
> head(df5)
```

```
  Sepal.Length Sepal.Width Petal.Length Petal.Width Species
1          5.1         3.5          1.4         0.2  setosa
2          4.9         3.0          1.4         0.2  setosa
3          4.7         3.2          1.3         0.2  setosa
4          4.6         3.1          1.5         0.2  setosa
5          5.0         3.6          1.4         0.2  setosa
6          5.4         3.9          1.7         0.4  setosa
```

たとえば，1 行 1 列目の成分にアクセスしたい場合は，行と列の番号をカンマで区切って指定します．

```
> df5[1,1]
```

```
[1] 5.1
```

今度は，4 行 2 列目の成分にアクセスしてみましょう．

```
> df5[4,2]
```

```
[1] 3.1
```

簡単ですね．データフレームの値を書き換えたければ，別の値を代入することもできます．

10) R のエラーメッセージは環境によって部分的に日本語で表示される場合と，すべて英語で表示される場合があります．

```
> df5[4,2] <- 5.9
```

head 関数を使って，4行2列目が書き換えられていることを確認してみてください.

```
> head(df5)
```

```
  Sepal.Length Sepal.Width Petal.Length Petal.Width Species
1          5.1         3.5          1.4         0.2  setosa
2          4.9         3.0          1.4         0.2  setosa
3          4.7         3.2          1.3         0.2  setosa
4          4.6         5.9          1.5         0.2  setosa
5          5.0         3.6          1.4         0.2  setosa
6          5.4         3.9          1.7         0.4  setosa
```

また，行か列のどちらかを指定するのを省略すると，特定の行だけ，もしくは，特定の列だけを取り出すこともできます.

```
> df5[2,]
```

```
  Sepal.Length Sepal.Width Petal.Length Petal.Width Species
2          4.9           3          1.4         0.2  setosa
```

```
> df5[,3]
```

```
  [1] 1.4 1.4 1.3 1.5 1.4 1.7 1.4 1.5 1.4 1.5 1.5 1.6 1.4 1.1 1.2 1.5 1.3 1.4 1.7 1.5
…省略…
[141] 5.6 5.1 5.1 5.9 5.7 5.2 5.0 5.2 5.4 5.1
```

なお，前者のように行を取り出す場合には，データフレームが返り値となっていますが，後者のように1列だけを取り出す場合には，データフレームではなくベクトルとして結果が返ってくるという違いがあります[11]. また，ベクトルのときと同様に，角括弧の中に数値ではなく，数値ベクトルを入れれば，データフレームの一部分を切り出してくることもできます. 数値にマイナスを付けると，それ以外の場所を取り出せることもベクトルのときと同様です. たとえば，以下のようにすれば，4から8行目の5列目以外の部分を取り出してくることができます.

```
> df5[4:8,-5]
```

```
  Sepal.Length Sepal.Width Petal.Length Petal.Width
4          4.6         5.9          1.5         0.2
5          5.0         3.6          1.4         0.2
6          5.4         3.9          1.7         0.4
7          4.6         3.4          1.4         0.3
8          5.0         3.4          1.5         0.2
```

P2.7.2　論理ベクトルによるアクセス

今度は論理ベクトルによるアクセスです. 先ほど，データフレームを書き換えてしまったので，もう一度，元の iris データで上書きして始めましょう.

[11] 何らかの理由で150行1列のデータフレームとして結果を返してほしいときには，`df5[,3,drop=F]` のように，`drop` というオプション引数を指定すれば対応できます.

```
> df5 <- iris
```

たとえば，がくの長さ (Sepal.Length) が 6 以上のデータだけが必要であれば，

```
> df6 <- df5[df5$Sepal.Length>=6,]
```

のように取得できます．複雑にみえますが，df5$Sepal.Length というがくの長さに対応する数値ベクトルと >= という比較演算子を用いて 6 以上のデータに対してのみ TRUE となるような論理ベクトルを作り，この論理ベクトルで利用する行を指定しています．一方で，列に関しては何も指定していないので，すべての列が取得されています．比較演算子の式の後に，カンマ (,) を入れるのを忘れないでください．結果を summary 関数でみてみましょう．

```
> summary(df6)
```

```
  Sepal.Length    Sepal.Width     Petal.Length    Petal.Width          Species
 Min.   :6.00   Min.   :2.200   Min.   :4.000   Min.   :1.000   setosa    : 0
 1st Qu.:6.30   1st Qu.:2.800   1st Qu.:4.700   1st Qu.:1.500   versicolor:24
 Median :6.50   Median :3.000   Median :5.200   Median :1.800   virginica :43
 Mean   :6.61   Mean   :2.966   Mean   :5.263   Mean   :1.816
 3rd Qu.:6.85   3rd Qu.:3.150   3rd Qu.:5.700   3rd Qu.:2.100
 Max.   :7.90   Max.   :3.800   Max.   :6.900   Max.   :2.500
```

期待通り，Sepal.Length の最小値は 6 になっています．また，Species をみてみると，setosa 種のカウントがゼロになっており，setosa 種ではがくの長さはすべて 6 より小さかったことがわかります．今度は，元のデータから versicolor 種だけを抜き出してみましょう．

```
> df5[df5$Species=="versicolor",]
```

```
    Sepal.Length Sepal.Width Petal.Length Petal.Width    Species
51           7.0         3.2          4.7         1.4 versicolor
52           6.4         3.2          4.5         1.5 versicolor
…省略…
100          5.7         2.8          4.1         1.3 versicolor
```

versicolor 種のデータだけがきれいに抜き出されました．さらに，以前出てきた論理演算の & を組み合わせると，versicolor 種のうち，Sepal.Length の最小値が 6 以上のものを抜き出すことも簡単です．

```
> df5[(df5$Species=="versicolor")&(df5$Sepal.Length>=6),]
```

```
   Sepal.Length Sepal.Width Petal.Length Petal.Width    Species
51          7.0         3.2          4.7         1.4 versicolor
52          6.4         3.2          4.5         1.5 versicolor
…省略…
98          6.2         2.9          4.3         1.3 versicolor
```

このように，論理ベクトルを用いた行の取得は非常に強力です．同様に，列に対して論理ベクトルを用いてアクセスすることも可能です．

P2.7.3　名前によるアクセス

ベクトルの場合には各成分に名前がついていないことも多いので，名前によるアクセスはさほど便利ではありませんでしたが，データフレームには通常，行名と列名が設定されているので，名前によるアクセスもよく使います．

```
> df5["3","Petal.Length"]
```

```
[1] 1.3
```

このデータでは行名は連番の数字となっているので，行に関しては順番によるアクセスとほとんど違いがありませんでしたが，名前によるアクセスは，順番を覚えられないほどたくさんの行や列があるデータフレームでのアクセスを行うときに特に便利です．典型的なものに分子生物学分野の遺伝子発現データがあり，この場合，何万個もの遺伝子が行に対応し，何種類〜何十種類もの実験条件の違いが列に対応します．このような場合，行名として遺伝子名を用いることで直感的なアクセスが可能です．名前を使った場合でも，文字列ベクトルを用いることで，複数の行や列を抜き出してくることができます．

```
> df5[c("3","5"),c("Petal.Length","Petal.Width")]
```

```
  Petal.Length Petal.Width
3          1.3         0.2
5          1.4         0.2
```

また，ここまで，番号，論理ベクトル，名前によるアクセス方法を紹介してきましたが，行と列で異なるアクセス方法の組み合わせを用いることも可能です．たとえば，以下のようにすれば，がくの長さ (Sepal.Length) が 6 以上のデータの花弁の長さ (Petal.Length) と花弁の幅 (Petal.Width) を抜き出してくることができます．

```
> df5[df5$Sepal.Length>=6,c("Petal.Length","Petal.Width")]
```

```
    Petal.Length Petal.Width
51           4.7         1.4
…省略…
149          5.4         2.3
```

最後に，もう 1 つ **subset** 関数を用いたアクセス方法も紹介しておきます．subset 関数を用いると subset(x=データフレーム,subset=行に対する条件,select=列に対する条件) という形で条件を満たすデータの行と列を取り出せます．以前説明したように順番が正しければ引数名は省略できるので，上と同じ条件は subset 関数を用いて以下のようにも書くことができます．

```
> subset(df5,Sepal.Length>=6,c("Petal.Length","Petal.Width"))
```

P2.8　行列

データフレームと混同しやすいデータ型に**行列** (matrix) があります．行列も，データフレームと同じく 2 次元的なデータですが，データフレームと異なり，すべての成分が数値なら数値，文字

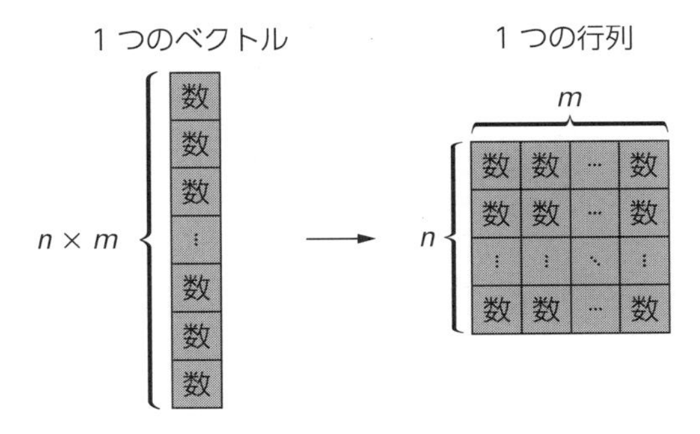

図 P2.3 ベクトルと行列の関係

列なら文字列，論理値なら論理値と，同じタイプのものである必要があります[12)]．データフレームにはない行列の特徴として，数学で出てくる行列のように，行列どうしの掛け算や，行列とベクトルの掛け算などを行うことができます．これらはデータ解析を行ううえでは必須ではありませんが，例外的に行列を使いたい場面が出てくることがあります．

解析に用いる関数で，数値型のデータを利用する関数の中には，引数を数値行列として渡す必要があるものがあります．たとえば，データをヒートマップとして表示するための関数 **heatmap** には，数値データを渡す必要がありますが，数値ベクトルだけからなるデータフレームを渡してもエラーメッセージが出てしまいます．

```
> heatmap(x=iris[,-5])
```

```
Error in heatmap(x = iris[, -5]) : 'x' must be a numeric matrix
```

"'x' must be a numeric matrix" というエラーメッセージは，「x は数値行列でなければならない」という意味です．iris データはデータフレームなので，この関数では受け付けてくれません．このような場合，**as.matrix** という関数でデータフレームを行列に変換することができます．

```
> (mt1 <- as.matrix(iris[,-5]))
```

```
       Sepal.Length Sepal.Width Petal.Length Petal.Width
  [1,]          5.1         3.5          1.4         0.2
…省略…
[150,]          5.9         3.0          5.1         1.8
```

一見，データフレームとの違いがわかりませんが，左に現れる表示が [1,] のようにカンマ付きのものに変わっており，行列の各行を表すことがわかりやすくなっています．また，**class** 関数を使ってみると，もはやデータフレームではなく，**matrix** の表示が出ています[13)]．

```
> class(mt1)
```

12) 実際のところ，内部的には長さ $n \times m$ の 1 本のベクトルを折り返して，見かけ上 n 行 m 列の 2 次元データにみせているのが R における行列の正体です (図 P2.3)．1 本のベクトルなので，数値や文字列や論理値といったものを混在させることはできません．また，**$** 記号を使って，各列を独立したベクトルとして抜き出すこともできません．

13) なお **array** の表示は行列が (2 次元的な行列の構造を n 次元に一般化した) 配列 (array) の一種でもあることを示しています．

```
[1] "matrix" "array"
```

このように変換すれば，先ほどの heatmap 関数でもデータを受け取ってくれます．

```
> heatmap(x=mt1)
```

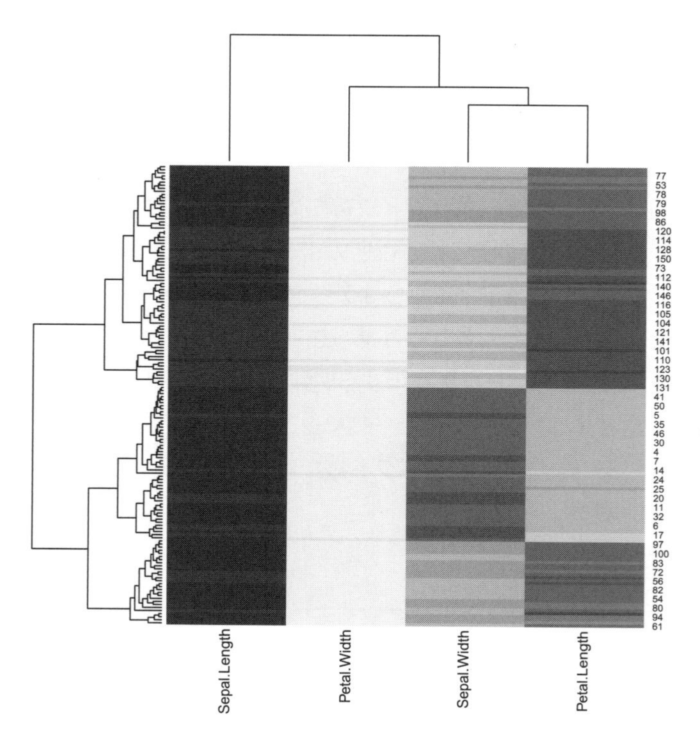

図 P2.4　iris データのヒートマップ

1つ気をつけないといけないのは，as.matrix を使うタイミングです．iris データの場合には，5列目に文字列 (正確には因子) が入っているので，先に全体を as.matrix で行列に変換してしまうと，全体が文字列型の行列に変換されてしまいます．文字列は数値に変換できませんが，数値は対応する数字として文字列に変換できるからです．

```
> (mt2 <- as.matrix(iris)[,-5])
```

```
       Sepal.Length Sepal.Width Petal.Length Petal.Width
  [1,] "5.1"        "3.5"       "1.4"        "0.2"
…省略…
[150,] "5.9"        "3.0"       "5.1"        "1.8"
```

先ほどと比べて，値がダブルクォーテーションで囲まれており，文字列型として認識されてしまっていることがわかります．この場合，heatmap 関数に渡しても数値行列として認識できず，やはりエラーとなってしまいます．

```
> heatmap(x = mt2)
```

```
Error in heatmap(x = mt2) : 'x' must be a numeric matrix
```

先に 5 列目を取り除き，数値データだけのデータフレームにした後で，行列に変換するようにしてください．

もう 1 つ，データ解析で便利な行列の使い道は，行と列をひっくり返す操作を行う場合です．この操作は数学では**転置** (transpose) とよばれ，R では **t** という関数を用います．たとえば，先ほど作った数値行列は，150 行 4 列の行列でした．

```
> dim(mt1)
```

```
[1] 150   4
```

これに転置操作を施すと，

```
> (mt3 <- t(mt1))
```

```
             [,1] [,2] [,3] [,4] [,5] [,6] [,7] [,8] [,9] [,10] [,11]
Sepal.Length  5.1  4.9  4.7  4.6  5.0  5.4  4.6  5.0  4.4   4.9   5.4
Sepal.Width   3.5  3.0  3.2  3.1  3.6  3.9  3.4  3.4  2.9   3.1   3.7
Petal.Length  1.4  1.4  1.3  1.5  1.4  1.7  1.4  1.5  1.4   1.5   1.5
Petal.Width   0.2  0.2  0.2  0.2  0.2  0.4  0.3  0.2  0.2   0.1   0.2
…以下省略…
```

```
> dim(mt3)
```

```
[1]   4 150
```

のように行と列がひっくり返ります．しかし，列ごとに異なるタイプのベクトルを扱うことができるデータフレームでは行と列の役割が非対称なため，行と列の立場を入れ替える転置操作はそのままでは行えません．そのため，データフレームに **t** 関数を用いると，自動的に行列に変換された後で転置操作が行われます．たとえば，

```
> mt4 <- t(iris[,-5])
```

とするだけで，データは行列に変換され，**mt3** とまったく同じ行列が返ってきます．ここでも，まず文字列が入っている 5 列目を取り除かないと，全体が文字列の行列になってしまうことに注意してください．

このように説明すると，データフレームと行列の使い分けに複雑な印象を受けるかもしれません．ただ，実際には，行列でもデータフレームのときと同じように行や列にアクセスすることができるため，普段は 2 つの違いをそれほど意識しなくても問題ないことが多く，違いを完全に理解していなくても問題ありません．ごくたまに，この 2 つの違いに起因してエラーが出ることがあるので，そういう場合にはこの 2 つが違うデータ型だったことを思い出してください．

P2.9　リスト

最後に，ごく簡単に R の**リスト**を紹介します．R のリストは，R のオブジェクトを複数まとめて格納できるコンテナのようなオブジェクトです．リストは自分で作成して利用することもできますが，むしろ，何らかの関数の返り値としてリスト (あるいは，リストと類似の構造をもつオブジェクト) が利用されることが多いので，そのような利用法を紹介します．まずは，リストの例をみてみましょう．

```
> ability.cov
```

```
$cov
        general picture  blocks   maze reading   vocab
general  24.641   5.991  33.520  6.023  20.755  29.701
picture   5.991   6.700  18.137  1.782   4.936   7.204
blocks   33.520  18.137 149.831 19.424  31.430  50.753
maze      6.023   1.782  19.424 12.711   4.757   9.075
reading  20.755   4.936  31.430  4.757  52.604  66.762
vocab    29.701   7.204  50.753  9.075  66.762 135.292

$center
[1] 0 0 0 0 0 0

$n.obs
[1] 112
```

こちらの ability.cov も，iris データと同じく R で準備されているデータセットの 1 つで，112 名に対する能力と知能のテスト結果に基づくデータセットとなっています．class 関数でみてみると，確かにリストになっています．

```
> class(ability.cov)
```

```
[1] "list"
```

先ほどの出力からも想像できるように，このリストには，cov，center，n.obs という 3 つのオブジェクトが含まれており，データフレームの列にアクセスした要領で，それぞれ $ 記号を用いてアクセスできます．

```
> ability.cov$cov
> ability.cov$center
> ability.cov$n.obs
```

出力は先ほどと同様なので割愛します．

cov がこのデータでは一番主要なデータで general，picture，blocks，maze，reading，vocab という 6 種類のデータの分散共分散行列を表しています．実際，class 関数で確認してみると，

```
> class(ability.cov$cov)
```

```
[1] "matrix" "array"
```

と，cov 要素は行列であることがわかります．ちなみに，分散共分散行列は，対角成分が各項目の分散で，非対角成分が項目間の共分散となる行列です．ただ，この量は各項目のスケールにも依存するので直観的には理解しづらいため，これを正規化することで捉えやすくしたものが相関係数 (行列) です．こちらは，本編であらためて紹介します．

次の center は，(このリストには含まれていない) 元データが各項目ですべて平均 0 になるように基準化されていることを表しているようです．最後の n.obs は被験者数の 112 人を表しています．

このように構造の異なる複数の情報をひとまとまりのデータとして格納したものがリストです．本書では R を用いて様々な統計解析を行っていきますが，その際には統計解析関数の返り値として解析結果を得ることになります．このようにして得られた解析結果は，class 関数でデータ型を確認しても必ずしも"list"とはなっておらず，別の名前のついたオブジェクトであることが多いですが，リストと同じく複数のデータ構造が格納されており，$ 記号でそれぞれの要素にアクセスできることがほとんどです．特に，RStudio を使っている場合，$ 記号を入力した時点で，そのオブジェクトに含まれる要素の名前が表示されるので，これらを 1 つずつ確認していけば，その解析結果に対する理解が深まるでしょう．まれに，$ 記号ではなく，@ 記号でアクセスするタイプのオブジェクトになっていることもあります．$ 記号でアクセスできないときにはそちらも試してみるとよいでしょう．

P2.10 大規模データ解析用パッケージについて

ここまで紹介してきたオブジェクトは R に標準で用意されたオブジェクトでした．前回簡単に紹介したように，R では外部のパッケージを導入することで，その機能を拡張することができます．特に，R の標準的なデータ格納用のオブジェクトであるデータフレーム (data.frame) は大規模データに対しては処理が遅いという欠点があるため，そのような場合には外部パッケージで定義されたオブジェクトを利用したほうがよい場合があります．そのような目的で作られたパッケージの 1 つに，data.table というパッケージがあります．前回紹介したように外部パッケージをインストールする際には，install.packages 関数を使います．

```
> install.packages("data.table")
```

パッケージは，一度，R 環境にインストールしておけば，使う前に library 関数で呼び出すことで利用できるようになります．

```
> library(data.table)
```

本書で紹介するデータ解析例ではそこまで大規模のデータを用いませんので，data.table パッケージに関する説明は行いません．そのようなデータの利用を考えている人はインターネット上などでもいろいろな解説がみつかりますので調べてみるとよいでしょう．また，data.frame や data.table の操作法を拡張する dplyr というパッケージも人気があり，data.table と合わせて利用されることが多いです．

P2.11 課題

Rに標準で用意されているmtcarsというデータセットで今回学習した内容を練習してみましょう．このデータセットは1974年に発売されたMotor Trendというアメリカの車雑誌からとられた車の仕様や性能に関するデータセットです[14]．

```
> head(mtcars)
```

```
                   mpg cyl disp  hp drat    wt  qsec vs am gear carb
Mazda RX4         21.0   6  160 110 3.90 2.620 16.46  0  1    4    4
Mazda RX4 Wag     21.0   6  160 110 3.90 2.875 17.02  0  1    4    4
Datsun 710        22.8   4  108  93 3.85 2.320 18.61  1  1    4    1
Hornet 4 Drive    21.4   6  258 110 3.08 3.215 19.44  1  0    3    1
Hornet Sportabout 18.7   8  360 175 3.15 3.440 17.02  0  0    3    2
Valiant           18.1   6  225 105 2.76 3.460 20.22  1  0    3    1
```

```
> dim(mtcars)
```

```
[1] 32 11
```

このように，32行11列のデータフレームになっています．車種が32種でそれぞれ11項目の仕様や性能が記載されています．この中から以下のデータを取得してください．

1) トヨタカローラ (Toyota Corolla)1車種に対する，すべての項目が記載されたデータフレーム
2) 燃費 (mpg) が25以上の車種に対する，すべての項目が記載されたデータフレーム
3) エンジンの気筒数 (cyl) が6の車種名に対応する文字列ベクトル
4) 馬力 (hp) が100以上で，重量 (wt) が3以下の車種の個数を表す数値
5) ギア数 (gear) が4のオートマチック車 (am が1のもの) の車種に対する，燃費 (mpg)，排気量 (disp)，重量 (wt) の3項目をもつデータフレーム

[14] このデータセットの詳細は，英語になりますが ?mtcars のコマンドで，ヘルプから閲覧できます．

プレセミナー第3回
R言語でプログラミングしよう

講師　寺口 俊介

達成目標

- ❏ スクリプトの形で一連のコマンドをプログラムとして保存し，再利用できるようになる.
- ❏ for 構文や if 構文などの制御構文を用いたり，よく使うコマンドをまとめて自分で関数を定義したりして，より複雑なプログラムが書けるようになる.
- ❏ 外部のデータを R に読み込んで利用することができるようになる.

キーワード スクリプト，for 構文，if 構文，関数の作成，データの読み込みと保存，データの並べ替え

データファイル lung50.csv

はじめに

今回は，もっと進んだ R の文法や使用法を学んでいきます．たとえば，条件に応じて動作を変更したり，同じ処理を条件を変えながら繰り返したりといった処理を行う制御構文や，ファイルに保存されたデータの利用法などを扱います．また，これまで関数は利用するだけでしたが，関数を自分でつくる方法も学びます．このように本格的にプログラミングを行う場合には，必要なコマンドをテキストファイルとしてまとめたスクリプトを用いるのが便利です．そのため，最初に R でのスクリプトの書き方について説明します．

P3.1　スクリプトについて

前回までは，R を Console から利用してきました．R を Console から使うのは手軽ですが，毎回 R のコマンドを手で入力するのは面倒です．また，まったく同じ解析をやりなおすためには，どういうコマンドを使ったかいちいち覚えておかないといけません．ほかの人とプログラム内容を共有するにも不便です．これらをまとめて解決する方法が，**スクリプト**です．スクリプトというと何やら難しそうに聞こえるかもしれませんが，実際にやることは，実行する順番通りに R のコマンドをテキストファイルとして保存しておくだけです．このようにして保存された一連のコマンド全体をスクリプトとよびます．

R のスクリプトは，Windows のメモ帳のようなテキストエディタがあれば，つくることができますが，RStudio を使えば，もっと便利です．RStudio のメニューバーから [file]-[new file]-[R script]

図 P3.1　RStudio のソースエディタ

と進んでください．おそらく，「Untitled1」と名付けられたまっさらな画面が RStudio の左上の領域に現れたかと思います (図 P3.1)．これが，スクリプトを書いていく入力画面 (**ソースエディタ**) になります．

試しに，前回 P2.6 節でデータフレームをつくるのに使ったコマンドをスクリプトとしてまとめてみましょう．以下を，これまで使ってきた Console ではなく「Untitled1」の画面に入力してみてください．

```
x <- c("A","B","C")
y <- c(3,5,7)
df1 <- data.frame(x,y)
```

スクリプトを実行する前に，これまでの処理をクリアしておきましょう．RStudio のメニューバーから [Session]-[Clear Workspace…] を選び，表示されるダイアログでそのまま [Yes] を選択してください．こうすることで，状態 (workspace) がクリアされ，以前に定義した変数は消去されます．状態がクリアされた証拠として，RStudio では右上に表示される Environment タブには，Environment is empty (環境は空です) と表示されると思います．また，RStudio を再起動することでも状態をクリアすることが可能です．ただし，P1.5 節で注意したように，RStudio 終了時に workspace を save してしまわないように注意する必要があります．

それでは，先ほどのスクリプトを実行してみましょう．RStudio でスクリプトを実行する方法はいろいろあります．たとえば，スクリプト入力画面の右上にある **[Source] ボタン**を押すことで，スクリプト全体を上から順番に実行することができます．試しに押してみてください．Console 画面に，

```
> source("~/.active-rstudio-document")
```

というコマンドが自動的に入力されたと思います．`source` 関数は，R でスクリプトを実行するためのコマンドで，これによりスクリプトがまとめて実行される仕組みになっています．ただ，これだ

けだと本当にスクリプトが実行されたかわかりません．これを確認するために，今度は Console から，df1 と打ち込んでみてください．P2.6 節で作ったものとまったく同じデータフレームが作られていることがわかります．

```
> df1
```

```
  x y
1 A 3
2 B 5
3 C 7
```

このように [Source] ボタンで，すべてのコマンドをまとめて実行するのは完成したプログラムを使うときに便利ですが，プログラミングを行っている段階では，スクリプトの中にあるコマンドを 1 つずつ実行し，結果を確認していくことをお勧めします．もう一度，[Session]-[Clear Workspace…] から [Yes] を選び，これまでの処理をクリアしておきましょう．これで，今作った df1 という変数は消去されます．

```
> df1
```

```
Error: object 'df1' not found
```

期待通り，df1 というオブジェクト (変数) は存在しない，というエラーメッセージが表示されました．

今度は，スクリプトを上から順に 1 つずつ実行していきましょう．カーソルをスクリプトの 1 行目の適当な位置に置いた後で，Control キーを押しながら Enter キーを押すか，スクリプト入力画面の [Source] ボタンの左側にある **[Run] ボタン**を押してみてください．こうすると，スクリプト入力画面のカーソルが次の行に移動すると共に，スクリプトの 1 行目のコマンドが，下の Console に自動的に送られ実行されます．このボタンを繰り返して押すことで，上から順番に 1 つ 1 つスクリプトを実行することができます．このような形でスクリプトを実行していくことを前提に，本書でコマンドを記載する際には，以後もこれまでと同様，Console に表示される形で，行頭に「>」を付けた形で記載します．しかし，皆さんが入力する際には，スクリプトとしての利便性を享受できるように，直接 Console に入力するのではなく，RStudio 左上のスクリプト入力用の領域にコマンドをスクリプトとして入力し，それを上記のように実行するようにしてください．

なお，スクリプトをつくるときには，適宜コメントも書いておくのがお勧めです．**コメント**はスクリプトの中に書く，人間が読むための文字情報で，R からは無視されます．R の場合には，**#** (ハッシュタグ)[1]で始まる行がコメントとして扱われます．たとえば，スクリプトの中で，

```
# ベクトル x の作成
x <- c("A","B","C")
# ベクトル y の作成
y <- c(3,5,7)
```

[1] 厳密には異なる記号ですが，慣用的にはシャープとよばれることも多いです．

```
# データフレーム df1 の作成
df1 <- data.frame(x,y)
```

などのようにコメント行を加えても，スクリプト実行時に影響はありません．このようにコメントを残しておくことで，後になっても何を行っているかわかりやすいスクリプトをつくることができます．必ずしもすべてのコマンドにコメントを残す必要はありませんが，処理のまとまりやわかりにくいコマンドなど，要所要所でコメントを残しておく癖をつけておくのがよいでしょう．

RStudio では，作成したスクリプトは自動的に保存されているため，RStudio を再起動してもなくなりませんが，様々なスクリプトを整理しておくために名前を付けて明示的にファイルとして保存しておくほうが便利です．通常のテキストエディタと同じ要領で，メニューバーの [File]-[Save] または，[File]-[Save As...] からスクリプトを保存しておきましょう．この際，ファイルには自動的に ".R" という拡張子が付けられますが，実際には単なるテキストファイルなので，メモ帳などのテキストエディタで開くこともできます．逆に，ファイルとして保存されたスクリプトを RStudio から利用するときには，メニューバーの [File]-[Open File...] からファイルを選択して開くことができます．また，RStudio をインストールした際に ".R" という拡張子のファイルが RStudio と関連付けられるため，単にスクリプトファイルをダブルクリックすることで開くこともできます．

ほかの人が作ったスクリプトを RStudio で開くときには，ファイルの日本語の**エンコーディング**が問題になることがあります．R4.1.x までは，Windows では SHIFT-JIS，Mac では UTF-8 とよばれる異なるエンコーディングで日本語部分が保存されていたため，異なる OS で作られたスクリプトを開いたとき，日本語部分が文字化けしてしまうことがありました．そのような場合には，メニューバーの [Reopen with Encoding...] からエンコーディングを指定してスクリプトを開きなおすことで解決できます．ほとんどの場合，SHIFT-JIS と UTF-8 の両方を試すと，どちらかでは文字化けは解消すると思います．R4.2.0 からは Windows でも UTF-8 のエンコーディングが標準に変更されたため，今後はこのような問題は少なくなっていくでしょう．

P3.2　制御構文

ここまでは，コマンドは上から順に 1 つずつ実行されることが前提となっていました．しかし，もっと複雑なプログラミングでは必ずしもそのような単純な流れだけでなく，ある部分を繰り返し実行したり，何らかの条件によって実行するコマンドを替えたり，といったことを行う必要があります．これを可能にするのが**制御構文**とよばれる文法で，ここではそのうち代表的な `for` 構文と `if` 構文を紹介します．

P3.2.1　for 構文による繰り返し

同じ処理を繰り返すために使われるのが **`for` 構文**です．さっそく具体例をみてみましょう．以下のコマンドでは，`for` 構文を使って，1 から 5 までの数字を表示しています．

```
> for(i in 1:5) print(i)
```

```
[1] 1
[1] 2
[1] 3
[1] 4
[1] 5
```

この for 構文を無理やり日本語に訳してみると，「1 から 5 までの数の中の各 i に対して，i をプリント (表示) せよ」となります．つまり，i に 1 から 5 までの数が順々に代入されては表示されることになり，結果的に，1 から 5 までの数が表示されます．**print** 関数はこれまで出てきませんでしたが，R のオブジェクトを文字列として表示するための関数です．R では Console に直接オブジェクトを入力すると自動的にオブジェクトの中身が表示されるためこれまで必要ありませんでしたが，このようにプログラムの中でオブジェクトを表示したい場合には，明示的に print 関数を使う必要があります．1:5 の部分は，すでに出てきたように 1 から 5 までの整数を成分とする数値ベクトルを作っているだけなので，この部分は，c(1,2,3,4,5) と書いても構いませんし，別途変数に格納されたベクトルでも構いません．

```
> x <- c(1,2,3,4,5)
> for(i in x) print(i)
```

```
[1] 1
[1] 2
[1] 3
[1] 4
[1] 5
```

より一般には，「for(一時変数 in ベクトル) 処理」が R における for 構文の基本形です．一時変数と書いたのは，上の例の i にあたる変数のことで，好きな変数名を使って構いません．結果として，ベクトルに含まれる成分の数だけ「処理」の部分が繰り返されることになります．「処理」が繰り返されるたびに，一時変数にはベクトルの 1 つ 1 つの成分が代入されるため，「処理」の中に一時変数が使われていれば，その中身の変化に応じて異なった処理結果が得られることになります．なお，上の例では，整数値のベクトルが利用されていましたが，ベクトルであればどんな種類のベクトルであっても構いません．たとえば，

```
> for(item in c("apple","orange","strawberry")) print(item)
```

```
[1] "apple"
[1] "orange"
[1] "strawberry"
```

のような使い方もできます．

上の例では，処理の部分は，print 関数だけとシンプルでしたが，実用上は複数の処理を連続して行うことが多いです．そのような場合には，処理全体を{ }で括ることで，複数の処理を繰り返すことができます．このように{ }を使うと 1 つのコマンドが複数行に渡る形になるのですが，このとき注意点があります．まずは，以下のコマンドを (Console ではなく) スクリプトの入力領域に入力してみましょう．

```
for(i in 1:5){
  j <- 1:i
  print(j)
}
```

ここで，カーソルを { か，} がある行に移動し，[Run] ボタン，もしくは，Control+Enter キーを押すと，この for 構文全体が Console に送られ，実行されます．このとき Console 上では以下のように行頭に + の記号が挿入されることに注意してください．

```
> for(i in 1:5) {
+    j <- 1:i
+    print(j)
+ }
```

```
[1] 1
[1] 1 2
[1] 1 2 3
[1] 1 2 3 4
[1] 1 2 3 4 5
```

この表示は，Console 上で今回のような複数行に渡るコマンドを入力しようとする際に，次の行の入力待ちを示す + 記号が行頭に表示されることに由来します．一方で，入力時にはこの + 記号を自分で入力する必要はありません．逆に，入れてしまうとエラーが出たりバグの元になったりするので注意してください．本書では，以後この + 記号は表示を省略します．

P3.2.2　if 構文による条件分岐

もう 1 つ，よく使われる制御構文が **if 構文**です．こちらも具体例から始めます．変数 x をテストの点数とし，点数が 60 点以上なら合格，そうでなければ不合格だとします．たとえば，点数が 78 点だとして，以下のコマンドを実行してみましょう．

```
> x <- 78
> if(x>=60) print("合格") else print("不合格")
```

```
[1] "合格"
```

合格と表示されました[2]．次に，点数が 53 点だったとしましょう．

```
> x <- 53
> if(x>=60) print("合格") else print("不合格")
```

```
[1] "不合格"
```

[2] なお，R は海外で開発されたプログラムなので日本語の処理はそれほど得意ではないですが，文字列として日本語を使うことはこのように問題なくできます．ただし，コメント文のところで説明したように，異なる OS をまたいで利用するときには，日本語のエンコーディングに起因する文字化けに注意する必要があります．

今度は，不合格と表示されました．合格か不合格を表示する2行目のif構文は先ほどとまったく同じですが，xの値に応じて異なる結果が表示されました．このようにif構文は，「if（条件式）処理1 else 処理2」という形になっており，条件が満たされたとき(つまり，条件式の計算結果がTRUEのとき)には処理1を，条件が満たされないとき(つまり，条件式の計算結果がFALSEのとき)にはelseの後に書かれた処理2を実行します．条件が満たされなかったときに特に何の処理もしないでよいのであれば，「if（条件式）処理1」のように，else以下を省略することも可能です．また，for構文のときと同様に，{ }を使うと，複数行に渡る処理を記述することができます．

if構文はfor構文と組み合わせて使うことも多いので，そのような例も紹介しておきます．

```
> scores <- c(75,43,89,93,51)
> for(x in scores) {
    print(x)
    if( x >= 60 ) print("合格") else print("不合格")
  }
```

```
[1] 75
[1] "合格"
[1] 43
[1] "不合格"
[1] 89
[1] "合格"
[1] 93
[1] "合格"
[1] 51
[1] "不合格"
```

ここでは，scoresというベクトルに5人の受験者のテスト結果が入力されており，その1つ1つの結果をfor構文で取り出し，毎回if構文で合否を判定しています．

なおif構文と関連して，Rではifelseという関数が別途用意されています．この関数を使って，先ほどの合格の条件を表すと，

```
> x <- 78
> ifelse(x>=60,"合格","不合格")
```

```
[1] "合格"
```

のように先ほどと同等の処理を行うことができます．一般にifelse関数は，「ifelse(論理ベクトル，TRUEの場合の返り値，FALSEの場合の返り値)」という形で利用され，第1引数の論理ベクトルの各成分がTRUEかFALSEかに応じて第2引数と第3引数によって定義された返り値をとるベクトルが得られます．このため，for構文を使う代わりに，条件式をベクトルとして指定することで，複数の条件判定をまとめて行うことができます．

```
> ifelse(scores>=60,"合格","不合格")
```

```
[1] "合格" "不合格" "合格" "合格" "不合格"
```

また，if 構文と異なり，ifelse は関数なので，この返り値を別のベクトルに代入することができます．

```
> results <- ifelse(scores>=60,"合格","不合格")
```

このようにベクトルとして求めておけば，

```
> data.frame(scores,results)
```

```
  scores results
1     75    合格
2     43  不合格
3     89    合格
4     93    合格
5     51  不合格
```

のようにデータフレームとしてまとめることも簡単です．ifelse 関数は慣れるまで少しわかりにくいかもしれませんが，使えるようになっておくと便利です．

P3.3　関数の作成

最後に出てきた ifelse 関数を含め，ここまで紹介してきた関数は R ではじめから用意された関数でした．ほかの多くのプログラミング言語と同様，R でも，必要なコマンドをまとめて新たに自分で関数を定義することができます．**関数を定義**すると，同じコマンドを簡単に再利用できたり，長いプログラムの処理の流れが明確になったりと，便利なことが多いです．ここでは，R における関数定義のやり方を簡単に紹介します．

例として，以前にも紹介した分散の計算を，自作の関数にまとめてみましょう．数値ベクトル x の分散は，以下のような単純な関数の組み合わせで計算できました．

```
> x <- c(2.3,3.4,0.7,1.3,2.8)
> sum((x-mean(x))^2)/(length(x)-1)
```

これを基に，以下のように，分散を計算する自作の関数を定義することができます．

```
> my_var <- function(x) sum((x-mean(x))^2)/(length(x)-1)
```

ここでは，関数の名前を my_var としておきました．このように定義した関数は，

```
> my_var(x)
```

```
[1] 1.205
```

のように，普通の R の関数と同様に利用することができます．もともと R に用意されている分散を計算する関数は var でしたが，こちらと同じように機能しています．

```
> var(x)
```

```
[1] 1.205
```

この例では，計算する数値ベクトルの名前は，関数を定義したときと同じく x という変数名になっていましたが，ここは別の変数でも，変数を使わなくしても問題ありません．

```
> y <- 1:10
> my_var(y)
```

```
[1] 9.166667
```

```
> my_var(1:10)
```

```
[1] 9.166667
```

```
> var(y)
```

```
[1] 9.166667
```

このように関数は，「関数名 <- function(引数名) 処理」という形で定義することができ，そのように自作した関数は，R ではじめから用意されたほかの関数と同様に，関数名 (引数) という形で利用できます．

複数の引数をとる関数を定義したい場合は，function(引数名 1，引数名 2，引数名 3) などのように複数の引数名を指定します．処理に複数のコマンドが含まれる場合には，制御構文のときと同様に，{ }で括って，多数の処理を行うことが可能です．この場合，特に指定しない限り，その関数内で実行された最後のコマンドの結果が返り値になりますが，以下のように，**return**(返り値) という形で，明示的に返り値を指定することもできます．

```
> my_var <- function(x) {
    a <- sum((x-mean(x))^2)
    b <- (length(x)-1)
    return(a/b)
  }
```

関数内で行う処理が長くなると，コードの意味がわかりにくくなりますので，**return** を用いて，どの値を返り値として返す関数なのか明示する癖をつけたほうがよいでしょう．

定義した関数は，関数名だけを Console に入力することで，中身を覗くこともできます．

```
> my_var
```

```
function(x) {
  a <- sum((x-mean(x))^2)
  b <- (length(x)-1)
  return(a/b)
}
```

R でもともと定義された関数や，パッケージで定義された関数でもこのようにして中身を覗けるものもあるので，調べてみると理解が進みます．

このように，必要に応じて関数を定義し，よく使うコマンドの組み合わせをまとめることで，作成したコードを柔軟に再利用できるようになります．

P3.4　データの読み込みと保存

実際のデータ解析では，手で直接データを入力するのではなく，ファイルに保存されたデータを読み込んで使うことがほとんどです．特に，よく使われるのは Excel のデータのような2次元の**表データ**です．ただし，Excel 標準のデータ形式の .xlsx (あるいは，以前のバージョンに対する .xls) ファイルは，Excel もしくはその互換の表計算ソフトで利用されることが前提になっており，実際のデータ以外にも表の罫線や文字の装飾，表計算ソフトの関数などいろいろな要素が含まれてしまっています．データ解析における標準的なデータファイルフォーマットは，**CSV 形式**とよばれる，カンマ (,) を区切り文字としたテキストファイルです．元が Excel のデータでも，Excel から CSV 形式で保存しなおす (エクスポートする) ことができますので，扱いたいデータが Excel 形式で保存されている場合は，CSV としてエクスポートするやり方を調べてみてください．ここでは本編第2回に出てくる，lung50.csv ファイルを例に，実際の CSV ファイルをみてみましょう[3]．このファイルは適当なテキストエディタで開いてみると，以下のようなテキストファイルです．

```
"smoke","lung"
1,1
0,0
0,1
…以下省略…
```

CSV ファイルでは，1行ごとにカンマで区切られた複数の値が書かれており，それが何行にも渡っています．この CSV ファイルの場合には，それに加えて1行目に各列に対する見出し (header) があり，また，文字列はダブルクォーテーションで囲まれています．1列目 (`smoke`) には喫煙の有無，2列目 (`lung`) には肺がんの有無を表す数字が記載されています．

以下でみるようにこの CSV ファイルは `read.csv` 関数を使って簡単に読み込むことができますが，R に限らず，プログラミング言語からファイルを読み込む場合には，ファイルの場所と名前を文字列として指定する必要があります．このような，場所と名前をまとめて**パス** (path) とよぶこともあります．R は起動中必ずどこかのディレクトリ (＝フォルダ) を参照しており，このディレクトリのことを現在の**作業ディレクトリ** (current working directory) とよびます．R で現在の作業ディレクトリを表示するコマンドは **`getwd`** という関数です．たとえば，Windows であれば，各ユーザーのドキュメントディレクトリが作業ディレクトリとなっていることが多いです．

```
> getwd()
```

```
[1] "C:/Users/user_name/Documents"
```

ここでは，ユーザーのアカウント名を user_name としましたが，実際には皆さんのアカウント名が入ります．たとえば，この作業ディレクトリに，lung50.csv というファイルが保存されている場合

---

[3] lung50.csv はサポートサイトからダウンロードできます．

には，**read.csv** 関数を使って，

```
> df <- read.csv("lung50.csv")
```

のようにファイルを読み込むことができます．このとき，変数 **df** には，データフレームとしてファイルの中身のデータが読み込まれます．

```
> class(df)
```

```
[1] "data.frame"
```

```
> head(df)
```

```
  smoke lung
1     1    1
2     0    0
3     0    1
4     1    0
5     0    0
6     1    0
```

列の見出しが自動的に列名となっており，(データ読み込み時に特に指定しなかったので) 行名としては連番がふられています．今回は，作業ディレクトリの中にあるファイルを名前で指定しましたが，作業ディレクトリのアドレスとファイル名をまとめて，以下のようにファイルの場所と名前を同時に指定して読み込むこともできます．このように場所と名前がすべて記載されたパスをフルパスと呼んだり，**絶対パス**と呼んだりします．

```
> df <- read.csv("C:/Users/user_name/Documents/lung50.csv")
```

また，もしもこのデータが現在の作業ディレクトリの中にある tmp というサブディレクトリに入っていた場合には，

```
> df <- read.csv("tmp/lung50.csv")
```

のようにパスを指定することも可能です．このような指定方法を**相対パス**とよびます．相対パスでは，現在の作業ディレクトリがどこにあるのかによって，意味が変わります．現在の作業ディレクトリが "C:/Users/user_name/Documents" であれば，上の記述は，"C:/Users/user_name/Documents/tmp/lung50.csv" を意味しますが，もしも，現在の作業ディレクトリが "C:/Users/user_name" だったとすれば，"C:/Users/user_name/tmp/lung50.csv" を意味することになります．

作業ディレクトリは **setwd** という関数で好きなものに変更することができます．

```
> setwd("C:/Users/user_name")
> getwd()
```

```
[1] "C:/Users/user_name"
```

しかし，特に関連するディレクトリのパスが長く，また日本語の文字列が含まれている場合などには，**setwd** を使っていちいち作業ディレクトリを変更するのは面倒ですので，便利な方法を紹介し

ておきます．.R の拡張子をもつスクリプトファイルのアイコンをダブルクリックすると，RStudio でそのスクリプトを開くことができますが，RStudio がまだ起動していない状態でスクリプトをこの方法で開くと，開いたスクリプトが保存されていたディレクトリが R の作業ディレクトリになります．そのため，スクリプトとそこで使うデータを同じ場所に保存しておき，スクリプトファイルのアイコンから RStudio を起動するようにすれば，作業ディレクトリを変更する手間を省くことができます．

なお，今回例に挙げた lung50.csv という CSV ファイルは列見出しがありましたが，ファイルによっては列見出しがない場合もあります．このような場合には，`read.csv` の引数として，`header = FALSE` を指定すれば，最初の行を見出しとして解釈することが抑制され，自動的に`"V1"`, `"V2"`, `"V3"`, . . . のように連番でデータフレームの列名が設定されます[4]．また，分野や業界によっては，カンマの代わりにタブ記号を使って値を区切ることも多く，このような場合のファイル形式は **TSV 形式**とよばれることもあります．そのような場合にも，`read.csv` のオプション引数を変えることで対応できます．また，`read.table` など，デフォルトのオプションが異なる関連した関数も多数用意されています．詳しくは `?read.csv` で R のヘルプをみてください．

R での解析の結果として新たに作成されたデータフレームをファイルに保存したい場合もよくあります．試しに，iris のデータフレームを CSV ファイルとして保存してみましょう．CSV ファイルとして保存するための関数は `write.csv` です．

```
> write.csv(iris,"iris.csv")
```

第１引数には保存したいデータフレームを，第２引数には保存先のファイル名を指定します．今の場合，フルパスではなく，ファイル名だけを指定したので，現在の作業ディレクトリに iris.csv というファイル名で保存されます．実際にこのファイルが保存されたかどうかテキストエディタで確認してみてください．

```
"","Sepal.Length","Sepal.Width","Petal.Length","Petal.Width","Species"
"1",5.1,3.5,1.4,0.2,"setosa"
"2",4.9,3,1.4,0.2,"setosa"
…省略…
"150",5.9,3,5.1,1.8,"virginica"
```

なお，保存場所に同じファイル名のファイルが存在していた場合，既存のファイルは特に確認されることなく上書きされてしまいます．R のプログラムからファイルを保存する場合には大事なファイルを上書き消去してしまわないように気をつけてください．また，保存時に文字列をダブルクォーテーションで囲みたくない場合には `quote = FALSE` を，行名を保存したくない場合は `row.names = FALSE` を引数として指定することで対応できます．

[4] この例のように，R の関数では，関数の実行時に必ず指定する必要がある引数以外にも，省略可能な引数が利用できることがあります．このような省略可能な引数はオプション引数，あるいは，単にオプションとよばれます．

P3.5　データの並べ替え

実際のデータ解析では，様々なデータを利用することになると思います．データを読み込んだ後は，本格的な解析に進む前に，前回 P2.6 節で紹介した **summary** 関数などを用いてデータを要約したり，次回紹介するようなグラフをプロットして可視化を行ったりして，データの全体像を把握することが欠かせません．このようなデータ把握の一環として，データの並べ替えを行うこともよくあります．たとえば Excel でデータを開いたときに，並べ替えの機能を用いて，いろいろな列の値に基づいてデータを数値順に並べ替え，データの内容を確認したことがある人は多いのではないでしょうか．また，データ解析により様々な指標を計算した後で，その指標に基づいてデータを並べ替え，注目すべき対象を選んでいきたいこともあるでしょう．ここでは，そのような場合に利用できる，R でのデータの並べ替えの方法について紹介します．

ベクトルの成分の並べ替えを行う関数は **sort** 関数です．

```
> x <- c(4.5, 12.0, 9.3, 11.1, 3.6)
> sort(x)
```

```
[1]  3.6  4.5  9.3 11.1 12.0
```

このように値が小さい順に並べ替えられます．逆に大きい順にしたいときには，**decreasing** オプションを **TRUE** に設定します．

```
> sort(x,decreasing=T)
```

```
[1] 12.0 11.1  9.3  4.5  3.6
```

sort 関数は直観的でわかりやすいですね．

次に，データフレームの並べ替えを紹介します．データフレームの場合，特定の列を選び，その値に応じてデータフレーム全体の行の順番を並べ替えることになります．このとき利用するのが，**order** 関数です．**order** 関数は，初見では何を行っているのか少しわかりにくいと思います．まずは先ほどのベクトルに対して，**order** 関数を使ってみましょう．

```
> order(x)
```

```
[1] 5 1 3 4 2
```

sort 関数と違い，**order** 関数の返り値はベクトルの成分を並べ替えたものではありません．**order** 関数が返しているのは，成分自体ではなく，成分の位置の番号です．たとえば，上の例の最初の値は 5 ですが，ベクトル **x** の 5 番目の成分の値は 3.6，このベクトルの中で一番小さな値です．

```
> x[5]
```

```
[1] 3.6
```

返り値の 2 番目の値は 1 ですね．ベクトル **x** の 1 番目の成分の値は 4.5，このベクトルの中で 2 番目に小さな値になっています．

```
> x[1]
```

```
[1] 4.5
```

もうルールが掴めたでしょうか．残りの返り値も同じように，3 番目に小さい値がある位置の番号，4 番目に小さい値がある位置の番号，5 番目に小さい値がある位置の番号と続いています．この性質を用いると，以下のようにして，ベクトルを小さい順に並び変えることが可能です．

```
> x[order(x)]
```

```
[1]  3.6  4.5  9.3 11.1 12.0
```

これは，前回 P2.4.1 項で勉強したベクトルに対する番号によるアクセスの形になっており，今の例では以下のコマンドと同等です．

```
> x[c(5,1,3,4,2)]
```

```
[1]  3.6  4.5  9.3 11.1 12.0
```

order 関数にも sort 関数と同様に decreasing オプションがあり，これを TRUE とすることで，大きい順で成分がある位置を教えてくれます．

```
> order(x,decreasing=T)
```

```
[1] 2 4 3 1 5
```

これを用いれば，sort 関数でもやったように大きい順での並び替えも可能です．

```
> x[order(x,decreasing=T)]
```

```
[1] 12.0 11.1  9.3  4.5  3.6
```

このように，order 関数を用いることでも，sort 関数と同等のことが実現できます．ただし，ベクトルに対してであれば，order 関数を用いるメリットはなく，単に回りくどいやり方をしているだけにみえます．ですが，データフレームを並べ替える際には sort 関数ではなく，こちらの order 関数を用いる必要があります．

では，実際にデータフレームの iris データを並べ替えてみましょう．たとえば，iris データの Sepal.Length (がく片の長さ) 列に基づいて小さい順に並べ替える場合を考えます．この場合，この列に対して order 関数を適用します．

```
> o <- order(iris$Sepal.Length)
```

返り値である，この列の小さい順の成分の位置の番号を，変数 o に格納しました．後は，この番号に従って行にアクセスするだけです．

```
> iris[o,]
```

```
    Sepal.Length Sepal.Width Petal.Length Petal.Width   Species
14           4.3         3.0          1.1         0.1    setosa
9            4.4         2.9          1.4         0.2    setosa
39           4.4         3.0          1.3         0.2    setosa
43           4.4         3.2          1.3         0.2    setosa
42           4.5         2.3          1.3         0.3    setosa
…省略…
123          7.7         2.8          6.7         2.0 virginica
136          7.7         3.0          6.1         2.3 virginica
132          7.9         3.8          6.4         2.0 virginica
```

もちろん，変数への代入を行わず，直接 1 行で書くこともできます．

```
> iris[order(iris$Sepal.Length),]
```

同じ要領で，Sepal.Width (がく片の幅) に関して大きい順 (decreasing=T) で並べ替えてみましょう．

```
> iris[order(iris$Sepal.Width,decreasing=T),]
```

```
    Sepal.Length Sepal.Width Petal.Length Petal.Width    Species
16           5.7         4.4          1.5         0.4     setosa
34           5.5         4.2          1.4         0.2     setosa
33           5.2         4.1          1.5         0.1     setosa
15           5.8         4.0          1.2         0.2     setosa
6            5.4         3.9          1.7         0.4     setosa
…省略…
69           6.2         2.2          4.5         1.5 versicolor
120          6.0         2.2          5.0         1.5  virginica
61           5.0         2.0          3.5         1.0 versicolor
```

order 関数による並べ替えは少し取っつきにくいですが，慣れてしまえば簡単だと思います．「データフレーム名 [order(データフレーム名$列名),]」の形でデータフレームの並べ替えができます．

P3.6　課題

今回の課題では，制御構文を内部で利用する関数を自作してみます．P3.2.2 項ではテストの点数が 60 点以上かどうかで合格か不合格かを判定するプログラムを作りました．今度は，60 点に限らず，基準となる点数を決めるとそれに応じて合否を判定する関数を作ってみます．いきなり作成するのは大変なので，以下のようなステップに分けて作成してみてください．

1) if 構文：if 構文を用いて，点数 x が基準点 y 以上かどうかに応じて，合格か不合格という文字列を表示するコマンドを作成してください．x と y として具体的に様々な数値を代入して実行することで，コマンドが期待通りに動くことを確認してください．
2) for 構文：for 構文を加えて (本文で出てきた scores のように) 点数が格納された数値ベクトルの各成分に対して，基準点 y 以上かどうかに応じて，合格か不合格という文字列を表示するスクリプトを作ってください．また，その際，各点数が何点だったかも表示するようにしてください．

3) 関数の作成：ここまでのプログラムを利用して，点数が格納された数値ベクトルと基準点の 2 つを引数に与えると，それに基づいて合否判定の結果を表示する関数を作成してください．作成したら，引数に指定する基準点を変えたり，入力する点数ベクトルを変更したりして，期待通りに判定ができることを確認してください．

また，上記と同等の処理を行う関数を，`ifelse` 関数を用いて作成してみましょう．

4) `ifelse` 関数の利用：点数が格納された数値ベクトルと基準点を与えると，対応して合格か不合格のどちらかが，それぞれ格納された文字列ベクトルが返り値となる関数を作成してください．今回は，点数が何点だったか表示する必要はありません．

プレセミナー第4回
R言語でグラフを描こう

講師　寺口俊介・江崎剛史

達成目標

- ❏ Rを使って，様々なグラフを描き，必要に応じて，オプション引数やパラメータを設定してグラフの見た目を調整できるようになる．
- ❏ 描いたグラフをファイルに保存できるようになる．

キーワード 散布図，折れ線グラフ，棒グラフ，ヒストグラム，画像の描画，ヒートマップ

はじめに

データ解析においては，データの特徴を把握したり，解析結果を確認したりなど，様々な場面でデータをグラフとして可視化することが重要です．ここまででも，箱ひげ図を描く `boxplot` 関数やヒートマップを描く `heatmap` 関数が出てきました．Rではほかにもいろいろなグラフの作成を簡単に行うことができます．今回はそのようなグラフの作成やファイルへの出力方法などを学びます．

P4.1　plot 関数によるグラフの作成

Rでグラフを描く代表的な関数は `plot` 関数です．たとえば，2つの数値ベクトルを入力にすれば，それらのデータから散布図を作ってくれます．たとえば，`iris` データの，がくの長さ (`Sepal.Length`) とがくの幅 (`Sepal.Width`) を図示してみましょう．

```
> plot(iris$Sepal.Length,iris$Sepal.Width)
```

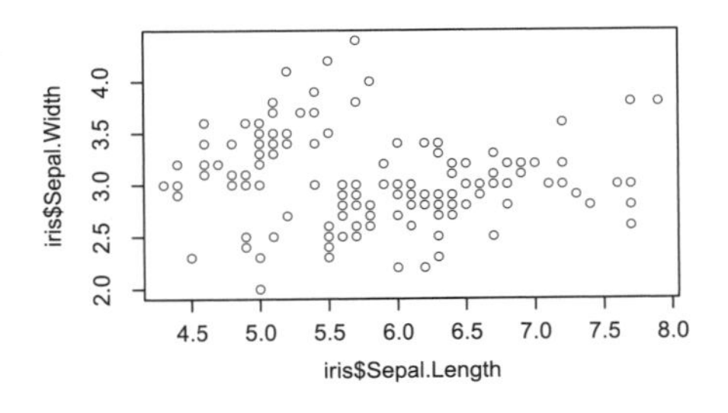

図 P4.1　散布図の例

これだけで散布図が作成できました (図 P4.1)．自分でデータを確認するだけであれば，これだけでも十分役に立ちます．ただ，プレゼンテーションに使う場合など，ほかの人にみせるグラフとし

ては，x 軸と y 軸のラベルに R でのコード表記が表示されているのが不満です．これらのラベルは，それぞれ，xlab，ylab というオプション引数で指定できます．がくの長さ，がくの幅のように日本語のラベルに変更しましょう．また，iris データを使っていることがわかるように，グラフのタイトルも指定しましょう．グラフのタイトルを変更するのは，main というオプション引数です．

```
> plot(iris$Sepal.Length,iris$Sepal.Width,xlab="がくの長さ",
      ylab="がくの幅",main="irisデータ")
```

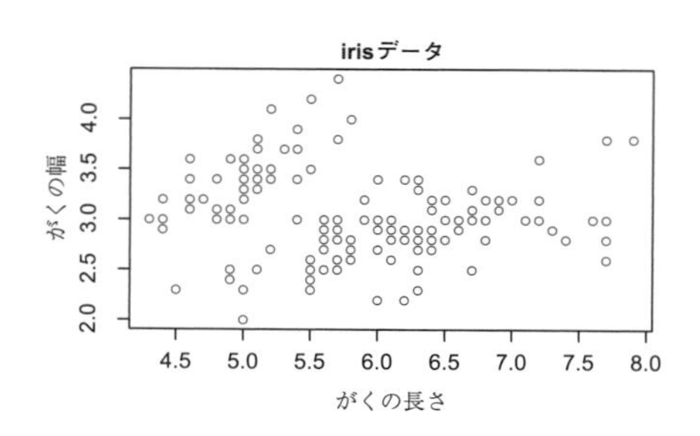

図 P4.2　ラベルとタイトルを日本語で入力した散布図

これで，誰がみてもわかりやすくなりました (図 P4.2)．もう少し，情報を付け足してみましょう．iris データには setosa，versicolor，virginica という 3 種類のアヤメのデータが入っているので，これらを区別できるようになるとよいですね．たとえば，種類に応じて，点の形状を変えてみたり，色を変えてみたりするといった方法が思いつきます．ここでは，点の形状を変えてみましょう．点の形状を変えるオプション引数は pch で，0 から 25 までの整数を 1 つ指定することですべてのデータ点の形状を指定できます．また，入力データと同じ長さの数値ベクトルで整数値を指定すれば，1 つ 1 つのデータ点ごとにその形状が指定できます．

そのようなベクトルをつくるのにはいろいろなやり方がありますが，ここでは以下のように作ってみます．

```
> shape <- rep(0,150)
> shape[iris$Species=="setosa"] <- 1
> shape[iris$Species=="versicolor"] <- 2
> shape[iris$Species=="virginica"] <- 4
```

まず，rep 関数ですべての成分が 0 で長さが 150 の数値ベクトル shape を作ります．その後，比較演算子の == を用いて，iris データの Species 列のベクトルのうち，特定の種類に対応する成分だけが TRUE でほかは FALSE の論理ベクトルをそれぞれ作りました．この論理ベクトルを用いて shape ベクトルにアクセスし，利用したい形状に対応する整数を代入しています．このベクトルを pch オプションに指定することで，アヤメの種類ごとに点の形状を変えて図示することができます (図 P4.3)．

```
> plot(iris$Sepal.Length,iris$Sepal.Width,xlab="がくの長さ",
      ylab="がくの幅",main="irisデータ",pch=shape)
```

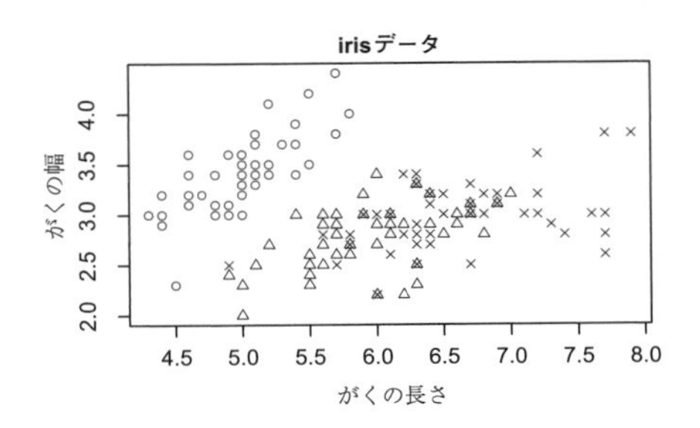

図 P4.3　アヤメの種類ごとに点の形状を変えて作成した散布図

なお，pch で指定する整数と表示される点の形状の対応は図 P4.4 のようになっています．（21 から 25 までは少し特殊で，bg オプションをさらに指定することで内側の色を変えられます．ここでは，bg="red"を指定しています[1)]．）

0	1	2	3	4	5	6	7	8	9	10	11	12	13	14	15	16	17	18	19	20	21	22	23	24	25
□	○	△	+	×	◇	▽	⊠	✳	⊕	⊕	✡	⊞	⊠	◬	■	●	▲	◆	●	•	●	■	◆	▲	▼

図 P4.4

点の形状で種類がわかるようになると，かなり情報量が増えてこのデータの性質がみえてきます．ただ，このままでは，どの形状がどの種類に対応していたのかわかりません．**legend** 関数を使うと，そのような情報を図の**凡例** (legend) として表示することができます (図 P4.5).

```
> legend("topright",legend=c("setosa","versicolor","virginica"),
         pch = c(1,2,4))
```

ここでは，最初の引数で凡例を表示する場所を"topright" (右上) に指定しています．凡例を表示する場所は座標でも指定できますが，R では文字列によるこのような直観的な指定が可能です．ほかにも，"bottomright" (右下)，"bottom" (下)，"bottomleft" (左下)，"left" (左)，"topleft" (左上)，"top" (上)，"right" (右),"center" (真ん中) が指定できます．実際のデータ点と重ならなさそうな場所を指定しましょう．なお，凡例は表示されているグラフに重ね書きされるため，表示場所を間違えてしまった場合などに legend 関数を修正して繰り返すと，1 つのグラフに凡例が複数重ね書きされてしまいます．凡例をやりなおすときには，先に元のグラフを描きなおす必要があるので，注意してください．

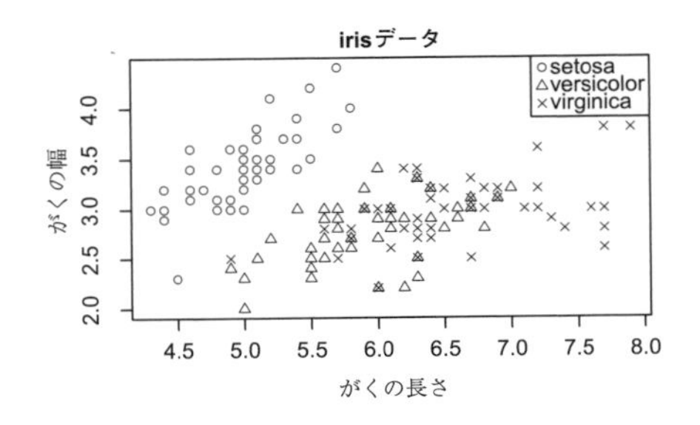

図 P4.5　凡例を追加した散布図

1) 紙面では灰色ですので，サポートサイトにあるカラー図版集をご確認ください．

散布図に，直線などを上描きしたいことはよくあります．このような場合に便利な関数が **abline** 関数です．

```
> abline(-2.8,1.1)
```

とすると，切片が -2.8，傾きが 1.1 の直線が追加されます (ちなみに，この直線は setosa とそれ以外をちょうど分離しています)．さらに，

```
> abline(v=7.1,col="blue")
> abline(h=3.5,col="red")
```

とすると，$x = 7.1$ の位置に垂直線 (vertical line)，$y = 3.5$ の位置に水平線 (horizontal line) が引かれます．今回は col オプションを指定して，線に色 (color) を付けてみました．R では，代表的な色はこのように文字列で指定することができます．col オプションは plot 関数でも用意されており，点の形状を指定する pch のときと同様にすべてのデータ点の色を指定したり，データ点ごとに色を指定したりすることもできます．

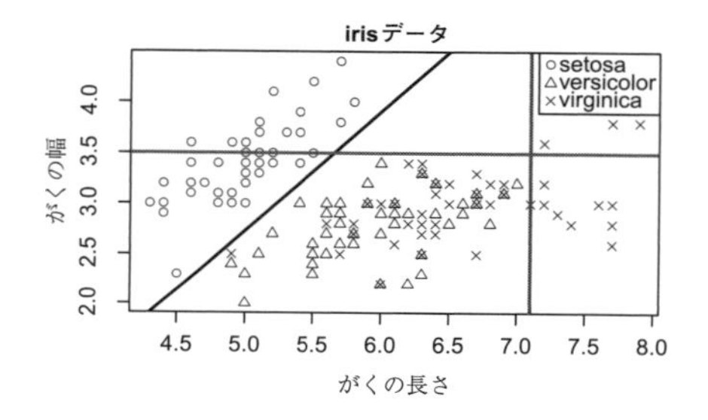

図 P4.6　直線を追加した散布図

次に，plot 関数を使って，折れ線グラフを描く例をみてみましょう．plot 関数では引数に type="l"を指定すると，入力データを直線でつないだ折れ線グラフを描くことができます．

```
> x <- 1:12
> y <- sin(x)
> plot(x,y,type="l")
```

sin 関数自体は滑らかな曲線ですが，ここでは 1 から 12 までの整数値に対応する点だけを直線でつないでいるので，ガタガタのグラフになっています．このグラフに別のグラフを重ね描きしてみましょう．points 関数を使うと，plot 関数と同じ要領で既存のグラフに新しいグラフを重ねることができます (図 P4.7)．

```
> y2 <- cos(x)
> points(x,y2,type="l",col="red")
```

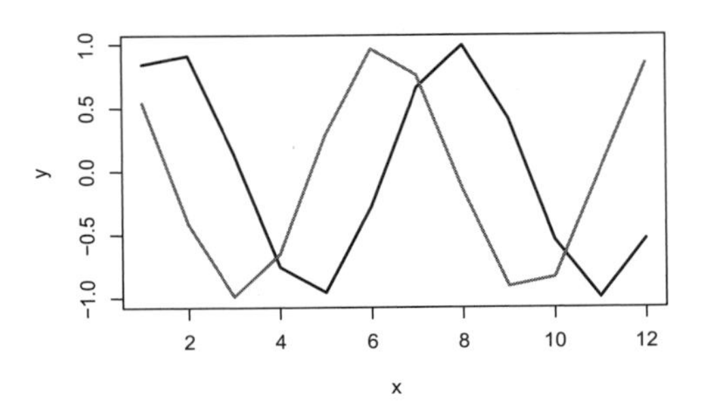

図 P4.7 重ね描きした折れ線グラフ

複数のデータを重ね描きするにはこのように `points` 関数を使うのが便利です[2]．`plot` や `points` で指定できる `type` オプションにはほかにもいくつか指定できる文字があり，それに応じて，グラフの表示方法が変わります (図 P4.8)．いろいろあるので，必要に応じて使ってみてください．

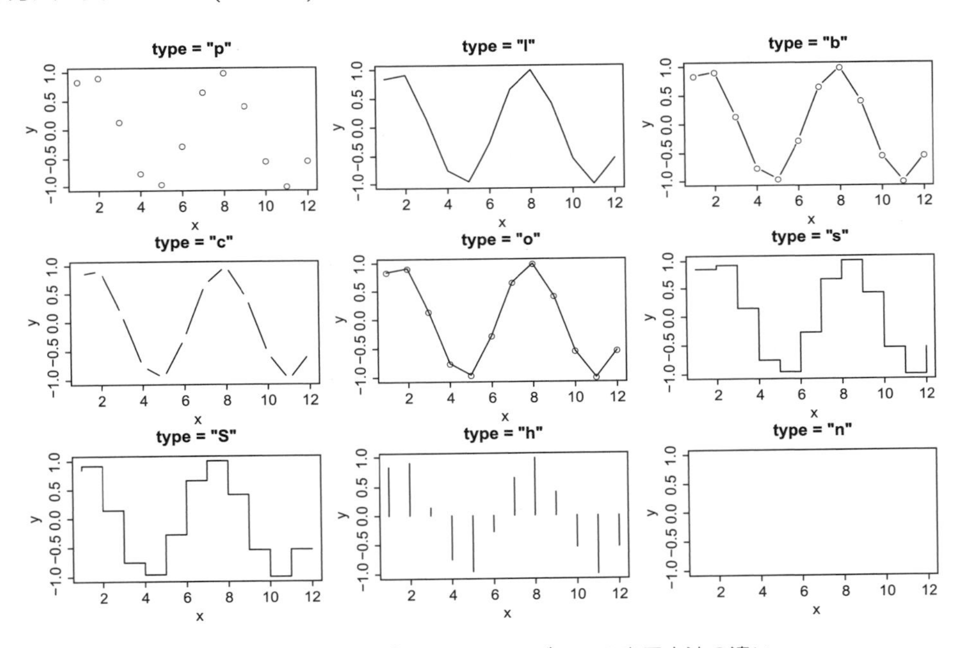

図 P4.8 `type` オプションによるグラフの表示方法の違い

なお，ここまでは，R が自動的にグラフの表示範囲を適切に調整してくれていました．データや目的によっては，グラフの表示範囲を変更したいこともあります．このようなときには `xlim` と `ylim` という引数に，長さが 2 の数値ベクトルを指定することで表示範囲を指定できます．たとえば，

```
> plot(x,y,type="p",xlim=c(6,10),ylim=c(-0.5,1))
```

とすれば，x 座標の表示範囲は 6 から 10 まで，y 座標の表示範囲は -0.5 から 1 までに制限されます (図 P4.9)．

---

[2] また，`type="l"`がデフォルトとなった `lines` という類似の関数も使えます．

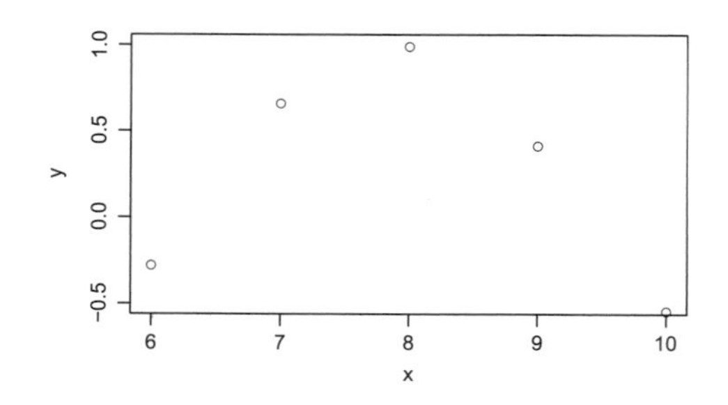

図 P4.9 *x* 座標と *y* 座標の表示範囲を指定したグラフ

また，少し高度なオプションとしては，*x* 軸や *y* 軸を対数軸に変更する `log` オプションもあります．`log="x"`とすることで *x* 軸を対数軸とした片対数グラフ，`log="y"`とすることで *y* 軸を対数軸とした片対数グラフ，`log="xy"`とすることで *x* 軸と *y* 軸の両方を対数軸とした両対数グラフの作成が可能です．ここでは深入りしませんが，対数グラフは小さな値から大きな値までが混在したデータの可視化に便利です．必要に応じて使ってみてください．

このように，`plot` 関数はいろいろなオプション引数を指定することで，比較的簡単に好みのグラフを作成することができます．ここまで出てきたオプション引数はよく使うので以下にまとめておきます (表 P4.1).

表 P4.1 `plot` 関数のオプション引数の例

引数名	指定内容	利用例
`xlab`, `ylab`	*x* 軸，*y* 軸のラベル	`xlab="がくの長さ"`
`main`	タイトル	`main="iris データ"`
`pch`	点の形状	`pch=4`
`col`	点や線の色	`col="red"`
`type`	グラフのタイプ	`type="o"`
`xlim`, `ylim`	*x* 座標と *y* 座標の範囲	`xlim=c(6,10)`
`log`	対数軸の指定	`log="x"`

以上が，R の `plot` 関数の基本的な使い方になります．ここまで説明した内容はグラフを描くほかの関数を利用する際にも同様に利用できるものが多いので，ぜひマスターしておいてください．

ただ，R の `plot` 関数は少し変則的なところがあり，基本的な数値ベクトル以外にも，様々な R オブジェクトを第 1 引数として `plot` を行うことができるようになっています．R オブジェクトによって，`plot` 関数が直接使えるのか，使えるとすればどのように描かれるのか，が決まっています．たとえば，データフレームに対して直接 `plot` 関数を用いると，以下のように列のすべてのペアに対する散布図が表示されます (図 P4.10)．これは散布図行列とよばれます．

```
> plot(iris)
```

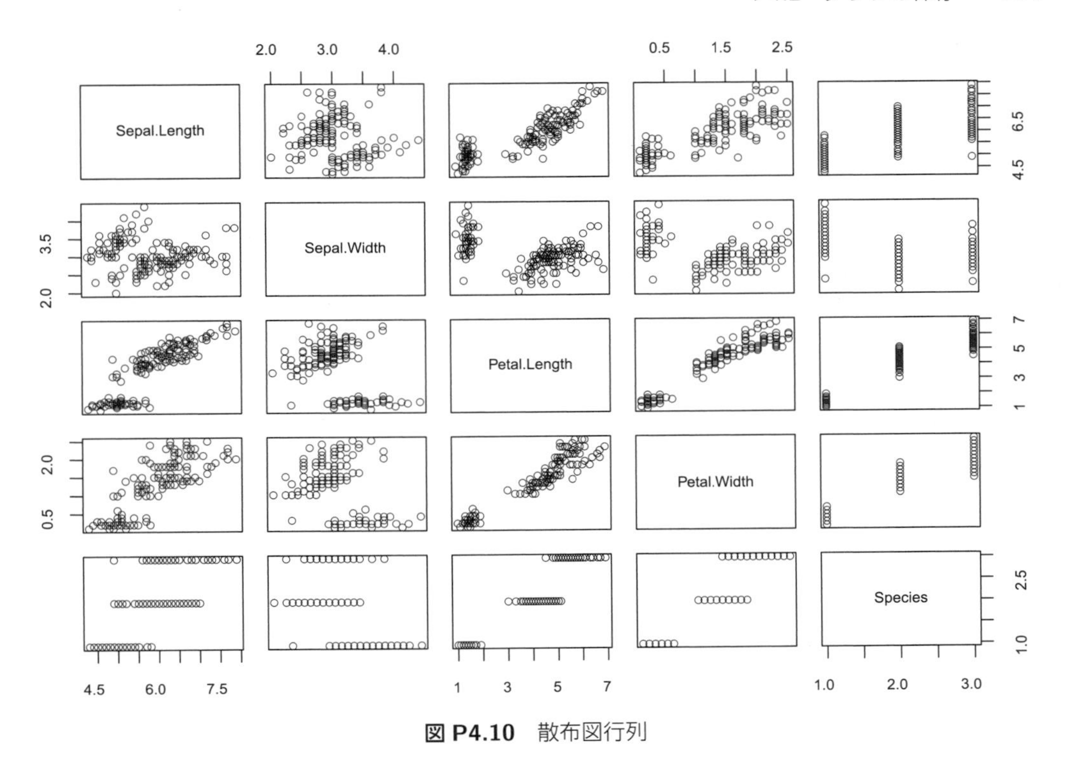

図 P4.10　散布図行列

plot 関数のこの機能は柔軟で，あまり気にせずに使うには便利なのですが，一方で，基本的な plot 関数の使い方とは外れた使い方になるので，混乱しやすくもある部分です[3)].

P4.2　グラフの保存

作成したグラフはファイルとして保存することが多いと思います．RStudio を使っていれば，グラフが描画される Plots パネルから画面の右クリックや Export ボタンを押すことで，GUI による直感的な操作での保存が可能です．ただし，条件を変えてたくさんのグラフを作成したり，どのような設定でグラフを保存したかという情報も残しておきたかったりする場合には，プログラムからグラフを直接ファイルに保存するのが便利です．R でのグラフの保存によく使われるフォーマットには PNG と PDF があります．写真ファイルなどでよく使われる JPEG は圧縮により画像が劣化してしまうので，グラフの保存には向きません．

PNG でファイルを保存する場合には，最初に **png** 関数でファイル名を指定し，その後，グラフを描画し，最後に，**dev.off** 関数で終了するという流れになります．たとえば，

```
> png("iris.png")
> plot(iris)
> dev.off()
```

3) 本書では深入りしませんが，ここでは，**generic** とよばれる，オブジェクトに応じて内部的に異なる関数が呼び出される仕組みが使われています．たとえば，データフレームを引数としたときには，実際には，**plot.data.frame** という別途定義された関数が呼び出されることになります．より細かいことが知りたい場合には，**?plot.data.frame** とすることで，詳しい使い方を調べることができます．

とすると，作業ディレクトリにiris.pngというファイル名で，irisの散布図行列が保存されます．ファイルがどこに保存されたかわからなくなったら，以前紹介したgetwd関数で現在の作業ディレクトリを確認してみてください．

ただし，png関数のデフォルトの設定で出力される画像は解像度が低いため，品質に不満を感じるかもしれません．その場合には，適宜，画像のサイズと解像度を変更すれば改善できます．デフォルトでは，幅 (width) 480ピクセル，高さ (height) 480ピクセル，解像度 (res) 72 ppiという設定になっていますので，たとえば，これらをすべて倍に設定すれば，かなり改善されます．

```
> png("iris2.png",width=960,height=960,res=144)
> plot(iris)
> dev.off()
```

必要に応じて調整してみてください．

一方，PDFファイルに保存する場合は，PNGと違ってベクタ形式とよばれる仕組みで出力されるため，デフォルトのままでも画面上での解像度の問題は生じず，美しく表示されます．この場合には，pdf関数を用います．

```
> pdf("iris.pdf")
> plot(iris)
> dev.off()
```

また，PDFでは，1つのファイルに複数のグラフを別ページとして保存できるというメリットもあります．dev.off関数を呼び出す前に複数のグラフを描画すれば，順番に別ページに出力されます．

```
> pdf("iris2.pdf")
> plot(iris)
> boxplot(iris)
> dev.off()
```

ただし，図に日本語が含まれる場合にはfamilyオプションでフォントファミリーを設定する必要があります．

```
> pdf("iris_japan.pdf",family="Japan1")
> plot(iris$Sepal.Length,iris$Sepal.Width,xlab="がくの長さ",
        ylab="がくの幅",main="irisデータ")
> dev.off()
```

フォントファミリーとしてはほかにもゴシック体のJapan1GothicBBBなどが指定できます．PNGの場合にはフォントの問題は生じないので，PDFでうまくいかない場合にはPNG形式を用いるのが早いかもしれません．

最後に，プログラムから複数のグラフをまとめて作成する場合などによく起こりがちなトラブルについて注意しておきます．上に書いた通り，png関数やpdf関数を使った後は必ずdev.off関数を呼び出す必要があります．そうしないと，作成した画像ファイルにアクセスできません．また，その後のグラフがファイル上に引き続き書き出されてしまうことで，グラフの表示ができなくなってしまいます．通常は png 関数や pdf 関数を使う際に dev.off 関数とセットにしておけば問題ないのですが，png 関数や pdf 関数が呼び出された後の過程にバグがあると，dev.off 関数を呼び出す前にエラーが発生しプログラムが停止してしまうことがあります．このような場合でも，dev.off 関数が呼び出されるまでは，ファイルへの書き込みが終了しないまま残っています．そのため新たに png 関数や pdf 関数を呼び出す前には，手動で dev.off 関数を呼び出し，以前の書き込みを終了しておかないとトラブルの原因になってしまいます．見落としやすいので注意してください．

P4.3 par 関数による高度な設定

グラフの作成に関する様々な**グラフィックパラメータ**の設定を行うときに用いるのが par 関数です．par 関数を引数を与えずに呼び出すことで，現在のグラフィックパラメータの設定値がリストオブジェクトとして出力されます．

```
> par()
```

```
$xlog
[1] FALSE
$ylog
[1] FALSE
…省略…
$ylbias
[1] 0.2
```

非常にたくさんのパラメータが出力されましたね．このように，par 関数で設定できるパラメータは多数あるのですが，実用上設定を変更する必要があるパラメータはさほど多くありません．ここでは，1 枚の画面に複数のグラフを描画したいときに利用するパラメータの設定を紹介します．

まず，1 画面にグラフを縦に何個，横に何個表示するかを指定するのに利用するパラメータが mfrow パラメータです．たとえば，

```
> par(mfrow=c(2,3))
```

と設定すると，グラフを縦に 2 個，横に 3 個表示することができます．たとえば，同じデータを点の形状を変えて複数表示してみましょう．何度も plot 関数を書くのは面倒なので，for 構文を使って pch オプションを変えながら plot 関数を繰り返し呼び出しています (なお，追加で指定している cex は点の大きさを倍率で指定するオプションで，ここでは点の大きさを 1.2 倍と少しだけ拡大しています)．

```
> x <- 1:12
> y <- sin(x)
> for(i in 1:6) plot(x,y,pch=i,cex=1.2)
```

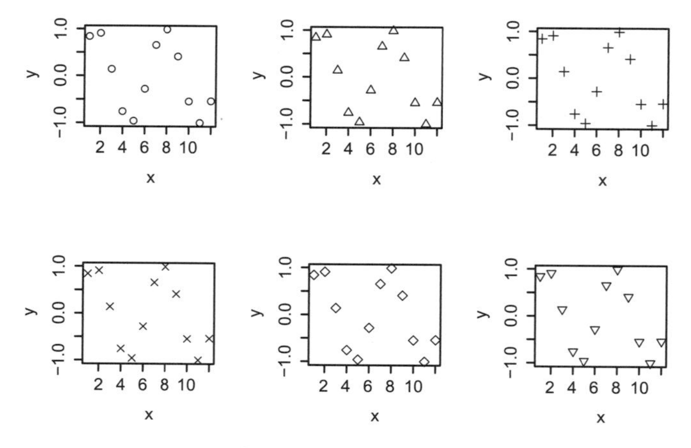

図 P4.11　mfrow パラメータを用いた複数グラフのプロット

このように，1画面に6枚のグラフを描画することができます (図 P4.11).

なお，mfrow パラメータを変更したときに，グラフ間の間隔が気になることがよくあります．このような場合に使われるグラフィックパラメータが，mar パラメータです．mar パラメータは各グラフの余白 (margin) を長さ4の数値ベクトルで指定するのですが，この4つの成分が順番に，下，左，上，右，という時計回りの方向の余白に対応しています．デフォルトでは，5.1, 4.1, 4.1, 2.1 という値が設定されています[4]．上の例の場合はもう少し小さい値で再設定したほうがよいかもしれません．たとえば，

```
> par(mar=c(4,4,1,1))
```

のように，余白を小さめに設定してから先ほどのグラフをもう一度描くと，図 P4.12 のようになります．このあたりは実際のグラフをみながら試行錯誤しつつ，よさそうな値を決めることになると思います．

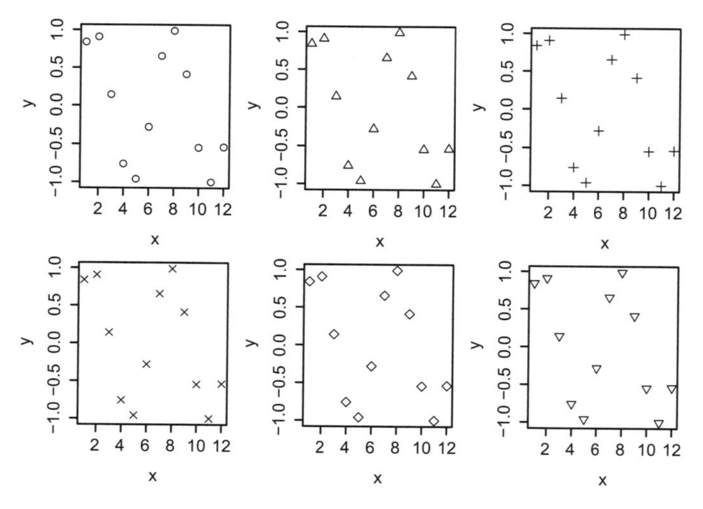

図 P4.12　表示間隔を調整した複数グラフのプロット

[4] par("mar") のように，par 関数にグラフィックパラメータの名前を指定すれば，特定のパラメータの現在値を確認することができます．

なお，par 関数でグラフィックパラメータを設定すると，新しいパラメータで設定した値を上書きするか，R を再起動してリセットするかしないと，基本的には同じ設定が以後のグラフに対しても使われ続けます．par 関数を使っていると，R の再起動はせずにグラフィックパラメータをデフォルト値に戻したくなることもよくありますが，その場合の裏技的な手法として，グラフの保存のときに出てきた dev.off 関数を利用する方法があります．dev.off 関数は，ちょっとイメージしにくいのですが，現在利用している“デバイス”の利用を終了するという意味合いがあります．ここで出てくるデバイスというのは，R がグラフを出力する画面と思ってください．たとえば，png 関数や pdf 関数を呼び出すと，そのフォーマットのファイルがデバイスになります．その際には，グラフを出力した後で dev.off 関数を呼び出すことで，これらのファイルへの出力の終了を宣言していました．png 関数や pdf 関数を使っていないときには，RStudio の Plots 画面がデバイスに対応するのですが，ここで，dev.off を行うと，これがいったん終了します．そのため，それまで表示されていたグラフも消えてしまいます．次に，グラフを作成しようとすると，R は描画する先がないので，新しく RStudio の Plots 画面をデバイスに設定しなおすのですが，その際，このデバイスに対応するグラフィックパラメータがデフォルト値に戻ることになります．ともかく，par 関数を使った後，パラメータをデフォルト値に戻したくなったら，

```
> dev.off()
```

を実行することでパラメータを初期化することが可能です．

P4.4 その他のグラフ

この節では，棒グラフやヒストグラム，ヒートマップといったよく使われるその他のグラフの描き方を紹介します．なお，ここでは紹介しませんが，ggplot2 という R で様々なグラフを作成するためのライブラリも有名です．作図を行うキャンバスに，一枚一枚絵を重ねていくような記述方法で描画を行います．慣れるまでは難しく感じられるかもしれませんが，好みに合わせた細かい設定ができるため，こちらも広く使用されています．興味がある人は調べてみてください．

P4.4.1 棒グラフ

棒グラフは，複数のカテゴリに対する値を比較するときに使います．R では，barplot 関数で作成することができます．単純な 1 列のデータであれば，対応する数値ベクトルを引数として，

```
> barplot(c(2,4,8,16))
```

とするだけで，棒グラフが描けます (図 P4.13).

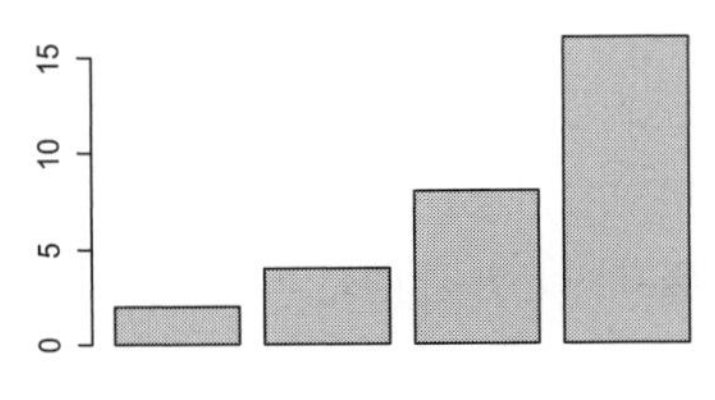

図 P4.13 棒グラフの例

この例では，棒グラフで描画した各棒のラベルを指定していませんでした．各棒のラベルは，文字列のベクトルを names オプションに指定することで表示することができます (図 P4.14).

```
> barplot(c(2,4,8,16),names=c("A","B","C","D"))
```

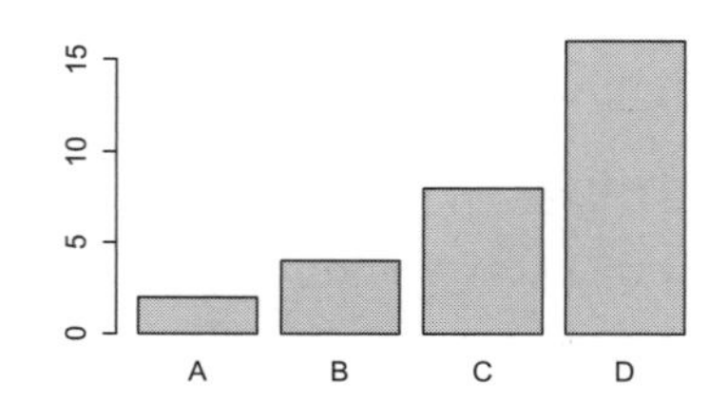

図 P4.14　ラベルを追加した棒グラフ

P4.4.2　ヒストグラム

棒グラフとよく似たグラフに，**ヒストグラム**があります．ヒストグラムは量的データの分布 (散らばり方) を確認するために有効な方法で，量的データの適当な区間ごとに，何個のデータがその範囲に入っているかを棒の高さで表します．ヒストグラムは hist 関数に数値ベクトルを入力することで描画できます．先ほどの iris のデータから，がくの長さ (Sepal.Length) のデータをヒストグラムで可視化してみます (図 P4.15).

```
> hist(iris$Sepal.Length)
```

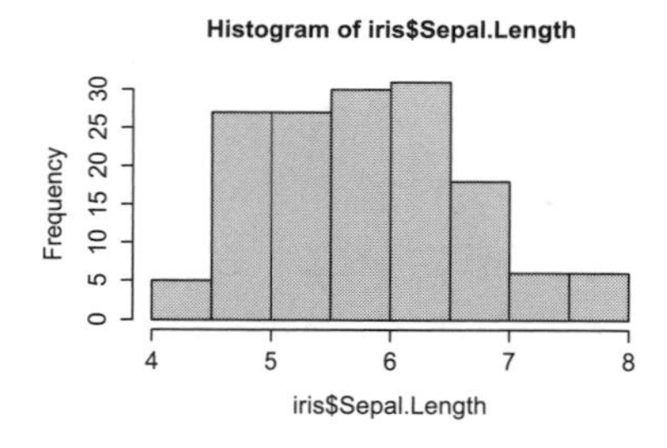

図 P4.15　iris データのがくの長さのヒストグラム

横軸に Sepal.Length の各区間，縦軸にその区間に入ったデータの頻度を表すヒストグラムを描画することができました．hist 関数は数値ベクトルを入力としますので，iris データに含まれる数値ベクトルである Sepal.Length 列を入力しています．横軸には iris$Sepal.Length というラベルが自動的に表示されます．この hist 関数や先ほどの barplot 関数も plot 関数と同様，xlab オプションや main オプションを指定することでラベルやタイトルを変更したり，col オプションを指定することで色を付けたりすることができます．

さて，ヒストグラムを使う際に気をつける必要があることとして，区間の分け方があります．区間の分け方が粗すぎるとデータの様子がわかりにくくなり，細かすぎると全体の傾向を掴みにくくなります．そこで，引数に breaks として数値ベクトルを入力することで，希望する区間の数のヒストグラムを描画することができます[5]．以下，2 通りの区間の分け方に対してヒストグラムを確認してみます (図 P4.16).

```
> hist(iris$Sepal.Length,breaks=c(4,6,8))
> hist(iris$Sepal.Length,breaks=seq(4,8,0.1))
```

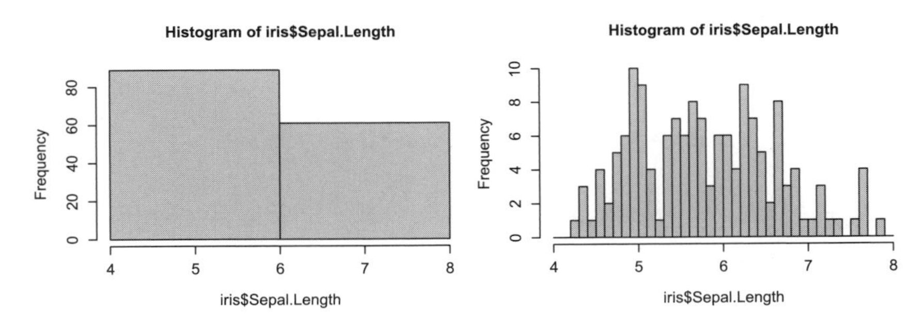

図 P4.16　区間の分け方によってみえ方が異なるヒストグラムの例

左の図では，区間を 4, 6, 8 の 3 点，`c(4,6,8)`，で 2 つに区切りました．それに対して右の図では，同じ区間を 0.1 刻みのベクトル，`seq(4,8,0.1)`，で区切っています．

なお，区切り幅の境界に関して，`hist` 関数では何も指定しなければ，区間の境界部分は各区間の右端に含まれます．そのため，たとえば図 P4.15 のヒストグラムの例では，「4 より大きく 4.5 以下の区間に 5 つのデータがある」ことになります．境界部分の扱いを変更したい場合は，`hist` 関数に引数として `right=FALSE` を追加することで，区間の境界部分を左端に含めたヒストグラムを描画することができます．また，デフォルトでは y 軸はデータの個数を表しますが，`freq=FALSE` とすると密度 (`density`) を表すようになります．

P4.4.3　画像の描画

R では画像を描画することもできます．画像は数値行列 (`matrix`) で表すことができ，`image` 関数を使用することで，数値行列を画像として図示することができます．数値行列には，縦と横の位置ごとに値 (輝度) の情報を与えます．簡単な例をみてみましょう．

```
> X <- matrix(1:20,ncol=5)
> X
```

```
     [,1] [,2] [,3] [,4] [,5]
[1,]    1    5    9   13   17
[2,]    2    6   10   14   18
[3,]    3    7   11   15   19
[4,]    4    8   12   16   20
```

1 から 20 の数値が入った，4 行 5 列の数値行列 `X` ができました．この `X` を `image` 関数に入力すると，以下のような 5 行 4 列の図で数値によって色が異なるグラフを描くことができます (図 P4.17).

[5] 本書では深入りしませんが，`hist` 関数のデフォルトのアルゴリズムではスタージェスの公式を目安として区間の個数を決めています．

```
> image(X)
```

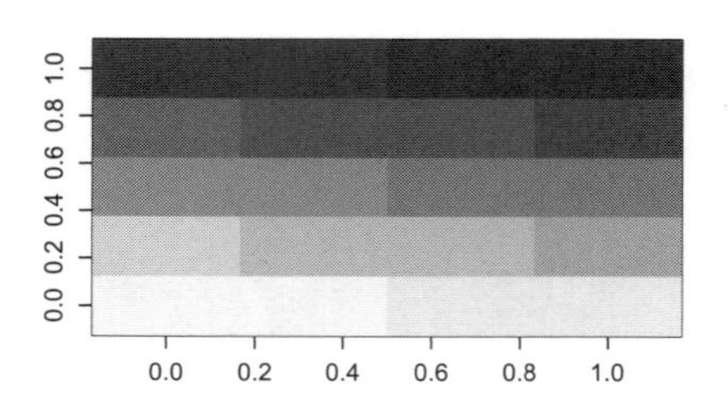

図 P4.17　数値行列の image 関数による可視化

image 関数の出力は，もともとの行列の並びに比べて，左に 90 度回転した形で出力されるので注意してください．図 P4.18 では指定した座標に，指定した文字を配置する関数である text 関数で，元の行列の値を数字として表示しています．

```
> text(x=rep(c(1,0.667,0.333,0),3),y=rep(c(1,0.75,0.5,0.25,0),
   c(4,4,4,4,4)),labels=20:1)
```

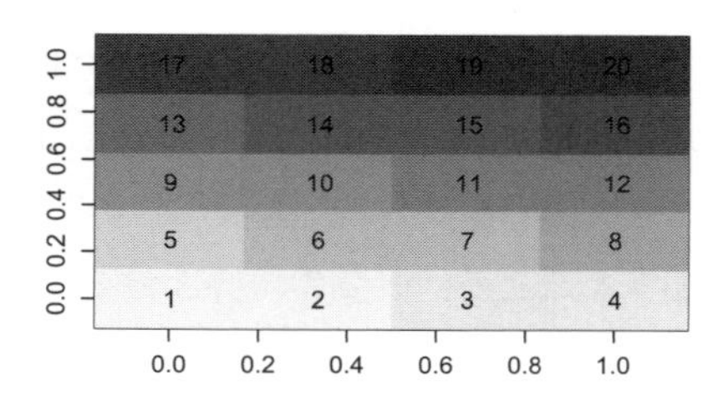

図 P4.18　text 関数による数字の表示

数値行列と見比べてみると，image 関数によって可視化した結果は並び順が違うことを確認できます．この図では，薄い色が小さな値 (ここでは 1 です)，濃い色が大きな値 (20 です) となっており，色の濃淡によって，各座標の数値の傾向を一度に確認することができます．

image 関数は，標準で黄色と赤のグラデーションで塗られた図を作成してくれます．ですが，画像によってはほかの色を使いたいという場合もあると思います．このような場合のため，R では使用頻度の高い色の組み合わせが用意されています．たとえばグレースケールで描画したい場合は，image 関数の中で col オプションに対して gray.colors 関数を使います．gray.colors 関数の引数にはグラデーションにおける色分けの数を指定します．たとえば，今回は 1 ～ 20 の数値なので，20 個に分けると全部の値が異なる灰色として区別できます．

```
> image(X,col=gray.colors(20))
```

ここでは大きな値が明るく，小さな値が暗く表示されていますが，gray.colors の rev オプションとして TRUE を指定すれば，逆に大きな値ほど暗く，小さな値ほど暗く表示することができます．

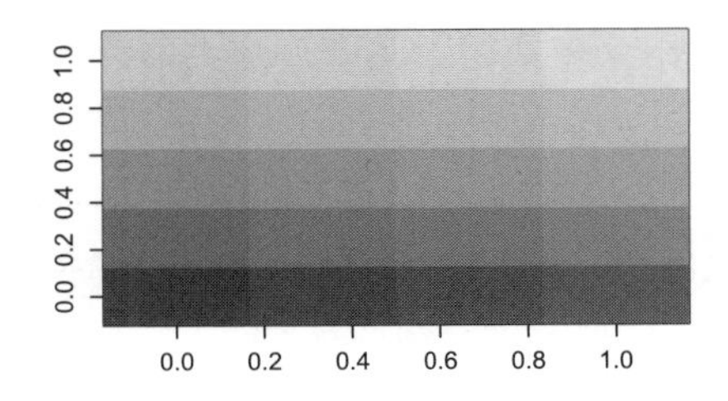

図 P4.19 image 関数で表示された図をグレースケールに変更

ほかにも連続した色合いを指定したい場合は，`heat.colors()`，`topo.colors()`，`cm.colors()`，`terrain.colors()` のような関数が用意されており，同様に引数として数を指定することで，希望した数に分割した色合いで可視化することもできます．

P4.4.4 ヒートマップ

前項の image 関数は，P2.8 節で出てきた **heatmap** 関数によるヒートマップの表示 (図 P2.4) に似ていることに気づいたでしょうか．image 関数と heatmap 関数の類似点と違いを確認するため，そこで扱った iris データを image 関数で可視化してみましょう．image 関数も数値行列を引数とするため，数値行列に変換してから image 関数にデータを渡します．ここでは，heatmap 関数の表示に合わせるため，さらに t 関数で行列を転置してから表示してみます (図 P4.20).

```
> mt1 <- as.matrix(iris[,-5])
> image(t(mt1))
```

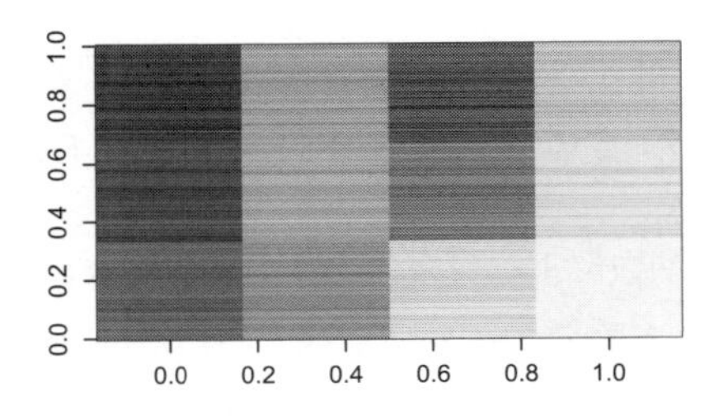

図 P4.20 iris データの image 関数による可視化

横軸は入力に使った iris データと同様に左から，`Petal.Width`，`Petal.Length`，`Sepal.Width`，`Sepal.Length` の順になっています．このように，image 関数は入力されたデータを，数値の大きさによって色を変えて表示する関数でした．

一方 heatmap 関数で可視化した場合には，ヒートマップの左と上に線が描かれるのが最初に目につく大きな違いです (図 P2.4).

```
> heatmap(mt1)
```

この線は，近いデータどうしを近くに配置して (クラスタリングして) 結びつけたデンドログラム (樹形図) となっています．左のデンドログラムが行について，上のデンドログラムが列について，それぞれクラスタリングした状態を表しています．このように heatmap 関数では数値行列を可視化すると同時に，標準でクラスタリングを実施してくれます．この結果，図P2.4では，列の並び順が，Sepal.Length, Petal.Width, Sepal.Width, Petal.Lengthのように変更されています．クラスタリングについては本編第4回で扱いますのでここでは詳しくは説明しませんが，heatmap関数では，データ間の距離の計算方法はユークリッド距離が，クラスター間の距離の測り方は最遠距離法がデフォルトとなっています．

クラスタリングが必要ない場合には，ColvとRowvのオプションにNAを指定します(図P4.21).

```
> heatmap(mt1,Colv=NA,Rowv=NA)
```

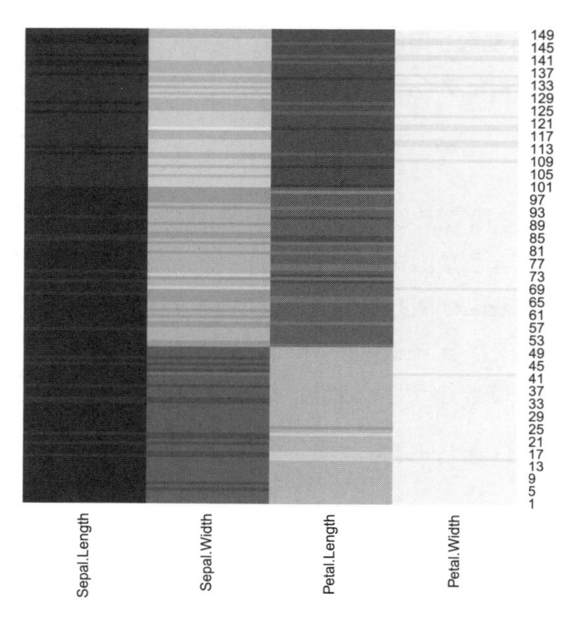

図 P4.21　irisデータのheatmap関数による可視化(行に対する標準化)

かなりシンプルになり，image関数による可視化の結果と似てきました．ですが，image関数による図P4.20とheatmap関数による図P4.21を見比べてみると色味に違いがあることがわかります．

この違いは，heatmap関数では自動的にデータの標準化を行う設定となっていることから生じています．データの標準化は本編第1回で紹介するように，1つ1つのデータから平均を引いて標準偏差で割る，という操作をするものですが，heatmap関数ではデフォルトで行に対して標準化が行われます(scale="row")．これにより，図P4.21では，ほぼすべての個体(行)でSepal.Lengthが最も長く，Petal.Widthが最も短いことや，行番号の1～50に対応するsetosa種についてはSepal.WidthのほうがPetal.Lengthよりも長いこと，などが強調されています．一方，元のデータそのままで表示したいときには，scaleオプションを使って明示的に標準化を行わない設定(scale="none")とする必要があり，この場合にはimage関数によって可視化した図と同様の色味で作図されます．また，列に対して標準化を行いたい場合にはscale="column"を指定します(図P4.22)．この場合には，各列が平均0，分散1に標準化されるので，Sepal.Lengthの列もPetal.Widthの列も全体としての濃さには違いがなくなることになります．異なる列の値を直接比較して違いを強調したいのであればscale="row"を，異なる列の値の比較に意味がない場合

(たとえば，異なる列で長さと重さといった直接比較に意味のないデータが含まれているなど) には scale="column"を選択するのがよいでしょう．そして，ありのままのデータをみたいときには scale="none"を設定することになります．

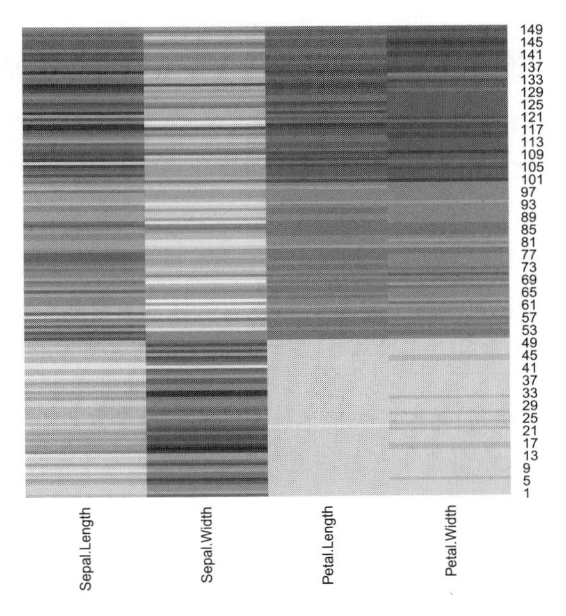

図 P4.22　iris データの heatmap 関数による可視化 (列に対する標準化)

以上でみてきた通り，image 関数と heatmap 関数は，どちらも数値行列を入力として値の大きさによって色を変えて可視化してくれる関数ですが，heatmap 関数はそれに加えて，データの標準化とクラスタリングを自動で実行してくれるという違いがあります．heatmap 関数では手軽に見栄えの良いヒートマップが作れますが，scale の設定によって同じデータがかなり違った見た目に可視化されうることには注意し，適切に利用するようにしてください．

本節で紹介したグラフも，書類やプレゼンテーションなどに貼り付けて使いたいことがあるかと思います．その場合には，先ほど紹介した png 関数や pdf 関数を使うことで，同様に保存が可能です．

プレセミナーはこれで終了です．プレセミナーでは，本編で利用するものを中心に R 言語の基本的な要素を紹介してきました．とはいえ，データ解析に有用な R のプログラミングには他にもいろいろな要素があり，すべては紹介しきれません．残りは本編で実際にデータ解析を行いながら学んでいくことになります．本編はデータサイエンス自体の解説が中心となり，プレセミナーでは説明していない R の関数や使い方も出てきます． R に関してわからないことが出てきた際には，プレセミナーの内容を振り返ったり，「?関数名」で参照できる R のヘルプを利用したり，インターネットや他の書籍などを参照したりしながら，少しずつ R の知識を増やしていってください．ここまで身につけてきた R の基礎があれば，あとは自分で R のスキルを向上させていくことができるはずです．自信をもって頑張ってください．

P4.5　課題

本編第 1 回でも利用する R の ToothGrowth というデータセットを使います．このデータセットは，1952 年に発刊された『The Statistics of Bioassay』という雑誌に掲載されたデータであり，R では ToothGrowth と入力することで利用できます．60 匹のギニアピッグ (モルモット) の象牙芽細胞 (歯の本体をつくる細胞) の長さに対する，サプリメントの種類と投与量の影響を調査したものです．

```
> head(ToothGrowth)
```

```
   len supp dose
1  4.2   VC  0.5
2 11.5   VC  0.5
3  7.3   VC  0.5
4  5.8   VC  0.5
5  6.4   VC  0.5
6 10.0   VC  0.5
```

head 関数を使い，データの最初 6 行のみを表示しました．列が表しているのは以下の通りです．

len：象牙芽細胞の長さ (μm)

supp：サプリメントの種類 (VC：ビタミン C，OJ：オレンジジュース)

dose：サプリメントの投与量 (0.5 mg，1.0 mg，2.0 mg)

dim(ToothGrowth) と入力することで，データが 60 件あることがわかります．

```
> dim(ToothGrowth)
```

```
[1] 60  3
```

このデータについて以下の指示に従ってデータの可視化を行い，投与量によって異なる象牙芽細胞の長さの違いを確認してください．

1) 投与量 (dose) を x 軸，象牙芽細胞の長さ (len) を y 軸にした散布図をプロットする．
2) 1) の散布図で，サプリメントの種類 (supp) に応じて点の形状を変える．
3) 2) の散布図に加えて，サプリメントの種類を表す凡例を付け加える．
4) タイトルや，x 軸，y 軸のラベルを指定し，図を完成させる．
5) 図をファイルに保存する．

参考文献

和書

[1] F. Chollet, J. J. Allaire 著，瀬戸山雅人 監訳，長尾高弘 訳『R と Keras によるディープラーニング』オライリージャパン，2018.

[2] D. R. Cox 著，後藤昌司 訳『二値データの解析』，朝倉書店，1980.

[3] 石田基広 著『改訂 3 版 R 言語逆引きハンドブック』，C&R 研究所，2016.

[4] 石田基広 著『R によるテキストマイニング入門 (第 2 版)』森北出版，2017.

[5] 金明哲 著『R によるデータサイエンス (第 2 版)：データ解析の基礎から最新手法まで』森北出版，2017.

[6] 佐藤俊哉 著『宇宙怪人しまりす 医療統計を学ぶ 検定の巻 (岩波科学ライブラリー)』，岩波書店，2012.

[7] 佐和隆光 著『回帰分析 新装版 (統計ライブラリー)』朝倉書店，2020.

[8] 下川敏雄，杉本知之，後藤昌司 著，金明哲 編『樹木構造接近法 (R で学ぶデータサイエンス)』，共立出版，2013.

[9] 鈴木努 著，金明哲 編『ネットワーク分析 第 2 版 (R で学ぶデータサイエンス)』共立出版，2017.

[10] 竹内一郎，烏山昌幸 著『サポートベクトルマシン (機械学習プロフェッショナルシリーズ)』，講談社，2015

[11] 田中勝人 著『基礎コース 統計学 (基礎コース経済学)』新世社，2011.

[12] 丹後俊郎，松井茂之 編集『医学統計学ハンドブック』朝倉書店，2018.

[13] 辻谷将明，竹澤邦夫 著，金明哲 編『マシンラーニング 第 2 版 (R で学ぶデータサイエンス)』，共立出版，2015.

[14] 照井伸彦 著『ビッグデータ統計解析入門 経済学部/経営学部で学ばない統計学』日本評論社，2018.

[15] 豊田秀樹，前田忠彦，柳井晴夫 著『原因をさぐる統計学 — 共分散構造分析入門 (ブルーバックス)』講談社，1992.

[16] 樋口耕一 著『社会調査のための計量テキスト分析 (第 2 版) — 内容分析の継承と発展を目指して』ナカニシヤ出版，2020.

[17] 藤井良宜，佐藤健一，冨田哲治，和泉志津恵 編修，景山三平 監修『医療系のための統計入門 (事例でわかる統計シリーズ)』実教出版，2015.

[18] 藤澤洋徳 著『ロバスト統計：外れ値への対処の仕方 (ISM シリーズ：進化する統計数理)』近代科学社，2017.

[19] 舟尾暢男 著『The R Tips 第 3 版：データ解析環境 R の基本技・グラフィックス活用集』，オーム社，2016.

[20] 宮川雅巳 著『グラフィカルモデリング (統計ライブラリー)』朝倉書店，1997.

[21] 柳川堯 著『離散多変量データの解析 (応用統計数学シリーズ)』，共立出版，1986.

[22] 柳川堯 著『観察データの多変量解析：疫学データの因果分析 (バイオ統計シリーズ)』，近代科学社，2016.

洋書

[23] T. Hastie, R. Tibshirani, J. Friedman, *The Elements of Statistical Learning: Data Mining, Inference, and Prediction, Second Edition*, *Springer*, 2009.

[24] D. W. Hosmer, Jr., S. Lemeshow, *Applied Logistic Regression*, *Wiley Series in Probability and Statistics*, 2000.

[25] D. Ruppert, M. P. Wand, R. J. Carroll, *Semiparametric Regression*, *Cambridge University Press*, 2003.

[26] M. P. Wand, M. C. Jones, *Kernel Smoothing*, *Chapman & Hall/CRC*, 1994.

論文

[27] E. W. Crampton, The Growth of the Odontoblasts of the Incisor Tooth as a Criterion of the Vitamin C Intake of the Guinea Pig: Five Figures, *The Journal of Nutrition* 33 (5), 491-504, 1947.

[28] L. K. Bachrach, T. Hastie, M. C. Wang, B. Narasimhan and R. Marcus, Bone Mineral Acquisition in Healthy Asian, Hispanic, Black, and Caucasian Youth: A Longitudinal Study, *The Journal of Clinical Endocrinology & Metabolism* 84 (12), 4702-4712, 1999.

[29] Laurens van der Maaten, Geoffrey Hinton, Visualizing Data using t-SNE, *Journal of Machine Learning Research* 9 (86), 2579-2605, 2008.

[30] L. McInnes, J. Healy, J. Melville, UMAP: Uniform Manifold Approximation and Projection for Dimension Reduction, *arXiv*, `https://arxiv.org/abs/1802.03426`, 2018.

[31] カタリナック・エイミー，渡辺耕平『日本語の量的テキスト分析』早稲田大学高等研究所紀要 1 (11), 133-143, `http://hdl.handle.net/2065/00062123`, 2019.

索　引

◆ Rの関数・記号 ◆

◆ た 行 ◆

◆ な 行 ◆

◆ は 行 ◆

◆ ま 行 ◆

◆ や 行 ◆

◆ ら 行 ◆

◆ わ 行 ◆

著者紹介

佐藤　健一 (さとう　けんいち)

1971 年生まれ．島根県出雲市出身．広島大学理学部数学科卒業．滋賀大学データサイエンス学部・教授．

藤越康祝先生 (広島大学・教授) から統計学の指導を受けて博士 (理学) を取得．一方，広島大学原爆放射線医科学研究所計量生物研究分野に 20 年以上在籍し，大瀧慈先生 (広島大学・教授) からデータ解析の指導を受ける．研究所では放射線を通して，疫学，医学，歯学，生物学，保健学，栄養学，物理学，情報学，社会学，英文学の研究者らと共同研究を行う．また，統計学の研究も続け，2010 年度および 2015 年度応用統計学会・学会賞 (優秀論文賞) を受賞．滋賀大学着任後はデータサイエンス学部および大学院で統計学と R を用いたデータ解析の講義を担当．また，企業連携にも携わり，セミナー講師や学術指導を行う．NHK の歴史番組に数回出演．趣味はデータ解析．

杉本　知之 (すぎもと　ともゆき)

1974 年生まれ．兵庫県太子町出身．大阪大学理学部数学科卒業．滋賀大学データサイエンス学部・教授．

後藤昌司先生 (大阪大学・教授) から医学統計学の指導を受けて博士 (理学) を取得．大阪大学基礎工学研究科助手として勤務し，数理統計学，計算機統計学に関する研究を行う．大阪大学医学系研究科助教在籍時に濱崎俊光先生 (現ジョージ・ワシントン大学教授) より医学統計コンサルタント，データ解析の指導を受け，医学における統計的実践の経験を積む．その後，弘前大学理工学部准教授，鹿児島大学理学部教授にて数学者コミニティの中で数理統計学に関する教育・研究活動を行う．滋賀大学着任後は統計学および統計的実践に関する講義を担当．滋賀大学・帝国データバンク共同センターでの研究などの企業連携活動も行う．趣味は旅行．

寺口　俊介 (てらぐち　しゅんすけ)

1976 年生まれ．福岡県出身．京都大学理学部卒業．滋賀大学データサイエンス学部・准教授．

バックグラウンドは理論物理学の素粒子論分野．国内外でポスドク研究員を経た後，大阪大学の免疫学フロンティア研究センターに移り，バイオインフォマティクスやシステム生物学などの生命科学分野のデータサイエンス研究に携わる．免疫システムを中心に，網羅的遺伝子発現解析，1 細胞遺伝子発現解析，1 分子イメージング，タンパク質立体構造，ゲノムワイド関連解析など，様々な生命科学データに対し，機械学習，統計学，数理モデルなどを用いて研究を行ってきた．現職の滋賀大学ではバイオインフォマティクスや数学，情報学関連の授業を担当するとともに，企業連携活動にも携わっている．現在の趣味は自宅でのオンラインカポエイラと観測的宇宙論．

江崎　剛史 (えさき　つよし)

1984 年生まれ．島根県出身．岡山大学理学部卒業．滋賀大学データサイエンス学部・准教授．

分析化学の分野で大学院を修了した後，医薬基盤・健康・栄養研究所でバイオインフォマティクスやケモインフォマティクスを駆使した創薬研究に携わり，化合物の特徴から薬の特性を予測する機械学習モデルの構築やデータ整備を行ってきた．現職の滋賀大学では，化合物の自動生成を研究テーマとしながら，企業との共同研究にも携わっている．趣味はミュージカル鑑賞．

実況！ Rで学ぶ医療・製薬系データサイエンスセミナー

2023年4月10日 第1版 第1刷 印刷
2023年4月30日 第1版 第1刷 発行

著　者　佐藤健一
　　　　杉本知之
　　　　寺口俊介
　　　　江崎剛史
発行者　発田和子
発行所　株式会社 学術図書出版社

〒113-0033 東京都文京区本郷5丁目4の6
TEL 03-3811-0889 振替 00110-4-28454
印刷 三美印刷(株)

定価はカバーに表示してあります.

ISBN978-4-7806-1103-8 C3040